U0396828

『互联网+』时代青少年网络素养发展

李宝敏　著

华东师范大学出版社

图书在版编目(CIP)数据

"互联网+"时代青少年网络素养发展/李宝敏著.
—上海:华东师范大学出版社,2018
ISBN 978-7-5675-8338-2

Ⅰ.①互… Ⅱ.①李… Ⅲ.①青少年-计算机网络-素质教育-研究-中国 Ⅳ.①TP393

中国版本图书馆 CIP 数据核字(2018)第 215889 号

"互联网+"时代青少年网络素养发展

著　　者　李宝敏
策划编辑　彭呈军
审读编辑　王丹丹
装帧设计　刘怡霖

出版发行　华东师范大学出版社
社　　址　上海市中山北路 3663 号　邮编 200062
网　　址　www.ecnupress.com.cn
电　　话　021-60821666　行政传真 021-62572105
客服电话　021-62865537　门市(邮购)电话 021-62869887
地　　址　上海市中山北路 3663 号华东师范大学校内先锋路口
网　　店　http://hdsdcbs.tmall.com

印 刷 者　浙江临安曙光印务有限公司
开　　本　787×1092　16 开
印　　张　16.5
字　　数　283 千字
版　　次　2018 年 11 月第 1 版
印　　次　2018 年 11 月第 1 次
书　　号　ISBN 978-7-5675-8338-2/G·11504
定　　价　48.00 元

出 版 人　王　焰

说明：中央高校基本科研业务费项目华东师范大学精品力作培育项目资助(批准号为 2018ECNU - JP003)

(supported by "the Fundamental Research Funds for the Central Universities")

序

网络已融入青少年的学习与生活，无论从技术视角还是从文化视野看，网络技术及其构成的文化图景已成为当今时代的青少年学习和生活的文化环境与时代背景。当今的青少年是伴随网络成长的一代，是“网络世代”(the Internet Generation)。生活在“互联网＋”时代的青少年在享受网络技术带来的进步与发展的同时，也面临着网络化带来的考验与挑战，主体价值迷失、人格异化、行为失范、伦理道德缺失等诸多问题成为制约青少年成长的因素。青少年在享受网络化学习与生活带来的便捷与欢愉的同时，又强烈地体验着网络化带来的矛盾与困惑。互联网和手机终端的发展，引发了青少年沉迷游戏、行为失范、价值观迷失等问题，教育部在 2018 年 4 月 20 日印发了《关于做好预防中小学生沉迷网络教育引导工作的紧急通知》，明确指出：要充分认识预防中小学生沉迷网络的极端重要性和现实紧迫性，各地教育行政部门要组织中小学校迅速开展一次全面排查，会同相关部门采取针对性措施予以整治。这充分说明青少年的网络生存现状面临着严重的危机。网络沉迷的背后是网络素养的缺失，揭示青少年网络沉迷行为背后的原因，并提供针对性的发展对策与建议，成为当前迫切需要研究的课题。

德国哲学家齐默尔(Georg Simmel)认为，技术意味着获得更多的自由，在其本来意义上不存在通过技术使人“变形”的问题，而是提高了对人的要求，即提高了人的有意识的、负责任的、自我决定的行为与态度的可能性。从技术的奴役化中解放出来的手段不是技术，而是人自身。因此，“互联网＋”时代的青少年要摆脱网络技术带来的负面影响及生存异化危机，使自身获得更大的自由与发展，唯有提升素养，通过提升素养才能走上自我发展、自我解放的道路，网络素养已成为“互联网＋”时代青少年发展必备的素养。本书通过对青少年网络素养本质的探究，以促进青少年网络素养的发展为目标，以提高青少年的关键能力，让青少年过有意义的、高质量的网络探究生活为宗旨，聚焦“互联网＋”时代青少年网络素养的建构与发展主线，围绕“本质建构、现实需求、发展路径”三大关键问题展开研究。通过对国内外相关文献的考察寻找研究的依据与立足点，通过问卷调查、内容分析、个案研究、访谈等方法，考察青少年网络素养的现状，了解青少年网络素养的发展需求，并构建基于网络探究的网络素养发展路径，让青少年的网络素养发展建立在网络探究实践与教育引导的基础之上，并从本体论、价值论、方法论等多重视角，探讨网络行为、网络探究实践与网络素养教育的互动一体化关系，对基于探究的网络素养教育问题展开具体的研究。

本研究以青少年与网络环境的和谐共生、共同发展为价值追求，以揭示青少年网络沉迷背后的根源，促进其网络素养发展为目标，致力于引导青少年在网络空间过一种有目的、有意义、高质量的网络生活，为广大青少年、家长、教师提供新思路、新视野、新方法。本书以一种新的视角，即以探究为价值取向，转变青少年的网络生活理念，改变青少年的网络行为习惯，通过具体的实践路径引导青少年实现网络素养的提升与发展。本书旨在帮助青少年在与网络的互动中，不仅学会阅读多元文本，也学会阅读网络世界，认识网络世界与现实世界的关系；发展批判性思维能力，提高对网络实践活动内容的甄别与判断能力；提高鉴别能力，与网络建立适度关系；提高反思能力，主动将自身的网络行为与其结果建立联系；发展意义建构能力，引导他们在自身的网络实践活动中获得意义，真正提高青少年在网络空间的生存能力及文化实践能力。

目　录

引言　“互联网＋”时代青少年网络化生存的现实观照

当今时代的科技进步日益加速，网络技术正在变成一种全球性力量，改变我们的生存方式和组织方式，并不断地塑造我们的未来生活。“互联网＋”已成为我国当前发展的时代特征，2015年李克强总理在工作政府报告中提出“互联网＋”的经济转型与创新发展战略，并将其作为国家发展创新行动计划写在政府工作报告中，旨在通过互联网技术与各领域的深度融合，实现“开放共享、融合创新、引领跨越、变革转型”的发展目标。2017年，习近平总书记在十九大报告中多次提及互联网，互联网在经济社会发展中的重要地位日益凸显，其模式的不断创新，线上线下服务融合的加速，促进了互联网与社会及经济发展的深度融合。网络技术已成为21世纪信息技术乃至一般技术发展史中最为重大的进步和发展，互联网已成为人们工作和生活中不可或缺的基本通信工具和媒介。网络以及网络化趋势的出现和扩张，不仅整合了科技，而且连接了人类的群体、组织、社会与文化，从而极大地延伸了人类生存与发展的时空界域。网络使得世界各地的人们可以轻松地突破时间和空间的限制，迅捷方便地交流思想和情感，交换信息、商品和服务；网络在把人类生存的范围和深度从物理世界向网络化的虚拟世界加以极大地延伸和拓展的同时，不仅成为缩短人们交往距离的技术工具，也成为人们与他人进行合作、交流以及实现各自不同行动目标的一根有力的杠杆，成为人类的一种全新的生存方式。正如美国著名的“网络精英”埃瑟·戴森所言：“网络不仅是一个信息源，也是人们用来进行自我组织的一种方式。”[①]网络世界与现实世界相互融合、相互包含，使人的存在方式发生了革命性的变革。正如尼葛洛庞帝所说：“网络不

① 【美】埃瑟·戴森. 2.0版数字化时代的生活设计[M]. 胡泳等，译. 海口：海南出版社，1998：103.

再只和我们有关，它决定着我们的生存。”①在此背景下，网络具有一切后现代文化生态的基本特征——平面化、碎片化和去中心化。在网络空间，通过展示甚至重塑部分自我来完成自我认同与自我塑造，人们的自我选择和自我塑造几乎不受任何限制，没有谁能够完全拥有和控制网络，网络空间是一个完全开放的空间，其中存在着无数的不确定因素与无限的可能性。网络技术和以往的任何技术一样，它给人类生活世界带来福祉的同时，也带来了生活世界的异化危机，网络技术引入的危机，是一种从显在到潜在转变的危机。正如海德格尔所言，现代科技是我们的天命（Destiny），所谓天命不是无法抗拒、不可改变的际遇，而是既属危险也是救援，同时是隐蔽与解蔽之意。人类在面对这一天命的同时，完全可以借着思想和认知来掌握人类自身的发展道路，而非宿命地被动接受现代科技的影响。数字化时代的网络正在成为我们的天命，我们必须分析它、揭示它。② 因而迫使我们必须重新反省、观照自己的时代特性，观照生存在网络社会的人的发展，以便在社会文化与网络的科技特性之间建立一个合适的关系，进而化危险为转机。

当前，青少年上网人数的增长速度惊人，是不可忽视的网络用户群体。据中国互联网络信息中心2017年第41次调查中国互联网络发展状况的数据结果显示：截至2017年12月，我国网民规模达7.72亿，其中18岁以下网民已占全国网民的22.9%，不仅规模庞大，而且增长速度惊人。2017年新增加的网民群体中，中学生群体规模最大，学生群体占比为25.4%。同时，网民呈现低龄化发展趋势，能熟练上网的小学生不在少数。③ 调查研究发现，青少年平均每周上网时长为37.1小时，全国网民平均每周上网时长为16.2小时，不到青少年的一半。当今网络已融入青少年的生活，成为青少年的一种生存方式。然而，通过对青少年网络生活现状的考察发现，青少年的网络生存面临严重的危机，其网络行为值得关注。青少年学生在放学后会有平均每天1.38小时的时间花在网络上，寒、暑假中平均每天上网3.02小时。而深入调查中小学生在网络上的行为时却发现，他们每天消耗大量时间上网主要是为了“浏览信息”、“聊天”和“玩游戏”。④ 青少年的网络行为模式与青少年网络素养的形成和发展有着密切的

---

① 【美】尼葛洛庞帝. 数字化生存[M]. 胡泳等，译. 海口：海南出版社，1996：59.

② 【德】海德格尔. 存在与时间[M]. 陈嘉映等，译. 北京：生活·读书·新知三联书店，1999：236.

③ 2017年第41次中国互联网络发展状况统计报告—网民规模与结构(二)[EB/OL]. (2018-1-22)[2018-6-4]. http://www.cac.gov.cn/2018-01/31/c_1122347026.htm.

④ 郭丽君. 青少年上网增速惊人如何让网络别“刺伤”他们[N]. 光明日报，2010-5-19(10).

关系，以无目的地被动接收信息与娱乐为特征的网络行为模式成为制约与影响青少年发展的关键问题。网络沉迷的背后是中小学生网络素养的缺失，因此，如何引导青少年进行有目的和主动的网络探究活动，形成具有探究取向的网络行为模式，是促进青少年网络素养发展和摆脱网络生存危机的关键。

生活在“互联网＋”时代的青少年在享受网络技术带来的进步与发展的同时，也际遇着网络化带来的考验与挑战，主体价值迷失、人格异化、行为失范、伦理道德缺失等诸多问题成为制约青少年成长的因素。青少年在享受网络化学习与生活带来的便捷与欢愉的同时，又强烈地体验着网络化带来的矛盾与困惑。随着互联网和手机终端的发展，引发了中小学生沉迷游戏、行为失范、价值观迷失等问题，2018 年 4 月 20 日教育部印发的《关于做好预防中小学生沉迷网络教育引导工作的紧急通知》明确指出：要充分认识预防中小学生沉迷网络的极端重要性和现实紧迫性，对青少年学生的网络行为进行引导，加强网络素养教育成为迫切的时代课题。

青少年与网络结缘，是“互联网＋”时代发展的必然。然而，青少年绝不是一个脱离了具体社会、历史和文化语境的抽象概念，青少年与网络技术的关系也不仅仅是脆弱、孤立的个体遭遇网络文化冲击的简单过程。青少年是具有主体意识的个体，青少年作为行为主体，不是消极的信息“接收者”，而是网络世界“意义”的解读者和创造者。网络世界的“意义”由青少年所建构，青少年与网络的互动，是探究网络世界与个人关系、探究虚拟世界与真实生活关系、探究真实自我与虚拟自我关系的过程，在这个过程中青少年形成了自身的网络素养，网络素养水平的高低也进一步影响着青少年网络学习与生活的质量。因此，如何引导青少年在与网络的互动中，提高自身的网络素养，让青少年在有目的、主动的探究活动中，提高自身的发展能力，成为“互联网＋”时代的领航者与助力者，是时代发展与社会发展的双重要求。

技术在本质上是人所具有的一种开放式演进的旨趣，技术既是人的自我创造、自我展现的过程，也是使自然和人的创造物被再造和被展现的过程。人建构了技术，技术反映了人的开放性的本质力量。对于网络技术的社会化，我们不应持简单的技术悲观论或技术乐观论，而应持互动建构论的立场，理性地思考技术能为青少年带来什么、我们如何利用技术等问题，将网络技术视为青少年的开放性社会实践。因此，从学理性的角度研究网络环境下青少年的素养问题，不仅是人与技术和谐发展的基础，也是促进人与技术互动，促进“互联网＋”时代社会和谐发展的基石。

联合国教科文组织在《学会生存——教育世界的今天和明天》中指出，人类发展的目的在于使人日趋完善；使他的人格丰富多彩，表达方式复杂多样；使他作为一个人，作为一个家庭和社会成员，作为一个公民和生产者、技术发明者和有创造性的理想家，来承担各种不同的责任。[①] 人类在进入21世纪的今天，网络拓展了青少年的生存空间，青少年深度体验着生存的内涵，即生存不仅包括现实生存空间，也包括网络生存空间，二者密切联系、相互融合，对青少年的发展起着重要的作用。二者只有方向一致、形成合力，才能最终使青少年健康发展。网络也为青少年的人格发展提供了自由空间，使青少年的个性化发展更加充分、创造潜力得到发挥。所有这些的前提是青少年网络素养的良好发展，关注青少年在网络空间的发展，让青少年在网络空间中学会生存，乃是当今"互联网＋"时代的重要命题。

青少年是带着丰富的经验和个人观点置身于网络世界之中的，青少年在网络世界中进行探究，将已有的经验与所置身的网络情境建立联接与联系，在与心灵世界的对话中形成对自身的理解与自身意义的认知，诞生新的观念，通过进一步的审视、反思并修正自己的经验和认识，重建（提出或接受）新解释、新假设、新概念，这个过程是青少年在网络探究中的自主建构过程，也是青少年进行自我探究、与外部世界和内心世界的对话过程。在这一过程中，青少年自主建构起来的新知识、新观点（新解释、新假设、新概念），是真正属于青少年的认知结构，真正有意义和有活力的"知识"。青少年通过探究实践，自主地开展学习，主动建构意义，自觉地获取知识。探究，是青少年了解和认识世界的主要方式，也是青少年探索世界的重要途径之一。网络素养使青少年的探究不只停留在自发水平上，让青少年真正的从探究中有所收获，增进其对世界的认识和不断提升探究素养，从而使青少年的探究实践不断提高和完善。通过亲身探究获得的知识是学生自己主动建构的，是真正属于青少年自身的。青少年只有通过亲身探究和亲自实践，才能真正获得知识的意义，才能获得"深层理解"。青少年是社会的未来，其发展关系到社会的前途与希望。置身于"互联网＋"时代，网络素养不仅直接关系到青少年自身未来的发展，也关系到社会的整体发展。发展网络素养是"互联网＋"时代对青少年核心素养发展提出的要求，网络素养不仅提升青少年在网络空间的自我发展能力，也会直接影响青少年的现实生活质量，同时也关切到社会的未来发展。在青少年与网络的互动中，将网络置于社会发展与青少年个人发展的双重视野中，采用互动

---

① 联合国教科文组织国际教育发展委员会编著. 学会生存——教育世界的今天和明天[M]. 华东师范大学比较教育研究所，译. 北京：教育科学出版社，1996：23.

建构论的视角，以青少年与网络互动中的发展为研究切入点，聚焦青少年自身素养的提升，使对青少年的研究处于时代发展、技术发展与社会发展的良性互动中，将具有重要的理论价值与现实意义。

第一章 “互联网+”时代青少年网络素养本质解读

第一节 何谓网络素养——词源学分析与释义

一、网络素养的词源学分析

提到“网络”，人们首先想到的是“互联网”(Internet)和“万维网”(World Wide Web)。诚然，这些网络是我们所知道和应用的最主要的网络形态，但不是全部。网络的含义更广、更深。从词源学上讲，“网络”一词来自于古代汉语中的“网”，“网”和“络”同义，后复合成一个词。《说文解字》释“网”为“”，庖牺所结绳以渔，从“”，下象网交文，凡网之属皆从网。释“络”为“”，絮也，一曰麻未沤也。① 有学者曾考证 Net 和 Web 在汉语中的来源，Net 原指捕鱼捉鸟时所用的网，大体相当于“罗网”、“工具”的含义；Web 指蜘蛛或其他昆虫所织的网，它指“世界”。网在甲骨文中写作“”。战国民谣有：“南山有鸟，北山张罗。”(《淮南子·时则训》)“网”也作“”。作为工具，网的功能就是“捕获”。“落网”是“网”的第三种含义。《现代汉语词典》把“网络”一词释为：(1)网状的东西；(2)指由许多互相交错的分支组成的系统；(3)在电的系统中，由若干元件组成的用来使电信号按一定要求传输的电路或其中的一部分，叫做网络。② 显然，这一释义过于简单，也没有全面反映当代的科技成果。

在英语中，按照通用义的外延大小依次为 Net(Network)、Internet 和 Web。根据

---

① 许慎. 说文解字[M]. 北京：中华书局，1963：21.

② 中国社会科学院语言研究所词典编辑室编. 现代汉语词典[M]. 北京：商务印书馆，1996：62—65.

《牛津高阶英汉双解词典》的解释，Net(Network)指各种网状物、物状系统和陷阱、罗网，尤指通信网，也可用作动词，有“捕捉、罩住”等义。Web指蛛网、错综复杂的事物或网络等。格罗莫夫(Gregory Gromov)认为，Network本身是一个计算机科学概念，Internet既是计算机科学的概念也是生物学概念，而Web则不再是一个计算机科学的概念，它是一个语言学概念。作为计算机科学概念的“网络”是一群单机之间的技术连接，而信息流动的范围则通过这种连接从单机扩张到机群。即便是这样简单的连接也具有潜在的“生物学”意义。[①] 在现代意义上，简单地说，网络就是人们彼此交谈、分享思想、信息和资源，以及构建关系。在此，网络是个动词，不是名词。重要的不是最终的成品——网络，而是达到目标的过程，也就是人与人、人群与人群互相联系的沟通途径与对应形成的关系。

素养在我国《辞海》中的含义是指：经常修习涵养。这说明素养非一朝一夕所能形成，而是长期“修习”的结果。英语素养“Literacy”是从“Literate”派生出来的，而“Literate”又是从“Literature”派生出来的。素养被逐渐理解为“读写能力”，通俗理解为“识字能力”。“素养”(Literacy)一词早期只是用于描述人们阅读书报杂志的识字能力高低，同时也指具有某种技能或知识的累积或是世界观的统称。目前对素养的解释则偏重结果，有两层含义：一层是指有学识、有教养，多用于学者；另一层是指能够阅读、书写，有文化，对象是普通大众。后者与英语中的“Literacy”本义相对应，即为“识字”、“有文化”、“阅读和写作能力”。

素养是人的素质与修养的综合表征，是人的魅力的一种表现。个人良好的素养是文明社会构建的基础。自文字出现以来，素养便是人们参与社会生活所必备的能力。通常是学校教育最主要的内涵。在电子媒体出现以前，素养总被局限在与印刷媒体有关的领域；在电子媒体出现以后，随着媒体的发展，素养一词的“内涵”发生了变化和延展，是指人们获取、分析、评价、创造信息的能力。素养是指懂得如何从他人创造的媒介中获取信息，同时又懂得如何创造别人能够理解的多种媒介信息。

保罗·弗莱雷(Paulo Freire)在《*Literacy: Reading the word and the world*》中，将素养作为“觉悟启蒙”的过程，它包括了阅读“世界”，而不仅仅是阅读文字。素养的内涵范围也不断延展，素养不仅仅是读写能力，也是理解、阐释、分析、回应和作用于不断涌现的各种复杂信息来源的能力。

---

① 中国社会科学院语言研究所词典编辑室编. 现代汉语词典[M]. 北京：商务印书馆，1996：72.

素养的发展历史表明，新技术可以改变素养实践活动，但新素养不会自动取代其旧形式，因为旧素养的目标和实践活动依旧保持不变。素养的核心是读写能力，但是代表知识的公共领域——素养必然随着新时代文化内涵的发展而发展。素养范畴形成一些专门领域，如文化素养、科学素养、媒介素养、网络素养（网络素养是媒介素养的高级阶段）。这些素养融入学校的公共知识中，必将促进课程改革，以适应新的知识框架。因此，随着科学技术的进步，“素养”的内涵已经不限于单指“读”与“写”的能力，凡是对一个事物有使用、思考、批判、解读、应用的能力，且对自身生活有所帮助，都可以称为“素养”。近年来，媒体素养、视觉素养、网络素养等概念陆续出现，使得素养的内涵越来越丰富。

对素养的普遍认识往往与素质联系，一般认为素养是指决定一个人行为习惯和思维方式的内在特质，广义上还包括知识与技能。素养是一个人能做什么（知识、技能）、想做什么（角色定位、自我认知）和会做什么（价值观、品质、动机）的内在特质的组合。美国 CEO 论坛 2001 年第四季度报告提出的 21 世纪的能力素质总的方面包括基本学习技能、信息素养、创新思维能力、人际交往与合作精神和实践能力，拓展了素养的内涵。

《现代汉语词典》对“素养”的解释是平日的修养，如艺术素养。关于什么是素养？中国青少年研究中心的孙云晓研究员说：素养在一个长期的过程中已经成为一种价值观、一种生活方式，对人的态度、对人的行为等起稳定作用的素质才能叫做素养。[①]这种素质融汇成生命的一部分，是和人的态度、人的价值观、人的生活方式紧密相连的，是近乎本能的，是不需要条件、不需要外部压力、不需要别人的提醒，就会自觉自愿、心甘情愿地去做，这才能称之为素养。可以看出，“素养”是指人的一种能力。在中文里，与“素养”一起使用的词如人文素养、文化素养等，其中也包含了“文字和文化”修养的意思，还包括对意识和价值的判断能力。大多数人认同英文单词“Literacy”译为“素养”，从文献资料中不难发现这一点，但也有人将其译为“素质”。下面对“Literacy”的来源与内涵加以考察。“Literacy”源自“Liter＋al”，而这个词又源自中世纪英语“Literalis”，“Literalis”源自中世纪拉丁语“Litera”，这是个形容词，指“文字的”、“字面上的”；由此派生的词有“Literally”（逐字地）、“Literary”（文学的）、“Literate”（有文化的）、“Literacy”（识字、有文化）、“Literature”（文学）等。在现代大众媒介发展起来以

---

① 孙云晓. 孙云晓与你面对面丛书—每个孩子都可以成功[M]. 合肥：安徽教育出版社，2010：78.

前，能写会说的人自然是“有文化的、识字的”，这很容易理解。美国学者阿特·西尔弗布赖特（Art Silverblatt）也曾提到“Literacy”的定义问题，他指出：“传统的素养定义只应用于印刷物‘关于字词的知识；受过教育的；有学问的’。”英国学者凯丽·巴塞尔格特（Cary Bazalgette）提出自己的见解并表达了对“素养”重要性的认识，她认为：“素养是针对个人而言的，它是人一生中都需要不断提高的修养。一个充满活力和生命的文化必然拥有具备良好素养的人，具有良好素养的人是民主社会的前提。”由此看来，中文和英文中的这两个词在原初的意义上还是有些区别，中文的“素养”一词内涵更广泛一些。

中文“素养”一词，从字面上理解，它是指经常修习的涵养，也就是指平时的修习与养成，但要养成什么并没有明确的界定，只是笼统地说通过平时的修习达到一种境界或养成一种处世的态度，往往与素质、修养等词互用。所以我们在使用该词时往往会加上修饰语，如文学素养、科学素养，才清楚是哪方面的素养，从素养的中文词义来看，强调素养形成的过程，注重后天的习得与积累，并不表明素养的具体内容。而在英语语境中，与素养相对应的词 Literacy 则有明确的界定。Literacy 是从 Literate 派生出来的，而后者又来源于拉丁语 Litteratus，即有文化的意思。根据英国《剑桥国际英语词典》，素养最简单的一个定义就是“具有读与写的能力”（an Ability to Read and Write）。美国《韦氏英语词典》对它的解释是“读写能力的质量状况”（the Quality or State of Being Literate）。另 OED（The Oxford English Dictinary）称，率先使用“素养”这一术语的，是 1883 年美国马萨诸塞州教育委员会发行的教育杂志《新英格兰教育杂志》。可以看出，英语中使用的素养概念，在一定程度上是与学校为学生提供哪些公共知识紧密相连的，通常被理解为基本的“读写能力”，如新英格兰早期的教育认为知道“3R”就是一个有文化的人，也就是有素养的人。

然而，素养的概念也会随着社会的发展而变化，随着技术地变革与更新，尤其是 20 世纪 90 年代以来出现了对素养的新认识。就成人而言，素养是人们运用各种信息作用于社会，以实现个人目标、开发个人的知识和潜能。这一观点被学界广泛接受与运用。就青少年而言，美国教育部认为“素养是指会读、写、说、听的重要技能”，国际学生评价项目（Program for International Students Assessment，简称 PISA）进一步指出，素养是学生运用所学知识和技能，有效进行分析、推理、交流，在各种情境中解决和解释问题的能力。可见，素养这一概念是有着丰富内涵，是不断发展的概念，它具有强烈的时代特征，它已不限于“读”、“写”能力，只要是对一个事物具有解读、省思与应用的能力，且有助于自身发展与适应社会，都可称作素养。素养是后天习得的，而非天生就有的，往往与教育密切相关，素养是可教育与培养的，这是素养最重要、最显著的特征。

二、网络素养的当代释义

网络素养，即 Internet Literacy，Internet(Web)作为互相连接的网络(即互联网)，本质上构建了多重关系，即人与人的关系、虚拟世界与真实世界的关系、真实生活与网络生活的关系、真实自我与虚拟自我的关系等；Literacy，本义是素质、素养、文化、涵养等。因此，从词源学上分析，青少年网络素养是其在网络世界的多重关系建构中形成的自身的内在素养，是内在于青少年本身的包括意识与价值判断能力等在内的涵养，也是青少年在与网络的互动中探究虚拟世界、建构多重关系、生成意义，以及形成个人认同与理解从而发展自我的能力。青少年网络素养的培养也是青少年在与网络的互动中不断提高、动态发展的过程。

网络素养是青少年在网络生活中所必备的素养，是青少年在多元网络文化中实现“会探究、会学习、会合作、会交流、会创造、会生存”目标应具备的必备品格与关键能力，如：文化解读能力与鉴别能力、批判性思维能力与决策能力、在网络探究中的学习能力与问题解决能力、在网络空间的交往能力与创造能力等。其涉及的内容要素包括青少年对网络的认知与判断、所具备的网络知识和技能、网络生活态度及网络行为习惯，对网络信息进行理解、分析和评价的辩证思维能力，以及网络沟通交往中的法理与伦理道德修养等。

第二节　青少年网络素养的多视角解读

将网络素养置于文化学、心理学、哲学、教育学、青少年学等不同学科视野中，可以多视角考察网络素养与青少年发展的意义与关系，形成对“互联网＋”时代青少年网络素养的多角度与多学科视野的解读。

一、青少年网络素养的多学科意蕴解读

1. 网络素养的文化学意蕴

文化是一种复杂的社会现象，人类创造了文化，文化反过来又影响人的存在和价

值观念，决定了人的思维、行为和生活方式。一些人类学家、哲学家提出了生活方式的概念，认为人的生活方式就是一个“文化世界”，如拉尔夫·林顿在《人格的文化背景》一书中就指出：“文化指的是任何社会的全部生活方式，而不仅仅是被公认为更高雅、更令人心旷神怡的那部分生活方式。”[①]也有学者从另一个角度来看待文化，他们把文化视为人的一种高级素质，如英国文化学大师马修·阿纳尔德为文化下的定义是：“所谓文化，就是人类通过学习迄今所想出的和所说出的最好的东西，不断达到自身之完美的活动。通过这种持续性学习，人们就可以用新鲜的和自由的思想之泉去冲洗掉自己陈旧的概念和习惯。”[②]在这里，文化指的是人的更高级的素质及其形成过程。在日常生活中，人们经常把文化理解为“有教养”、“受过良好的教育”之意。詹姆斯·格雷克(James Gleick)认为：“网络不是一个事物，不是一个实体；也不是一个组织，没有人能拥有它，没有人能控制它。它仅仅是连接在一起的所有人的计算机群。然而，在网络空间的人建构了个体之间的关系，和在他们脑海里的网络文化内容——属于网络空间的感知。将它们合起来考虑就是这三个成分——物质、关系和认知，不仅构成了网络空间自身，同时构成了一种新的‘文化’。”[③]网络作为一种新的媒介方式，带来了一种富含诱惑力的文化景观，也给青少年带来了崭新的文化体验与多元价值理念。网络素养的文化意蕴即青少年在网络世界中不仅探究体验着多元化的网络文化，形成青少年自身的文化价值认同，进而影响着网络素养的形成，同时，青少年也创造着文化，形成网络文化与青少年网络素养发展互存共生的互动关系。网络不仅为青少年带来新的文化价值理念，影响着他们的思维、行为与生活方式，同时，青少年在网络实践活动中也创造着新的文化，在文化实践中提升自身的价值判断能力与批判性思维能力。网络素养作为青少年全部文化素养的一部分也体现在青少年的现实生活中。

2. 网络素养的心理学视角

心理学认为，认知、情感、意志作为三种基本的、相对独立的主观意识，对应的反映三种基本的关系存在：事实关系、价值关系和实践关系。青少年在日常生活中首先感知和了解其中所呈现对象的事实关系，其次掌握这些对象对于人的价值关系，然后就如何对具体实践情境中的关系与价值进行判断、取舍、决策，最后是付诸实践行动的过

---

① 【美】拉尔夫·林顿著. 人格的文化背景[M]. 于闽梅等，译. 桂林：广西师范大学出版社[M]，2005：20.

② 维充多·埃尔著. 文化概念[M]. 上海：上海人民出版社，1988：35.

③ James Gleick. The Information：A History，A Theory，A Flood [M]. California：Vintage Press，2011：366.

程。从认知到情感，再从情感到意志，最后到行动，是密不可分的统一体。从心理学的角度分析，青少年的网络素养由知、情、意、行多个维度组成。“知”不仅是指青少年所具有的网络知识，而且指青少年在网络空间里对事实关系的认知能力，如对探究的网络世界中对象的认知、对自我的认知、对他我关系的认知等；“情”指青少年与网络的互动中伴随的情感体验以及彰显的价值意义；“意”是指青少年在网络空间的决策能力与判断能力；“行”是指青少年在网络空间的实践行为以及青少年与网络世界所形成的实践关系。青少年网络素养的形成过程，是促进青少年“知、情、意、行”协调整体发展的过程，在这个过程中，青少年不仅建立自己的身份认同，而且经由网络连接建立新的人际关系与价值关系，进而促进青少年思维与行为习惯的形成。此外，青少年的网络素养形成过程并非是一个自觉自动的过程，需要一定的引导与干预，也是一个深度认知和深度学习的递进过程，随着个体在网络空间的动态发展，青少年不仅会形成一定的网络行为模式，也会形成一定的关系认知，以及伴随上网体验产生一定的情感。青少年的网络素养与认知、情感密不可分，它超越个体的意识（认知）层面，在情感体验中，形成内在于青少年自身的知识论与价值论的统合，形成稳定的内在涵养，即网络素养。

3. 网络素养的哲学意义

传统西方哲学思想主张物质与精神的二元对立，把空间二分为心灵空间与物理空间。但是，近代科学革命导致人们将注意力集中到物质世界上，从而造成物质空间扩张而压缩心灵空间。网络空间的崛起，直接挑战了这种以近代科学世界观为基础的一元化物质空间观。与物理空间不同，网络空间虽以物质为基础，但却主要是由信息、心灵、想象等构成，人们在物质空间之外，又觉察到一种多维度的心灵空间的存在。网络空间作为一种集体创造的交互感应所生成的心灵空间（第三空间），为身体缺场的人们找到了想象的自我认同的场所。谢里·特克（Sherry Turkle）在《虚拟化身》一书中提到人们面对计算机屏幕在网络空间中与他人互动，是一种在分享与交流中进行自我探究的过程。他认为，网络使得看似抽象的后现代主义在社会中有了具体的展现，网际互动是去中心化、片断化的自我探究与意义建构的过程。[①] 青少年在网络空间中所展现的主体具有多维性，在多样性、差异性的网络中进行活动时，主体常表现出要求改变自己主体身份的需要和冲动，进而表现出主体创造性。因此，技术是被间接引入从而引起了主体的变化，网络素养不仅有利于提升主体的创造性，而且在主体与世界的关

① Sherry Turkle. Life on the Screen: Identity in the Age of the Internet [M]. New York: Simon & Schuster Press, 1998:23.

系重构中，回归主体的价值。因此，从哲学意义上分析，网络素养教育是发展青少年探究能力、发挥主体创造性、实现主体价值的过程。

4. *网络素养的教育学意蕴*

青少年网络素养与教育之间有着密不可分的关系。首先，青少年网络素养与教育有着内在一致的目标，教育是培养人的活动，探究意识、创造精神、自主人格、批判性思维是教育对人才培养一以贯之的目标，这与青少年网络素养所追求的目标是一致的，青少年的网络素养在本质上就是让青少年在与网络的互动中，提高批判意识，过有意义的网络生活，在自我探究与意义建构中，发挥主体创造性，提高问题解决与自我发展能力；其次，在青少年个人成长的过程中，网络素养与教育是互存共生、互相促进的。一方面，教育的引导对青少年网络素养的提升起积极的推动作用，不同的教育理念、教育方法与教育策略，对青少年的网络素养有不同的影响作用。另一方面，网络素养的发展可以促进青少年的问题解决能力与自我发展能力，从而促进青少年在受教育过程中的学习能力与内在价值。总之，青少年在网络素养的发展过程中，离不开教育的引导，青少年网络素养教育也是教育的重要使命，二者互存共生、融于一体，并体现在当今网络时代的青少年个体身上。

5. *网络素养的儿童学分析*

儿童天生就是探究者，从儿童诞生的那一刻起，他们就没有停止过探究。因此，探究是儿童的天性，是儿童的生活与学习方式，正如玛利亚·蒙台梭利（Maria Montessori）在其讲演中多次指出，儿童是小小的“探索者”，是“上帝的密探”。她认为儿童就其天性来讲，是富有探索精神的探究者，是世界的发现者。儿童正是通过自发地探究，不断加深着对这个世界的认识与理解。[①] 对青少年来说，网络世界充满无限魅力与乐趣，青少年在网络空间中展示自我、探究生活、与他人交往等，其实这一过程，也是青少年在网络世界中的探究过程，即在网络世界中青少年同样在进行着探究。青少年探究网络世界，形成自己对网络世界的理解与认识，从而建立网络世界与现实生活的联系；青少年在网络世界中探究生活，弥补现实生活中无法获得的生活体验；青少年在网络空间与他人交往、分享自己的观点、说出内心世界的秘密，这一过程是青少年探究自我、获得自我认同与他人理解、在与他人对话中建构人际交往及对人与人之间关系理解的过程。然而，青少年在自然状态下的探究，是一种自发状态、没有明确的目

① 【意】玛利亚·蒙台梭利. 童年的秘密[M]. 霍力岩等，译. 北京：中国人民大学出版社，2008：26.

的与方向的探究。由于网络潜藏着许多对青少年成长不利的因素以及网络自身的特性，如信息的良莠不齐、多种链接路径等，对其探究能力的发展带来挑战。网络素养可以促进青少年从自发的、不成熟地探究，走向科学地探究，在这个从量变到质变的过程中，网络素养将起关键性的核心作用。因此，青少年在探究中体验网络生活、建构知识、生成意义及形成理解，网络素养是提升青少年网络探究质量、促进青少年探究能力持续发展的关键。青少年的网络素养也是在青少年对网络世界的主动探究中建构形成与不断发展的。

二、网络素养与其他素养的关系

网络素养与信息素养、媒介素养、科学素养、技术素养、新素养等有一定的区别和联系，通过揭示他们之间的区别与内在联系，可以更深刻地理解网络素养的内涵，为青少年网络素养的研究找到立足点。

美国学者指出："素养"一词有多重含义，不同的素养常面向不同的实践领域，与空间、时间等有着密切的联系，网络素养是面向网络时代的人的生存素养，不同于信息素养、媒介素养、科学素养、技术素养等，它是面向新的实践领域且关涉网络时代的人的生存与发展问题。网络素养与信息素养、媒介素养、科学素养、技术素养、数字素养等无论是在产生的技术文化背景还是所指向的实践领域上，都有着本质的不同。不同的素养面向不同的实践领域，具有不同的技术文化背景、实践领域与内涵指向，具体而言：

1. 网络素养

网络素养是应网络时代的发展需要而提出的，是青少年在网络空间学习、生活所必备的素养，由青少年在网络世界的主动探究中建构形成与发展，从而实现高质量、有意义网络生活的目标，即实现青少年在网络生活中"会探究、会学习、会合作、会交流、会创造、会生存"的目标。青少年网络素养在广义上是指青少年在多元网络文化实践中不断提高的修养以及青少年在网络空间的自我发展能力，具体而言，青少年网络素养由以下核心能力组成：在多元网络文化实践中的文化解读能力与鉴别能力、批判性思维能力与决策能力，在网络探究中的学习能力与问题解决能力，在网络空间的交往能力与创造能力等。其涉及的内容要素包括青少年对网络的认知与判断，所具备的网络知识和技能、网络生活态度及网络行为习惯，对网络信息进行理解、分析和评价的辩证思维能力，以及在网络沟通交往中的法理与伦理道德修养、网络创造与创新能力等。

2. 信息素养

信息素养(Information Literacy)的定义最早来自1989年的美国图书馆学会(American Library Association,简称ALA),其内容包括能够判断何时需要信息、如何获取信息,以及如何评价和有效利用所需的信息。它不仅包括利用信息工具和信息资源的能力,还包括选择、获取、识别、加工、处理、传递信息并创造信息的能力。[①] 近年来随着对信息素养研究的增多,信息素养的内涵也出现了不同的研究转向,如将信息素养个体化的问题转化到群体活动中、将其置于信息文化的建构之中进行阐释等,由此形成了有关信息素养内涵的各种流派,包括工具观、能力观、学习观、文化观等。信息素养关注的实践领域是信息实践活动层面,主要指面向不同应用的信息实践活动能力。

3. 媒介素养

媒介素养(Media Literacy)中的媒介既包括传统媒介,如报纸、广告等,也包括新媒介,如电视、计算机、网络等。在媒介教育研究领域,媒介素养被认为是具有正确使用媒介和有效利用媒介的一种能力,它是公民接近、分析、评价、运用媒介及媒介信息的能力。通过增进人们对各种媒介的认识,使其用批判的态度接收及分析大众媒介的讯息,解读讯息背后的意识形态,了解媒介在日常生活中扮演的角色,做主动的受众。因此,媒介素养是面向媒介实践应用领域的能力,是一种内涵相对宽泛、所指涉内容范围较为广泛的能力。

4. 科学素养

科学素养(Scientific Literacy)是由文化素养引申而来的。科学素养最早由美国学者赫德(P. D. Hurd)在1958年提出,表示个人所具备的对科学的基本理解。随着科学技术的发展以及国内外对科学素养研究的深入,科学素养的内涵也有着多元化的理解与界定,如经济合作与发展组织认为,科学素养是运用科学知识,确定问题和得出具有证据的结论,以便对自然世界和通过人类活动对自然世界的改变进行理解和作出决定的能力。美国学者米勒认为,公众科学素养由相互关联的三部分组成:科学知识、科学方法和科学对社会的作用,具体说就是具有足够的可以阅读报刊上各种不同科学观点的词汇量,理解科学技术术语的能力,理解科学探究过程的能力,以及关于科学技术对人类生活和工作所产生影响的认识能力等。美国《国家科学教育标准》将科学素养

---

① 王吉庆.信息素养论[M].上海:上海教育出版社,1998:11.

定义为："了解和深谙进行个人决策、参与公民事务和文化事务、从事经济生产所需的科学概念和科学过程。"①国外有关科学素养的界定有十多种，尽管不同的界定所关注的焦点与侧重点有所不同，但科学知识、科学方法、科学技能、科学本质和科技与社会等要素作为科学素养的基本因素，都体现在不同的定义中。在国内，一般认为科学素养由以下方面组成：科学态度、科学知识与技能、科学方法与能力、科学行为习惯。科学素养与网络素养既有一定的区别，也有内在的一致性，如从起源看，科学技术的发展源远流长，因此对科学素养的研究远早于网络素养，其包括的内容也更广泛；如果将网络技术作为科学技术发展历程中的新技术，那么网络素养就是科学素养发展过程中的新阶段。二者的内在一致性体现在科学素养非常强调科学探究的过程，在探究过程中形成科学素养，而网络素养的形成也是在网络探究中发展，强调网络探究行为、习惯的养成等。

5. 技术素养

美国北方中央地区教育实验室(2003)在《面向 21 世纪学习者的 21 世纪能力：数字时代的基本素养》中，对技术素养(Technology Literacy)给出了这样的定义："知道技术是什么，如何发挥作用，能够达到什么目的以及如何经济有效地用来达到具体目标。"②具体而言，通晓技术系统的本质，并且将自己作为这一系统的熟练用户；理解并且示范如何在社会与个人事务中奉公守法、合乎道德地运用技术；用有效的方式运用各种技术工具来增加创新能力；运用沟通工具超越课堂走向世界并且能用强有力的方式交流思想；能够有效地运用技术从多种来源寻找、评价、处理和综合信息；运用技术来确定和解决现实世界中的复杂问题。技术素养中的技术是一种宽泛意义的技术，包括网络技术及其他技术。

6. 数字素养

数字素养(Digital Literacy)是数字化时代人们所需要的素养，反映了数字时代对人的素养能力的要求。数字素养概念随着技术的发展不断演变，在早期的研究阶段，数字素养被界定为：理解与应用多种形式的数字化媒体资源的能力。美国信息测试服务中心的研究者认为：数字素养能力包括新知识的生成、技能、态度，以及利用数字媒体技术进行工作学习、休闲娱乐、交流的关键能力和信念。埃谢特-阿卡利(Eshet-

---

① 戢守志. 美国国家科学教育标准[M]. 上海：上海科学技术文献出版社，1999：39.

② 盛群力，褚献华编译. 21 世纪的能力：数字时代的基本素养[J]. 开放教育研究，2004(5)：7—8.

Alkali)等认为,现在的数字素养概念已经拓展到技术、认知、社会、情感技能的整合层面,有效地利用数字化环境所应具备的技能。① 马丁(Martin)在现有数字素养定义的基础上进一步发展了数字素养的概念,他认为数字素养是一个人利用数字化工具的意识、态度和能力,是对数字化资源的鉴别、获取、管理、整合、评价、分析、加工合成与应用的能力,是利用数字资源建构新知识、与他人沟通交流,以及在具体的生活情境中创造性、建设性地进行行动,并能对此过程进行反思,以恰当的方式运用数字化工具、设备与资源的能力,同时具备法律意识、安全意识、伦理道德与责任感。②

7. 新素养

在国外研究中,许多学者将包括21世纪的素养、网络素养、信息素养、新媒体素养、交流素养等在内的素养,称为新素养(New Literacy)。新素养是相对于传统素养(读、写、算)概念而言的,通常是指随着数字技术的发展而产生的一种新的素养形式,但新素养不一定涉及数字技术的应用。在国外的素养研究领域,新素养这一概念一直保持着自身的开放性,不同的学者基于不同的视角将新素养进行概念化,并在不同的实践领域进行着多元化的研究与实践。在《新素养研究与实践手册》(*Handbook of research on new literacies*)中,朱莉·科伊罗(Julie Coiro)等人指出,新素养是伴随着新技术的出现而产生的,信息素养、网络素养、媒介素养等素养研究都可以置于新素养的研究视野之中。新素养始终保持着自身的开放性,伴随着技术的发展,新素养的内涵仍将继续发展与变化,因为新技术的出现改变、拓展和丰富了传统素养的内涵。③

网络素养虽然不同于其他素养有其具体的实践领域与内容指向,但网络素养与其他素养也有着一定的渊源与联系,甚至存在一定的交叉、包含、融合或发展等关系。正如科伊罗所说:"新素养是建立在已有素养基础之上的,新素养不是对原有素养的否定,而是对已有素养的发展。"因此,网络素养与其他素养的关系与内在联系为:网络素养与媒介素养是一种发展关系。网络素养作为媒介素养发展的高级阶段,网络本身的互动性、开放性与自组织性,丰富了媒介素养的内涵,拓展了媒介素养研究的领域;

① Eshet-Alkali, Y., & Amichal-Hamburger, Y. Experiments in Digital Literacy [J]. Cyber Psychology & Behavior, 2004, 7(4): 421.

② Martin, A. Digital Literacy and the "Digital Society". In M. K. Colin Lankshear (Ed.), Digital Literacies-Concepts, Policies and Practice. New York: Peter Lang Publishing, 2008: 151 - 156.

③ Julie Coiro. Handbook of Research on New Literacies [M]. New York: Lawrence Erlbaum Associates, 2008: 10 - 12.

新素养作为与传统素养相对的一个概念，因其自身的开放性与互动性，使其包含了数字素养、媒介素养、网络素养等，因此，新素养与网络素养是一种包含关系；从技术发展的视角看，网络技术本身作为一种技术，网络素养与技术素养的内涵有着内在的一致性，如在技术本质、利用技术发展能力、利用技术创新性地解决问题等方面，网络素养同样有着与技术素养一致的内在追求。网络素养同样涉及对网络技术本质的认识，对网络技术环境下的人文关怀，对利用网络技术发展自我，建立与世界和谐共生关系等方面的内容；网络素养强调网络实践活动的探究性，对探究性的追求与科学素养有着共同的旨趣；网络素养与其他素养也会存在一定的交叉、融合关系，如网络素养与数字素养之间存在一定的交叉关系，网络是以数字化技术为基础的，是建立在数字化、信息化基础上的。尽管从发展的历史渊源看，网络素养与信息素养研究的立场与关注的重心不同，但网络作为全球性的信息资源库，使得网络素养与信息素养研究有一定程度的融合。

三、青少年网络素养的特征分析

青少年不同于成人，自由、探究、创造是青少年的天性，青少年眼里的世界也不同于成人。无论是在网络世界还是现实世界，当青少年不再进行探究、互动与对话，缺乏内在体验时，就无法建立内心世界与网络世界或现实世界的联系，从而不能生成意义。因此，青少年的网络素养是在网络探究实践中形成与发展的，是青少年探究网络世界、探究自我的结果，青少年网络素养具有实践性、个性化、稳定性、发展性、整合性等特征。具体而言，青少年网络素养具有如下特征：

1. 相对的稳定性

青少年网络素养内在于青少年自身，与认知、情感密不可分，它超越个体意识（认知）层面，是在情感体验中形成的内在于青少年自身的知识论与价值论的统合。在青少年与网络的互动中形成的内在涵养表现出一定的稳定性。青少年网络素养一经形成，就呈现出相对的稳定性，不会因外在一时的影响而改变或消失，它反映了青少年的整体认知与素养能力水平，使青少年的网络行为呈现出惯常、稳定的特征。

2. 个体差异性

网络素养在青少年身上呈现出一定的个体差异性。青少年是有着独特个性的群体，由于其网络需求、上网目的和动机、兴趣爱好、网络行为习惯的不同，网络探究实践的范围、深度与内容也会不同，由此获得的网络体验，以及对网络本质、网络世界的认识与理解也不相同，在此基础上所建构的网络知识具有一定的个性与差异性，进而直接影响青少年的网络行为和网络素养能力的发展。因此，网络素养在青少年身上呈现出一定的差异性，也进一步影响着青少年的网络实践活动。

3. 发展的连续性

青少年是处于发展中的群体，网络素养虽然具有稳定性，但这种稳定性只是一个相对的概念。青少年的网络素养不是一成不变的，而是不断发展的，随着青少年年龄的增长、认知水平的提高以及网络实践活动范围的拓展与深入，其网络知识会随之不断丰富，网络实践活动的深度不断增加，对意义与价值层面的理解更加深入，网络素养能力也会不断完善与提高。青少年的网络素养是在多种因素的影响下逐步形成和不断发展的，如网络技术自身的发展与进步、外部引导与干预，以及青少年自我反思意识增强、反思能力的提高等，都会使其网络素养得到不断发展。青少年网络素养的发展是连续的，即网络素养在青少年身上的发展具有一定的连续性，随着青少年在使用网络的过程中批判性思维能力的发展，以及个人反思能力、问题解决能力、自我调控能力的增强，其网络素养发展也呈现出循序渐进、不断提升的连续性特征。

4. 内在整合性

青少年的网络素养是内含于其自身的，对于青少年个体来说，是知行合一及知、情、意、行的统一体，具有深度整合性。青少年的网络素养是有着丰富内容的多维复合体，在知层面，包括对网络、网络世界本质、网络与个人关系本质的认识，以及对网络与青少年个人、社会之间相互作用关系的认识等；在行为层面，包括青少年呈现出来的网络行为活动，以及与行为密切相关的内隐的素养能力；在情意层面，包括情感态度与价值观，既包括青少年对网络实践活动所持态度，和在网络实践活动中获得的情感体验，也包括意义与价值维度的思考；“意”是青少年在网络空间的决策与判断能力，青少年在网络实践活动中通过一定的意志努力，自主调节自身的网络行为，以实现预期的目标。“知”、“情”、“意”、“行”四个维面密不可分，在青少年的网络实践活动中融为一体。“知”是基础，不仅直接影响着青少年对网络行为活动的理解与认识，也影响着青少年对网络情感体验的感受与理解。“行”是外在表现，通过“行为”参与，在网络实践活动中建立与网络世界的实践关系。“情”是动力系统，青少年在与网络的互动中产生的情感体验以及彰显的价值和意义，会反作用于青少年的认识，激励、调节、促进青少年的网络行为。从认知到情感，再从情感到意志，最后到行动，是密不可分的统一体。

5. 实践性

青少年的网络素养具有实践性，不仅指网络素养源于青少年的网络探究实践，而且指青少年的网络实践活动与网络实践本身有着一定的互动关系，青少年的网络素养形成于实践中，也是为了更好地实践。网络素养的形成与发展在很大程度上依赖于实践，首先，青少年随着网络探究实践范围与深度的逐步增加，网络知识以及网络素养能力也得到发展，而网络素养的发展反过来也会影响其网络实践活动的质量。有学者指出，素养是一种社会实践活动，包括许多具体的素养实践，而在具体的实践活动中可以反映一个人是否具备某种素养。希尔维亚·斯克里布纳(Sylvia Scribner)等人指出：素养是面向不同实践领域的活动，不同领域的素养实践也是不同的，空间为不同种类的素养提供了实践机会。因为空间为人们提供了多种身份，而这些不同的身份注入了他们在实践中的素养。① 关于素养和空间的研究提供了思考人们在不同空间如何做的机会。素养是与文化实践和社会实践活动密切相关的。网络空间为青少年提供了网络素养的实践机会，网络素养直接指向青少年的网络实践活动，使青少年不仅知道在网络空间应该做什么，并且知道应该如何做，从而使青少年的网络实践行为充满理性与德性。因此，实践性是青少年网络素养的重要特征。

总之，网络素养是青少年网络化生存所必备的素养，网络素养的发展既有个体差异，也呈现出群体特征，其随着青少年与网络互动过程的发展呈现一定的发展连续性。由于青少年身心发展的变化，在不同年龄阶段有着不同的网络探究的内容与特征，其网络素养也呈现出明显的阶段性。青少年网络素养本身是"知"、"情"、"意"、"行"的内在统合，与网络实践具有深度互动性，直接指向青少年的网络实践活动。

四、青少年网络素养发展的功能诉求

青少年网络素养的功能诉求是指网络素养应具有什么样的作用才能满足"互联网+"时代青少年发展的需求，也就是说对青少年的网络素养在功能方面应具备何种作用的要求，以更好地促进"互联网+"时代的青少年发展，网络素养的功能诉求决定着青少年网络素养的发展方向与价值追求。美国学者科伊罗指出："网络素养的功能

① Kate Paul & Jennifer Rowsell. Literacy and Education Understanding the New literacy Studies in the Classroom [M]. Los Angeles: Sage Publications Ltd, 2005: 13.

是受社会实践所影响与重塑的，有什么样的实践就对应着素养所应具有的功能诉求。素养功能也不是静止不变的，新技术的出现为新的实践活动提供了发展空间，网络技术改变了人的实践方式与生活方式，如读、写、听、交流、创造等，因此，网络素养的功能也会随之改变。”[①]网络素养应能促进青少年在网络空间的意义建构，培养青少年的批判意识，发展青少年的探究精神和综合能力，让青少年养成良好的网络行为习惯，使青少年过上有质量、有意义的网络生活。具体而言，青少年网络素养的功能，体现在以下几个方面。

1. 促进意义建构

网络素养的功能不是基于二元对立的立场，区分在线与离线、虚拟与真实、物理空间与赛博空间，而是在多种社会空间的联结、互动与转化中，促使青少年的网络实践活动产生意义。意义问题是生命本身的问题。人总是不断地追寻存在与生命的意义，渴望实现自身的价值。“人的存在从来就不是纯粹的存在，它总是牵涉到意义。意义向度是做人所固有的，探索有意义的存在是人的核心。”我国著名哲学家高清海教授更是把人的本质看作是超生命，强调意义对人的本体价值。他说：“人之为‘人’的本质，应该说就是一种意义性存在、价值性实体。人的生存和生活如果失去意义的引导，成为‘无意义的存在’，那就与动物的生存没有两样，这是人们不堪忍受的。”[②]对意义的追寻，是人的生存方式，是人之生命独特性的体现。因此，对网络实践意义与价值的探求是青少年网络生活的根本，也是青少年网络素养的功能诉求，网络素养应能促进青少年对自身网络实践意义的理解与建构，这是提升青少年网络生活质量，促进青少年发展的根本。尽管青少年在网络生活中游戏、娱乐，也许会从快乐的全景图及变化的景致和迅速的转换中一度获得欢娱，但是，如果没有意义和价值，最终他将成为厌倦的牺牲品，人不能只是他的纯粹与主观状态，他的生活并不完全局限于其自身的特殊范围，而是远远超出于他，超出其自身特殊性的东西。因此，在现实生活与网络生活两种文化的推进中，网络素养应使青少年获得新的生活意义与价值。唤醒生命的主体精神，使其寻求一种有内在意义的探究，这种探究为青少年提供发展的机会，而不是简单地将青少年置于信息之中；网络素养应关注青少年主体精神的展开而不是塑造，唤醒和鼓励青少年深入内心而发展自我。

---

① Julie Coiro. Handbook of Research on New Literacies [M]. New York: Lawrence Erlbaum Associates, 2008: 5 - 6.

② 高清海. 哲学与主体自我意识[M]. 北京：中国人民大学出版社，2010：156.

人是一种思考和反省的存在，网络素养应能帮助青少年以促进自我意识的转变、发展心灵的敏感性、增强主体精神、培养内在的思考能力为特征，在批判性思考、分析性思考、综合性思考以及反思能力逐步提升的基础上，使青少年的大脑精致化和精确化，进而促进青少年的成长与发展。网络素养通过批判性思维能力、反思能力促进青少年对其所置身网络情境的意义的内在思考，提升青少年对网络本质的理解，引导其内心世界与网络世界的对话过程。青少年有一种潜在的理解周围世界的愿望，并愿意赋予他们遇到的各种事实和现象以不同的意义，青少年只有通过内心世界的感悟与共鸣，才能产生意义。青少年是生活在当下的，他们利用自己的身体和知觉去理解当下的一切，全身心的关注当下的现实，使得青少年能够与世界保持对话，可以随时通过探索来丰富自己的内心世界。无论是对现实世界还是对网络世界，他们只有通过探索和努力探寻世界的意义，这种对话才有可能发生。因此，需要网络素养来促进青少年内心世界与周围世界的对话，建立现实生活与网络生活、现实世界与网络世界的关联，促进青少年生成意义，这是青少年网络素养价值的根本，对意义的追求也是青少年网络素养的功能诉求。

2. 发展网络空间的综合素养

美国信息产业协会主席保罗·泽考斯基(Paul Zurkowski)于1974年提出素养是一种“综合能力”，而能力是青少年的发展之本。因此，发展青少年的多种能力是青少年网络素养的应有之义，如对多元文化信息的解读能力，以及对多元价值观念的甄别与判断能力、独立思考能力、探究能力、反思能力、自主学习能力、信息交流能力、问题解决能力等，促进青少年综合能力的发展是对网络素养的功能性诉求。美国教育技术CEO论坛2001年第4季度报告提出，21世纪的能力素质包括基本学习技能（指读、写、算）、信息素养、创新思维能力、人际交往与合作精神、实践能力。而21世纪的青少年生活在现实世界与网络世界的密切联系之中，网络素养对促进21世纪青少年的能力素养具有重要作用。首先，网络为青少年提供了广阔的探究实践空间，使其在现实与网络这二重空间中进行探究实践，为实践能力的发展提供了多种机会。其次，网络为青少年提供了社会交往与互动平台，拓展了青少年人际交往的范围与渠道，为发展青少年的人际交往能力与社会实践奠定了基础。最后，网络为青少年提供了创造空间，青少年在网络空间可以自由创造、个性化地展示自我。因此，发展青少年的创造能力、人际交往能力、网络实践能力、学习能力等多种综合能力成为网络时代对青少年网络素养的功能诉求。

3. 养成良好的网络行为习惯

有学者指出：素养在本质上是一种习惯，是一种通过稳定的行为习惯体现出来的内在品质。然而，素养不是一种简单的习惯，而是在自身对所处环境作出全面理解的基础上呈现出来的具有稳定性的行为习惯。网络素养应能促进青少年对所处网络环境的理解，在虚拟与现实之间形成密切的联系与关系，促进青少年养成良好的网络行为习惯，使青少年能根据理解自主调节和控制自身的网络行为，使青少年的网络实践行为处于理性思考的支配之下，进而提升青少年网络行为的目的性、自觉性与计划性，提升青少年网络实践活动的质量。良好的网络行为习惯是青少年网络生活的根本，是对青少年网络素养的功能诉求。

4. 形成正确的情感态度与价值观念

网络素养应观照青少年的情感态度，把情感态度的发展与提升作为重要目标。关照青少年在网络实践活动中的内在感受与情感发展，树立正确的态度是网络素养的本源性、根基性问题。只有正确的态度才有理智的行动，而情感是真正属于青少年个体的，它是内在、独特的，是青少年内心世界真实意义的表达。① 青少年的情感发展是建立在对网络实践活动的价值认识之上的，青少年对网络实践活动的认识不可避免地带有情感性，以此为基础而形成的态度与价值观念对青少年的网络实践活动具有调节与导向作用，进而影响到青少年网络实践活动的方向、进展与质量。因此，促进青少年形成正确的情感态度与价值观念是网络素养的内在要求。

5. 发展探究精神，促进青少年的网络探究过程

网络素养与网络探究在本质上是一体两面，网络素养是结果，网络探究是过程，网络素养能力的发展很大程度上是在网络探究活动中实现的。应转变青少年的网络生活理念，让有意义的探究成为青少年网络生活的基本方式，提升青少年网络实践活动的质量，这是青少年网络素养的基本诉求；同时，网络素养应以发展青少年的网络探究精神、探究能力为宗旨，让青少年学习网络探究的方法，促进青少年在网络探究过程中的意义生成，这是对网络素养的功能要求。

6. 发展批判意识，在批判与反思中提升网络实践能力

弗莱雷认为："唯有通过培养批判意识(Critical Consciousness)才能建立人与世界

---

① 朱小蔓. 教育的问题与挑战——思想的回应[M]. 南京：南京师范大学出版社，2002：172.

的真实关系，将人性本质导向正确的发展方向，进而成为‘意识觉醒’及‘自由解放’的人。”[①]培养批判意识可使青少年成为自由解放的人，使其与网络保持适度距离。在内心世界与网络世界呈现的信息之间建立关联与对话，不仅要阅读文字信息，更重要的是阅读世界，不仅要努力理解文本背后的目的，不受具体文本信息的限制，而更重要的是形成对价值与意义的思考。青少年网络素养的主旨在于通过提升素养促进其在内心世界与网络世界和现实世界的联接中建构意义，提升青少年网络实践活动的内在价值，帮助其建立自身与网络世界的关系，进而促进青少年自身的发展。发展青少年的批判意识，在批判与反思中促进青少年的内心世界与网络世界的对话，是促进青少年对自身网络实践活动进行反思，在反思中建立联系并获得意义，最终成为独立精神与自由个体的前提。弗莱雷认为：“批判意识不仅代表一种认知方式，更是一种具有价值意涵的生活方式。”[②]发展青少年的批判意识，不仅能够增强青少年对所置身网络世界的认识，使青少年在批判与反思中提升网络实践能力，而且让青少年的网络生活成为有价值的生活方式的前提。批判意识是促进青少年建立自身与网络世界真实关系的基础。

---

① 张琨. 教育即解放：弗莱雷教育思想研究[M]. 福州：福建教育出版社，2008：31—32.

② 黄志成. 被压迫者的教育学——弗莱雷解放教育理论与实践[M]. 北京：人民教育出版社，2003：89.

第二章 “互联网+”时代青少年网络素养发展的多维建构

素养是一个人能做什么(知识、技能)、想做什么(角色定位、自我认知)和会做什么(价值观、品质、动机)的内在特质的组合。[①] 青少年网络素养到底由哪些成分或要素构成?这些要素之间存在怎样的关系?如何基于青少年一体化发展的视角,分析生活在网络时代的青少年需要怎样的网络素养,将其构成一个整体?需要为此提供一种理论结构或概念框架,阐释青少年网络素养的结构构成,以此来支持青少年的网络实践活动。其次在网络实践活动中,依据网络素养结构框架,青少年实际上应有怎样的素养表现,即网络素养的各个组成部分的具体表征问题。这是两个不同层面且又相互关联的问题,前者支撑后者,后者解释前者,只有建构相应的素养结构,才能对现实中青少年网络素养的需求与表现理解得更加清楚。本章对青少年网络素养的内部构成、现实表征及功能进行了阐述。

第一节 青少年网络素养结构:一种分析框架

结构是人们用来表达世界存在状态和运动状态的专业术语。“结”是结合之意,“构”是构造之意。合起来理解就是主观世界与客观世界的结合构造。结构既是一种观念形态,又是物质的一种运动状态。丹麦语言学家路易斯·叶尔姆斯列夫(Louis Hjelmslev)把结构规定为“各种内部依存关系的自动统一”,即一个由许多共同一致的要素构成的整体中,每个要素都与其他要素相依存,并且只能在与其他要素的关系中

① David Reinking. Handbook of Literacy and Technology: Transformation in A Post-typographic World [M]. New York: Routledge Press, 1998: 233.

存在。[①] 结构具有整体性(Totality)、转换性(Transformation)和自调性(Auto-regulation)。在皮亚杰看来,“结构”是一个包含着若干转换规律的体系,而不是某个静止的“形式”,结构是由认知主体构造出来的,可通过某种形式来表征。具体而言,一个结构由若干个成分组成,但是这些成分是服从于能说明体系之成为体系特点的一些规律。[②] 也就是说,作为一个整体的对象是由诸多成分组成的,这些成分之间关系的总和就构成一种结构。结构关注的是整体性以及各个组成部分的关系,个体的性质由整体的结构关系决定。

通过分析国内外对素养的研究发现,素养结构可采用不同的呈现方式,如列举描述方式、过程结构方式和目标描述方式。列举描述方式建立在个人或组织对素养概念理解的基础上,以一种平铺直叙的方式来描述素养的内涵结构,如道尔(Doyle)在《信息素养全美论坛的终结报告》中对信息素养的描述。过程结构方式是按一个完整的实践活动过程或问题解决过程来展开的,这个过程由多个紧密相扣的环节组成,各个环节对主体在认识、能力、知识和技能等方面的要求,就构成了素养的完整内容,如Big6模型等。目标描述方式是在明确素养教育目标是“促进人的素养发展”的基础上,来回答作为一个具有素养的人应具备哪些方面的素养能力,即具体划分出具有独立实质性意义的组成部分,如:基于目标原则,可将网络素养抽取出如下若干个相辅相成、互为基础、紧密关联的部分,具体描述为网络意识、网络知识、网络技能、网络伦理道德等。[③]

从内部构成看,青少年网络素养由“知”、“情”、“意”、“行”等要素构成,从青少年网络实践活动过程的视角看,青少年在日常生活中首先感知和了解生活世界中所呈现对象的事实关系,建立认知,并掌握这些对象对于人的价值关系,然后就如何对具体实践情境中的关系与价值进行判断、取舍、决策,最后是付诸实践行动的过程。在网络实践活动过程中,青少年会获得一定的情感体验,而这种情感反过来会影响认知,进而调整行为。

“知”、“情”、“意”、“行”四个要素是密不可分、融为一体的过程。青少年的网络素养知识(认知)是基础,“知”不仅是指青少年所具有的网络知识,而且指青少年在网络

---

① 李幼蒸.理论符号学导论[M].北京:中国人民大学出版社,2007:199.

② 【瑞士】皮亚杰著.结构主义[M].倪连生,王琳,译.北京:商务印书馆,1986:10.

③ J. David Cooper, Nancy D. Kiger. Literacy: Helping Students Construct Meaning [M]. Los Angeles: Wadsworth Publishing,1993:5.

空间对事实关系的认知能力，如对探究的网络世界中对象的认知、对自我的认知、对他我关系的认知等，“知”不仅直接影响着青少年对网络行为活动的理解与认识，也影响着青少年对网络情感体验的感受与理解。“行”是载体，是指青少年在网络空间的实践行为，以及青少年与网络世界所形成的实践关系，青少年在网络空间进行着丰富多样的实践活动，通过自身的“行为”参与，建立与网络世界的实践关系。“情”指青少年在与网络的互动中伴随的情感体验以及彰显的价值和意义，青少年在网络实践活动中会产生一定的情感体验，并与自身的“认知”和“经验”建立联结，形成一定的价值和意义，进而反作用于青少年的认识，激励、调节、促进青少年的网络行为。“意”是指青少年在网络空间的决策与判断能力，是指青少年在网络实践活动中通过一定的意志努力，自主调节自身的网络行为，以实现预期的目标。从认知到情感，再从情感到意志，最后到行动，是密不可分的统一体。

本研究将综合过程结构方式与目标描述方式，基于青少年网络素养发展的目标，将网络素养的内部构成与外部呈现相结合，一方面充分反应网络素养在青少年网络实践活动过程中的内在需要，回答作为一个具有网络素养的人应具备哪些方面的素养能力；另一方面将网络素养目标视为内核，过程视为目标的载体，完成网络实践活动时的行为过程对网络行为主体的要求就是网络素养内涵的具体体现。这种过程——目标结构体系可以完整地阐释网络素养的内涵及结构，并能将青少年网络素养应达到的目标和具体实现途径有机地联接起来。将过程的要求归结为目标，目标具体表现为行为过程的结果，目标经升华和内化最终形成网络素养。

基于青少年网络素养的构成要素，将其分为四大维面，即知识维、行为维、能力维、情意维。不同维面对应着网络素养的不同要素与内在组成部分，如：知识维对应着青少年的网络认知及知识，包括对网络的本质认识，对网络世界与现实世界、网络生活与现实生活、虚拟自我与真实自我关系的认识，以及为什么使用网络、如何使用网络的知识等，知识维体现了网络与青少年之间的“事实关系”。行为维与能力维对应着青少年的网络实践行为活动，包括青少年行为活动前的目的与需求分析、行为活动内容、行为活动过程与特征，以及实现结果的程度（如青少年在网络实践活动中的意义建构、关系生成能力等）。行为维体现了青少年与网络的“实践关系”。情意维对应着青少年在网络实践活动过程中获得的情感体验以及自我调节的意志力等，包括青少年使用网络的态度、情感体验、自我调控与意志力，以及青少年在网络实践活动中的伦理道德和价值观念，体现了一定的“价值关系”。网络素养四大维面相互作用，融合共筑青少年的网络素养。网络素养影响着青少年在网络空间进行意义建构的过程,也影响着青少年网络实践活动的范围与质量,进而影响青少年在网络空间的自我发展能力。由于青少年的网络素养具有连续性、阶段性、层次性、发展性、整合性等特征,用维面可以更科学合理地反映青少年网络素养的特性。各个维面在一起构成一个多面柱体,以此为根基构成的网络素养成为促进网络时代青少年全面和谐发展的基础。

从促进青少年一体化发展的视角看,青少年网络素养的四个维面融为一体,共同促进青少年的发展,每个维面既具体对应着不同的内容,也与其他维面的内容有着密切的关系,在互动融合中共同促进青少年的发展,如知识维是青少年对以下方面问题的认识:(1)对网络本质的认识(即网络是什么,包括技术层面、社会组织层面、文化层面、伦理价值层面);(2)关于为何使用网络的知识;(3)关于如何使用网络的知识(如何利用网络学习、如何利用网络解决问题、如何利用网络进行社会交往、如何利用网络探究);(4)关于我与网络关系的知识。网络素养的不同维面分别对应着青少年对其与网络的"事实关系"、"价值关系"、"实践关系"的理解与认识。由于知行的内在统一性,"知识维"中关于我为什么使用网络的知识,对应着青少年在网络使用过程中的第一步,即网络需求;关于如何使用网络的知识,即直接指向青少年网络实践活动的知识。在"行为维"中,包含着青少年丰富的网络实践活动,用以建构不同的意义,产生逐步递进的深度认知图,而它反作用于青少年的网络认知,伴随着青少年的网络情感体验,形成一定的价值观,并进一步影响青少年对网络实践活动的价值判断与选择,影响青少年参与网络实践活动的深度与广度,进而影响网络实践活动的结果。同时,青少年通过对网络实践活动进行反思,建构新的理解与认识,从而调整网络行为,建立新的关系与联系,提高自身的网络技能。

"行"是指青少年在网络空间的实践行为,以及青少年与网络世界所形成的实践关系。青少年的网络素养是以网络实践活动为载体得以体现与发展的,网络实践活动的质量不同,网络素养的实践途径与提升空间也不相同。网络素养的形成过程,是促进青少年"知、情、意、行"协调互动与整体发展的过程,在这个过程中,青少年不仅建立自己的身份认同,而且经由网络建立的新的事实关系与价值关系。

认知、情感与意志相互依存、相互联系。没有事实关系,价值关系就成了无源之水,没有价值关系,实践关系也成了无本之木,因此,认知是情感的源泉,情感是意志的源泉;事实关系以价值关系为导向,价值关系又以实践关系为导向,因此,认知以情感为导向,情感以意志为导向;情感最初是从认知中逐渐分离出来的,又反过来促进认知的发展，意志最初是从情感中逐渐分离出来的，它又反过来促进情感的发展；认知、情感与意志相互渗透、相互作用、互为前提、共同发展。

总之，从内部构成看，青少年的网络素养是由知、情、意、行等要素构成，“知”不仅是指青少年所具有的网络知识，而且指青少年在网络空间中对事实关系的认知能力，如对探究的网络世界中对象的认知、对自我的认知、对他我关系的认知等；“情”指青少年在与网络的互动中伴随的情感体验以及彰显的价值和意义；“意”是指青少年在网络空间的决策能力、判断能力以及自我调节与控制能力；“行”是指青少年在网络空间的实践行为以及青少年与网络世界所形成的实践关系。认知、情意、行为作为三种基本的、相对独立的主观意识，分别反映三种基本的关系存在：事实关系、价值关系和实践关系。

第二节 “知识维”：青少年应具备的网络素养知识

本节首先厘清青少年网络素养知识的内涵，从事实性、关系性、价值性三个维度，对青少年应具备什么样的网络素养知识进行阐释。包括网络是什么的知识，对“网络之本质”的认识，为什么使用网络的知识，如何使用网络的知识，以及我与网络的关系性认知。

知识，是一个内涵丰富、被广泛使用的词，不同学者在使用时其内涵与外延有一定的差异性，体现了知识的丰富内涵与多元理解。根据韦伯斯特词典 1997 年的定义，知识是通过实践、探究、联系或调查获得的关于事物的事实和状态的认识，是对科学、艺术或技术的理解，是人类获得的关于信念、真理和原理的认识的总和。[①] 在该定义中，明确指出了知识获得的途径是实践、探究、调查、联系，其结果是获得认识。经济合作与发展组织将知识按内容分为四种类型，关于“知道是什么”的知识；关于“知道为什么”的知识；关于“知道怎样做”的知识，即实际技巧和经验；关于“知道是谁”的知识，包括谁知道是什么、谁知道为什么和谁知道怎么做的信息。该定义充分展现了知识的内容与种类。安德森（Anderson，LW.）等人比较了不同类型的知识，并按知识的复杂性与综合性以及知识类别的简约性，把知识分为四类：事实性知识、概念性知识、程序性

---

① 陆乃圣.兰登书屋韦氏英语学习词典[M].北京：世界图书出版公司，2006：683.

知识与反省认知知识。① 安德森所划分的知识类型与经济合作与发展组织的知识类型是内在一致的，具体如下所示：

表1 安德森的知识类型与经济合作与发展组织的知识类型对照表

经济合作与发展组织	知道是什么	知道为什么	知道怎么做	知道我是谁
安德森	事实性知识	概念性知识	程序性知识	反省认知知识

杜威曾指出：所谓知识就是认识一个事物和各个方面的联系，这些联系决定知识能否适用于特定的环境。知识的作用是使一个经验能自由地用于其他经验。② 杜威从联系的视角指出了知识的本质是认识事物及其内在联系。日本学者田中郁次郎则认为知识是一种多元的概念，具有多层次的意义。知识牵涉到信仰、承诺与行动等，只有三者吻合一致时，才能形成稳定的知识。③ 田中郁次郎指出了知识的多元化与多层次性，并将知识、行为、信念联系在一起。

网络素养知识，一方面是青少年通过网络实践、网络探究获得的关于网络世界的事实性认知，是对网络本质的认知，是对网络技术的理解，是青少年获得的关于网络的认识、态度、应用、价值、网络与自身关系等方面的认识与经验的总和；另一方面对于青少年的网络素养知识而言，不仅包括青少年所拥有的网络知识以及对网络本质的认识，即事实性认知；也包括青少年对网络与生活、学习、自我发展等方面联系的认识，以及对网络世界与现实世界、网络生活与现实生活、虚拟自我与真实自我、网络空间中的自我与他人关系等问题的认识，即关系性认知。

网络素养知识具有多层面的意义，不仅具有静态性和客观性，也具有动态性与过程性，是与青少年的行为活动密切联系在一起的，是青少年在与网络的互动中形成和发展的。根据经济合作与发展组织对知识的分类，青少年的网络素养知识可分为：网络是什么的知识；知道为什么使用网络的知识；知道如何利用网络的知识，以及关于知道“我”是谁的知识，即在自我与网络世界关系中获得的主体性认识。

一、青少年应具备“网络是什么”的知识

在海德格尔看来，追问事物“是什么”其实就是问事物之所是，即问事物之本质。

---

① 李春芳.知识创新工程百问[J].科学新闻，2005：71.

② 赵祥麟，王承绪编译.杜威教育名篇.北京：教育科学出版社[M]，2006：188—189.

③ Nonaka I. A Dynamic Theory of Organizational Knowledge Creation [J]. Organizational Science，1994，5(1)：14-37.

当我们问“网络技术是什么”时，当然也就是在问网络技术之所是，在追问网络技术之本质。技术之本质为何？“尽人皆知有两种回答，其一曰：技术是合目的的工具；其二曰：技术是人的行为”。海德格尔把这一回答叫做“工具的和人类学的技术规定”。[①] 关于网络是什么的问题，不同的青少年在网络实践活动中形成了不同的认识与理解。就对网络本质的认识，在青少年眼里，网络是玩具、是工具，甚至是整个世界，网络就像一面多棱镜，折射出不同的色彩。青少年利用网络学习、游戏、娱乐、交流、创造，并根据自身的体验，形成了对网络本质的不同认识与理解，形成了网络是什么的知识。

网络技术本身具有多维性，由于视角不同会对网络技术产生不同的理解，实用主义技术哲学家皮特(J. C. Peter)认为：技术是作为人类的行为或技术行动的技术。技术是一种行为过程，而并非是静止的一种“物”。[②] 技术哲学家卡尔·米切姆(Carl Mitcham)指出：“技术的基本范畴是活动过程。”海德格尔把关于技术的规定分为工具性的和人类学的两类基本观点，前者指技术是目的的手段，后者指技术是人类的行动。尽管不同的哲学家对技术的考察视角不同，且对技术的本质有不同的理解，但从技术活动、人类实践的角度理解技术，是技术哲学中比较普遍的一种视角。网络技术不仅仅是由软件、硬件、协议等构成的静态的技术物，也是由人参与其中的，动态的体现人的行为活动过程的技术，是可以诞生思想观点的技术，是活动中的技术。正如约翰·奈斯比特(John Naisbitt)所指出的：网络是人们彼此交谈，以及分享思想、信息和资源的过程。网络是个动词，不是名词。重要的不是最终的成品——网络，而是达到目标的过程，也就是人与人、人群与人群相互联系的沟通途径。网络本身的特性，如开放性、自主性、互动性、多元性，呈现出更强的动态性与人的行为活动的参与性与建构性。

青少年需要了解网络的丰富内涵，形成关于网络的科学认识与多元的本质解读。网络不仅是一种技术，也是一种组织方式、一种存在方式、一种事物联系的形式，甚至已成为“互联网＋”时代的一种人文精神、一种文化内涵，参与、共享、开放、互联是其精髓。青少年应从不同的层面(如技术层面、社会文化层面、哲学层面)来解读网络是什么，建立对网络本质认识的多元视角，获得关于网络是什么的多元理解与认知，不断建构对网络本质的认识与经验。

网络作为技术，是通过软硬件、网络通信设备和协议将全球信息节点互联，使信息

---

① 【德】马丁·海德格尔. 海德格尔选集(下)[M]. 上海：上海三联书店，1996：925.
② 马会瑞. 实用主义分析技术哲学[M]. 沈阳：东北大学出版社，2006：80.

成为一种超链接的组织方式，是由具有无结构性质的节点与相互作用关系而构成的体系；网络作为一种特殊的组织状态，不仅联接了机器与信息，而且使人与人联接起来；网络作为一种文化，以自由、开放、民主、平等为特征，供人们分享知识、交流感情、交换思想。

（一）技术层面的网络

在技术层面，网络是信息的普遍联系与交流，具有作为技术工具的意义。1995年10月24日，联合网络委员会（the Federal Networking Council, FNC）通过了关于“互联网”的决议：互联网指的是全球性的信息系统，通过全球性的唯一地址逻辑的链接在一起，通过协议进行通信，让用户共享资源与高水平的服务，即把处于不同地理位置、具有独立功能的终端和附属设备，用通信线路联接起来，可以相互交换信息的互联系统的总和称为网络。从技术层面看，网络是建立在网络硬件基础上的信息交流的内容和方式，其具有的关键特征是全球性信息的交流、互联与共享等。[①] 网络将全球信息进行联接，形成了一个拥有海量信息的信息资源库，青少年在日常的生活与学习中会产生信息需求，根据自身的信息需求去识别、获取、利用、评价网络信息。因此，在网络实践活动中，青少年应具备认识网络信息特性、鉴别网络信息、利用网络信息等方面的知识，能根据自己的信息需求，知道如何确定信息来源、如何获取信息、如何评价信息、如何有效利用信息等方面的知识，具备对网络信息的解读与意义建构能力。青少年应具有如何考察网络信息来源、如何解读网络信息、如何利用网络信息、如何将信息转化为知识、如何表达个人观点及与他人分享信息等方面的知识。

青少年应了解网络信息的特性方面的知识，如多元性、动态性、开放性、复杂性等，对网络信息特性的认知，有助于青少年进行批判性、全方位地思考。青少年不仅应知道如何查找有用的信息资源，而且要知道如何创造、分享有价值的信息资源，如何尊重他人的信息与知识产权，以及如何保护个人隐私等。

青少年应具有如何阅读与解读网络信息的知识，网络信息的超链接性，改变了信息的组织方式，也改变了青少年的阅读方式，青少年不仅需要了解网络信息的组织方式与生成方式，而且要深入理解网络信息行为主体的多样性与意义的复杂性，网络信息蕴涵着情境与意义，需要青少年在主体参与中识别和解读。网络信息对青少年的价值与意义，不是外在客观的，只有青少年的主动建构才能发生。

---

① 姜奇平. 21世纪网络生存术[M]. 北京：中国人民大学出版社，1997：23.

总之，网络作为一种技术，是通过软硬件、网络通信设备和协议将全球信息节点互联，使信息成为一种超链接的组织方式，是由具有无结构性质的节点与相互作用的关系而构成的体系。在技术层面，网络以其链接与组织方式作为信息资源库，青少年应了解网络信息的链接与组织方式，解读网络信息，认识网络技术及信息的本质，能建设性地参与网络互动。正如美国著名未来学家阿尔温·托夫勒(Alvin Toffler)所说："谁掌握了信息、控制了网络，谁就拥有了整个世界。"

(二) 社会组织层面的网络

美国未来学家唐·泰普思科(Don Tapscott)认为：今天的网络，不仅结合了科技，更连接了人类、组织及社会。网络的根本价值在于把人与人联系起来了。互联网的最大成功不在于技术层面，而在于对人类的联接与文化影响。[①] 任何一种技术都不仅仅局限于技术的范围，不仅仅具有技术的意义，而且具有深层次的社会文化意义。网络的产生也是出于对普遍联系和交往自由的追求。"我对因特网抱有的理想就是任何事物之间都能潜在地联系起来。正是这种理想为我们提供了新的自由，并使我们能比在束缚我们自己的等级制分类体系下得到更快的发展。以一种不受约束的、网络状的方式来组织思想具有极大的威力。网络可以允许不同的思想和认识的出现、交流、碰撞、共鸣，最终形成集体智慧与新的概念。[②] 万维网之父说明了设计因特网的初衷与本义，即将联系与关系置于核心位置。曼纽尔·卡斯特(Manuel Castells)认为：网络是一组相互连接的节点，节点是曲线与己身相交之处，由光速操作信息技术所设定的网络之包含——排斥，以网络间关系的架构形成了我们社会中的支配性过程与功能。[③]

在社会组织层面，网络的本质具有普遍联系的含义，其中主要指人与人之间的联系与沟通交往，即网络交往。网络交往是指交往主体在网络上发生互动并在交往过程中构成一定的社会关系，即网际关系，在此基础上网络主体逐渐形成了网络群体、虚拟社区乃至整个网络社会。网络实现的不仅是人与网的认识关系，也是人与人的关系。这种关系是一种新型双向的互动关系，即一种以互联网为中介的新型关系。网络缩短

---

① 【美】泰普思科著. 泰普思科预言：21世纪人类生活新模式[M]. 卓秀娟，陈佳伶，译. 北京：时事出版社，1998：10.

② 【英】蒂姆·伯纳斯. 编织万维网：万维网之父谈万维网的原初设计与最终命运[M]. 上海：上海译文出版社，1999：1—3.

③ 【美】曼纽尔·卡斯特著. 网络社会的崛起[M]. 夏铸九等，译. 北京：社会科学文献出版社，2006：570.

了人与人之间的物理距离,也缩短了人与人之间的心理距离。人与人之间的交往不再呈线性延伸状,而是成网络扩散状,每一主体都可与他人进行直接交流,减少了中间环节,拉近了心理距离。[①] 人与社会的关系是建立在人与人的关系基础之上的。青少年应具备网络交往方面的知识,认识网络交往的本质、规则。

网络为青少年提供了自由交往的空间,构建了全新的交往方式,不仅拓展了青少年交往的时空范围,改变了青少年的交往方式,以媒体符号为中介的在线交往,也对作为交往主体的青少年的自我认知产生了重要影响。青少年在网络交往活动中,以真实自我(实名)、虚拟自我(匿名)等不同的角色身份进行交往,以本我、超我、镜中我的方式与他人交流,人的关系通过网的关系来呈现,使青少年对交往及人与人之间的关系有了新的理解,影响了青少年的自我角色认同、他我关系的建立及对他我关系的认识。网络空间的开放性,为青少年自由交往提供了空间,但自由与自主、自由与约束是密切联系在一起的,网络交往的自由是建立在青少年的主体性建构与主体精神和一定的交往规则下的,其交往行为必须遵守网络交往规则。因此,青少年在实践活动中,应了解网络交往的本质、目的、形式、意义,掌握网络交往的规则与规范方面的知识。青少年应具备网络社会性交往方面的知识,拥有在交往活动中如何认识自我、如何发展自我的主体意识与主体精神,促进其在网络社区、网络群体交往中自我的社会性发展。

网络本身作为一种组织形态,青少年应具备网络组织层面的知识,认识网络作为组织的本质,网络如何将人与人之间联接为组织与社会,以及作为个体应如何参与互动并与活动形成共同体。对青少年来说,网络是一种自我组织方式,他们可以根据自己的需要与兴趣爱好,组织信息、建立圈子、构建组织。青少年作为主体,应具备如何参与组织建设和活动、构建自己的团体组织的知识,通过自身创造性、主动性地参与,提升自我在组织中的地位和价值,并在网络空间建立以自我为主体的信息、活动的自组织方式。网络为提高青少年的主体地位提供了条件与机会,要成为真正意义上的主体还需要提高青少年的主体意识与主体精神。

(三) 文化层面的网络

人总是文化的人,人的世界在某种意义上就是文化的世界。著名哲学家、人类学家米切尔·兰德曼(Michael Landmann)指出,"文化创造比我们迄今为止所相信的有更加广阔和更加深刻的内涵。人总是生活在文化中,文化现象在人的世界中无所不

---

① 万林艳.网络时代的主体状况[J].中国人民大学学报,2000(2):17.

在。文化贴近每一个人生存的意义和价值世界。真正的文化是具有内在生命力的，它通过自己的有机生长和盛衰变化来展示人的丰富的生存，来不断超越给定的文化形态，推动历史的演变”。[①] 胡适把文化定义为：人们生活的方式。梁漱溟则在区分文明与文化的意义上指出：文化是“人类生活的样法”，是人的生存方式。卡西尔认为，文化符号体系在人的存在中具有决定性的作用。符号是人类的意义世界之部分。他强调文化是人的符号系统，而符号系统是人的本质规定性，是人性的展示。因此，人在本质上是符号化的存在，即文化的存在。

网络不仅具有技术和社会特性，更具有文化特性，网络文化的特性为：一方面，网络的形成和发展本身有一种文化动力和文化支柱，即人的内在的文化需要和文化精神推动着网络向前发展，这种文化动因主要在于它符合人们相互交流、获取信息的“文化本性”，网络中蕴含着独特而丰富的文化价值与文化精神。网络文化构成青少年在网络空间的存在方式，网络本身的文化特性为青少年打开了丰富的视阈，成为青少年体验多元文化、参与文化实践与创造的窗口，青少年按照自己的方式，在体验网络生活的过程中创生属于自己的新文化景观。网络文化是开放的，它以平等参与、自主、开放、多元为特征，而平等、自由、创造、探究是青少年文化的主要内容。网络世界对青少年来说是充满丰富意义与多元价值的世界，文化的本质是人化，人的自我完善欲求主导着各种文化追求。青少年在网络实践活动中体验着多元文化的价值，创造着属于自己的文化，网络文化反过来也在影响着青少年、塑造着青少年。人是文化的主体，任何文化实践和创造都是人的活动，文化的发展规律就是人的活动的发展规律。[②] 青少年在网络文化实践中不仅体验着多元文化，也创造着属于自己的文化——青少年文化。

网络文化以开放、共享、多元、互动、创新等文化精神，对青少年的发展起着重要的正面影响作用。健康的网络文化能够启迪思想、增强自信、鼓舞精神、拓展和开阔视野，以及激发青少年的创造力。庸俗的网络文化则会降低道德水准，使青少年意志消沉、迷失方向。网络文化对青少年自身的素养提出了一定的要求，青少年不仅是文化的创造者，同时也被文化所塑造与影响。

青少年应了解网络文化知识，将自身的文化需求与网络文化实践融为一体，提升自身的文化素养，深层次地解读网络文化思想、批判性地反思网络文化精髓，在网络文

---

① 【德】M·兰德曼. 哲学人类学[M]. 阎嘉，译. 贵阳：贵州人民出版社，2006：173.

② 【德】恩斯特·卡西尔. 人论[M]. 甘阳，译. 上海：上海译文出版社，1985：41.

化实践活动中，创造发展青少年文化。

文化哲学代表着理性向生活世界的自觉回归，它把研究的目光从理性逻辑和人的意识领域转向人之生存的意义世界、价值世界、人文世界，揭示文化作为人的行为的价值规范体系和社会运行的内在机理所具有的重要地位，建立起一种回归生活世界的哲学理解范式和一种以文化模式的演进为深层机制的历史揭示模式。

综上所述，网络是事物之间、信息之间、人之间联系的基本形式。网络的本质，在技术层面，是信息的普遍联系和交流，具有作为技术工具的意义；在社会组织层面，是人的普遍联系与交往，人的关系通过网络的关系来体现，具有本体论和人学的意义；在文化层面，核心理念是开放、多元、自由、创造、共享等，具有精神价值的意义。网络技术、网络组织、网络文化、网络价值综合起来，才是完整意义上的“网络”。网络是物质、信息和人普遍联系的基本形式，是存在于一切相互联系、相互作用的事物或系统中的关系的实质，体现了开放、多元、自由、创造、共享的精神价值。

青少年的网络素养知识，应包括在技术层面、社会组织层面、文化层面对网络本质的理解与认识，在网络实践活动中建构整体意义上的网络素养知识。

二、关于“为何使用网络”的知识

对“为什么”的追问，是对“目的”、“意义”与“价值”的深层次思考过程，青少年对于自身为何使用网络问题的追问，是对自身网络需求及目的性问题的澄清，也是青少年网络行为活动的定向过程，既是对青少年网络实践活动需求进行分析与思考的过程，也是对网络价值的意义建构与价值判断过程。需求是青少年网络实践活动的源动力，青少年有各种各样的网络需求，如探究未知、自我实现、寻求信息等，对网络需求意义与目的的追问、思考、厘清、描述需要一定的知识支撑，即关于为什么使用网络的知识。青少年在日常的学习生活中会产生多种网络需求，如果不明晰自身的网络需求，无目的地在网上浏览，很容易在网络活动中迷失方向，浪费大量时间，甚至产生失落感，无法为其带来积极的网络体验，意义和价值也无从谈起。对为什么使用网络的追问，实际上是对青少年使用网络的目的性思考与意义建构的过程。关于青少年为什么使用网络的知识，是需求分析过程，也是青少年网络活动的定向过程。

如果青少年明确了为什么使用网络，就会对自身的上网活动有所计划，并通过努力排除其他干扰克服困难，使网络行为活动、注意力聚焦到当前的活动上，大大提升网络实践活动的质量。调查发现，有目的地使用网络与无目的地使用网络，对青少年发展的意义与价值是不同的，两种方式不仅给青少年带来不同的网络体验，在青少年使用网络的效果与收获方面也不一样。追问关于青少年为什么使用网络的问题，是对青少年使用网络的目的进行意义建构与价值思考的过程。

1. 描述和分析网络需求，以及对实现需求做出规划的知识

青少年上网前，一般总是带有一定的上网需要，初期的网络需求往往是模糊的、多样化的，有多种存在形态，或是一时之念或是解决学习或生活中的某个问题，或是查找、下载资源，或是社会交往或与他人交流等。让青少年学会厘清问题，明晰上网需求和描述需求，是为实现需求做出计划或规划的必要知识。通过多种方式，将网络需求通过内化与外化相融合的方式，采用半结构化的形式厘清与呈现出来，如可以通过表格形式让青少年写出自己的上网需求分析。明晰上网需求的过程，是对上网活动进行深入思考的过程，也是聚焦任务与问题，对如何完成任务或解决问题做出规划与设计的过程。

表2　青少年上网计划示例

姓名：　　　　　　日期：
任务需求描述：我上网是为了……（解决什么问题，上网的需求描述）
我的上网计划： 1. 时间预计 2. 拟浏览网站 3. 拟进行的网络活动 浏览、阅读、写作、交流、学习、解决问题 4. 网络活动结果呈现方式 问题解决方案、反思日志、报告

2. 评价需求是否合理的知识

青少年不仅要明确其上网需求及目的，更要反思和评价目的、需求的合理性，思考其价值问题，成为理性的网络使用者。马克斯·霍克海默（M. Max Horkheimer）把理性划分为“主观理性”和“客观理性”，认为“主观理性”是一种被限制于工具领域而非目的领域中的理性，它在本质上关心的是手段如何实现目的，而很少关心目的本身是否合理；“客观理性”是指一个包括人及其目的在内的所有存在的综合系统，它关心的是目的而不是手段，是事物之“自在”存在而非事物之“为我”存在。[①] 青少年不仅要关心

① 【德】马克斯·霍克海默等. 启蒙辩证法：哲学断片[M]. 渠敬东，曹卫东，译. 上海：上海人民出版社，2006：29.

手段如何实现目的，而且要统筹考虑目的本身是否合理，只有合理化的目的，为之行动才有价值，因此，通过评价需求的合理性以实现“主观理性与客观理性”的统一。

青少年的网络需求不是固定不变的，而是在网络实践活动中随着认识的逐步深入，以及网络需求目标的动态实现程度和过程而不断地调整，进而改变自身的行为活动。随着网络活动的深入，青少年在反思、评价自身网络行为目的合理性的基础上，逐步建立需求与结果之间的联系，并具体化为一定的网络行为，以实现预期的需求及结果。

调查研究表明，青少年有目的、有计划地使用网络，更容易满足青少年自我实现的价值需求，使青少年更有成就感，因此，青少年对使用网络的需求与目的的追问、对意义的追求与理性思考，对促进自身在网络空间的发展具有重要意义，也是其网络素养的重要组成部分。青少年的网络需求是多样的，在不同的日常生活情境中有着不同的网络使用需求，青少年应具备省察、澄清、描述、分析自身网络需求方面的知识，学会分析自己的网络使用需求，对自己为什么使用网络有清晰的认识，对后续的网络行为做出规划、反思与调整，使自身的网络行为成为有目的的行为，为后续的网络行为奠定基础。

3. 青少年使用网络价值判断方面的知识

价值是“主体和客体之间的一种特定关系，是网络客体以自身属性满足青少年主体需要和青少年主体需要被网络客体满足的一种效益关系”①。从价值层面分析，网络作为技术，自身是价值中立的，而由于使用网络的主体——人，而使其产生了价值。人的需要是多方面、多层次的，因而人在使用网络中也就产生了多元价值，有正面价值，也有负面价值。

人既是网络技术的创造者，同时也是网络技术的创造物，青少年在使用网络时，也在创造着网络世界，在主客体价值关系中呈现着共生性与复杂性。人和技术互动共生，二者有着复杂的联系与价值关系。网络技术对青少年成长有着双重的价值，青少年在享受网络技术所带来便利的同时，也难免会受到网络技术带来的负面影响。一方面，网络技术改变了青少年的学习、生活、交往方式，使得青少年对网络技术的依赖程度越来越高，作为客体的网络技术已经逐步内化为作为主体的青少年的一部分；另一方面，网络文化也成为网络社会中的主导文化，从而在更广阔的视角和领域内对青少

---

① 【德】马克斯·霍克海默等. 启蒙辩证法：哲学断片[M]. 渠敬东，曹卫东，译. 上海：上海人民出版社，2006：29.

年产生深刻的影响，随之带来的网络社会对青少年的影响效应也因此而得到逐步深化。

青少年应具备网络价值层面的知识，一方面青少年应认识网络技术的双重价值及两面性，不仅认识网络对自我成长的价值，也要认识网络对个人发展带来的消极影响与负面效果，作为主体的"我"，应如何使用网络以发挥网络的正面价值，而避免其负面影响或干扰。也就是说网络为青少年的生活学习带来新的景观的同时，也会对青少年的身心发展带来负面影响。正确的价值观是指导青少年如何利用网络促进自己的学习，促进自我成长与发展，而避免网络的不良影响的关键。价值是青少年在网络使用过程中通过对其意义的建构与思考而产生的，对价值建构与认识的过程，也是青少年在使用网络中的意义建构过程，因此，具备网络价值层面的知识，可以提升青少年使用网络的正面价值，提升青少年在网络实践活动中意义建构的质量。

三、关于"如何使用网络"的知识

关于青少年"如何使用网络的知识"，即青少年在网络应用方面的知识，主要包括如何利用网络学习、如何利用网络交往、如何利用网络解决问题、如何利用网络探究、如何利用网络创造等。这些知识直接指向青少年之具体的网络行为。

1. 如何利用网络学习的知识

网络改变了青少年的学习方式，利用网络进行学习是"互联网+"时代青少年学习的重要方式，为青少年的终身学习奠定了基础。青少年应知道利用网络学习的本质，尽管网络提供了丰富的资源，但如果自身不能从中获取有价值的资源，不能建构其中的意义，将不会对学习产生任何意义和价值。网络学习并不意味着只是接受信息、下载、复制、拷贝文本及接受别人的观点，这不是真正意义上的网络学习。网络学习是对话过程，是关联与联接过程，是主动思考过程，是激活青少年内心世界与网络世界的对话过程，是意义建构过程。网络的复杂性、信息资源的海量、超链接的自组织和随时生成性，对青少年的学习带来一定的挑战，迷航、拷贝、粘贴而无个人的思考与意义建构过程，以及不能开展学习对话等，都会成为制约青少年网络学习的瓶颈。

青少年应知道如何利用网络进行有意义的学习，如：如何获取有价值的学习资源？有哪些获取学习资源的方法、途径？如何进行在线阅读？如何利用网络资源进行自主学习？如何利用社会性工具进行社会性学习？如何尊重他人的知识，引用他人的知识？如何建立自己的观点？如何与他人共享观念，进行知识分享？等。了解网上知识、信息的特性，在明确自身学习需求的基础上，知道如何围绕学习需求获取有价值的学习资源？如何考察和评价知识的权威性？如何建构意义？如何与他人交流分享观点？如何开展对话？如何利用网络学习工具建构自身的知识？如何分享观点、创造知识？如何利用网络改善自我学习成效？等等。网络为青少年的自主学习与社会性学习提供了条件，网上丰富有价值的学习资源与学习工具为青少年学习提供了便利，促进青少年的自主学习与合作学习。青少年利用网络学习的过程是意义建构过程，是个人观念诞生过程，是知识生成过程，是青少年寻求意义与理解，以及建立内心世界与网络世界、自我观念与他人观点的共享与对话过程。学习社区是以有共同话题或学习需要或兴趣的人形成的网上学习共同体，青少年应学会参与、建设学习共同体，能够在学习共同体内与他人交流、分享知识。

2. 如何利用网络进行交流与社会交往的知识

网络为青少年提供了交流平台与社会交往的手段，青少年可以利用网络方便地与他人进行交流。青少年应认识网络交往的本质，尽管网络拓宽了青少年的交往范围，丰富了青少年的交往渠道、交往方式与交往手段，但并没有改变人与人之间的交往本质，同时，网络交往具有符号化、匿名性等特征。青少年需要掌握网络交流方面的知识，如：确定交流的目的与意图，如何建立、选择共享的交流话题？如何促进交流的深度？如何把握交往的原则与尺度？如何保护个人隐私？如何根据不同交流工具的特点选择合适的交流工具？如何尊重他人的观点和分享个人的观点？如何在与他人的交往中建构意义与促进自身的社会性发展等。另外，也要知道网络交流的优点和不足，在网络交流空间学会运用文明健康的交往语言，合理把握自身的交往行为，明晰网络交往规则与规范等方面的知识。

随着年龄的增长，青少年社会性发展的需求逐渐增加，利用网络进行社会性交往是青少年的重要网络应用，但网络在促进青少年社会性发展的同时，也给青少年带来潜在的危险。网络空间的自由交往、言论自由，从某种程度上满足了青少年精神成长与社会性发展的需求。但网络交往的匿名性、符号化，为青少年对交往对象的身份识别与判断带来困难，青少年应具备网络交往方面的知识，包括如对不同的交往对象持不同的交往原则（如对家人、朋友的交往原则与陌生人的交往原则不同），如何进行自我保护？如何建立正常的交往关系？如何将虚拟交往与现实生活中的交往进行联系与融合？如何在不同的交往空间（如公共交流空间与个人交往空间）使用不同的交往言行？如何识别交往对方的身份，建立兴趣共同体，发展良好的交往关系？等等，成为青少年网络素养知识的重要内容，也是青少年在网络交往中促进自身社会性成长的关键。

3. 如何利用网络进行娱乐、游戏的知识

娱乐与游戏是青少年成长中不可缺少的组成部分，也是青少年网络生活的重要内容。网络为青少年提供了娱乐内容，网络游戏、虚拟现实、网络视频、音乐欣赏等为青少年的游戏、娱乐提供了环境空间，青少年在娱乐空间与虚拟现实活动中，进行角色扮演、想象创造，体验多种游戏活动情景，丰富了青少年的游戏体验，从某种程度上满足了青少年精神生活与精神成长的需要。青少年应具备网络娱乐、游戏方面的知识，认识自身发展与游戏、娱乐的关系，从有利于自身成长的角度，在游戏、娱乐中寻求内在的价值，在互动中理解游戏、娱乐的内容情境及价值内涵，从中建构意义，把握游戏参与与自身发展的关系。具体而言，青少年应具备如下知识：如何选择适合的娱乐、游戏内容？如何分析网络娱乐、游戏的情境内涵？如何在互动体验网络游戏情境的过程中，生成意义和价值？青少年在网络游戏或娱乐中，不应被动地接受其影响，而应主动地建构意义，思考其对自身成长的价值与意义；同时，青少年应建立虚拟世界与现实世界、虚拟生活与网络生活的联系与关系，在丰富的网络生活中增长经验和丰富体验，提升网络生活的内在价值，思考娱乐与游戏对自我成长的价值与意义。游戏不止意味着“玩”，如果青少年不能从中建构意义，一时的欢娱只能带来精神的空虚与内心世界的毁灭，因此，意义与价值是青少年参与网络娱乐与游戏中的核心问题。在娱乐与游戏中寻求可以促进自身发展的意义与价值是青少年在参与网络娱乐游戏中促进自身发展的根本性问题，青少年应学会在网络娱乐与游戏中发展自身的主体意识，在虚拟情境中丰富自身的内在情感与体验，学会在网络娱乐与游戏中进行创造，在与网络游戏情境的互动中生成意义，这是青少年网络素养的重要内容。

4. 如何利用网络解决问题的知识

发展的过程本身是一个不断解决问题的过程，青少年在生活、学习中会面临许许多多的问题，正是在解决问题的过程中发展能力、提升素养，进而促进自身的成长与发展。网络将人与人联接起来，融集体思维与智慧共同解决问题，也为青少年解决问题提供了一定的资源与途径。但并非所有的问题都可以依靠网络获得解决，网络只是帮助青少年解决问题的途径之一。

网络可以帮助青少年解决学习、生活中的某些问题，青少年应掌握如何利用网络解决问题的知识，知道网络可用来解决什么方面的问题？哪些问题可以借助网络来解决？哪些问题不能？如何聚焦问题？如何利用网络来解决问题？利用网络解决问题的方法、途径有哪些？如何利用网络与他人合作共同探讨问题解决的策略？等等。了解利用网络解决问题的本质、特征、方法、过程、优缺点等，了解如何将调查、访谈、探究、观察、测量等现场研究与网络途径等结合起来，以及如何利用网络提高青少年解决问题的成效。

5. 关于网络伦理道德的知识

网络伦理是指人们在网络空间应该遵守的行为道德准则和规范。网络伦理有其深刻的现实根源，它是由网络行为引发的道德关注。雅克·埃吕尔(Jacques Ellul)指出："每一种文明都有一套行为规范，即所谓伦理道德，它规定着什么是应该做的，什么是不应该做的。"网络伦理道德知识正是规定人们在网络空间该做什么，不该做什么的知识。正如马歇尔·麦克卢汉(Marshall Mcluhan)所说："网络互动交往具有"匿名性"和"数字化"等特点，数字化生存不仅是技术问题，而且涉及人与人的交往关系问题，蕴含着复杂的网络伦理问题。"[1]青少年应具备一定的网络伦理知识，以便在网络空间知道该做什么、不该做什么，自觉地调节(整)自身的行动，能按照一定的网络规范参与网络实践。尽管目前还没有一套完整成熟的网络礼仪体系和伦理规范标准，但在一些公共服务领域，如电子邮件、网络社区、网上新闻组等，已形成了一些被大家公认的通信和交流规范，即网络礼仪。对青少年来说，参与这些公共领域的网络活动，就应该了解并遵守这些网络规范，掌握网络互动讨论、交往中网络伦理层面的知识，以负责任地参与到网络实践活动中。汉斯·乔纳斯(Hans Jonas)明确指出，当代伦理学的核心问题是责任问题。[2] 网络伦理中的核心问题也是责任问题，青少年应了解在网络世界中如何对自我负责、对他人负责，负责任地参与网络世界的互动与建设中。

四、关于"我是谁"及"关系性"方面的知识

网络生存在拓宽青少年原有时空观念的同时，使青少年的个性又一次获得了极度的张扬，并使青少年的生存超越迈出了重要一步。"网络"创造了一种不同于以往的新的生存方式——虚拟生存。但虚拟生存并没有改变人类实践的劳动特性，因为虚拟生存赖以进行的虚拟活动仍然主要是人的脑力劳动的一部分。作为人的脑力劳动的新

---

① 【加】马歇尔·麦克卢汉. 理解媒介：论人的延伸[M]. 何道宽，译. 南京：译林出版社，2011：41.

② Jonas H. The Imperative of Responsibility—In Search of an Ethics for the Technological Age [M]. Chicago: University of Chicago Press, 1984: 29.

形式，“虚拟”仍然具有实践的特性，并体现在对象化的实践活动之中，马克思认为，对象化活动是人的本质力量的确证，它表达的是人的自我确证、自我实现，并完成着人的意义性生存。[①] 因此，从本体论角度看，虚拟生存是青少年为实现自我意义性的生存而进行的对象化的实践活动。

关于“我是谁的知识”，是青少年在网络空间虚拟生存中对自我的主体性认知(Self-Cognition)，也是青少年的一种自我意识，是青少年在网络实践活动中对自己身心活动觉察后的意义性建构，即自己对自己的认识，是青少年的一种反省性认知。青少年在网络空间的成长过程中，对自我的认知过程是在与他人互动交往及社会实践活动中逐步形成的，自我认知的建构过程是青少年在探究自我的过程中对主体性建构的过程，是青少年建立理解真实自我与虚拟自我、自我世界与网络世界、自我与他人等关系，并生成意义的过程。青少年的自我认知具体包括青少年的自我认识、自我体验和自我控制。在具体呈现形式上，表现为青少年的自我感知、自我分析和自我评价等，即为“自我认识”；从情绪形式看，它表现为自我感受、责任感、义务感等，即为“自我体验”；从意志形式看，它表现为自立、自主、自制、自卫、自律等，即为“自我控制”。在网络实践活动中，青少年首先在参与网络实践活动中感知网络世界，然后做出自我分析与评价，对自己的能力做出合理分析与判断，对自己做什么、如何参与网络实践活动等做出规划与思考，通过自身的努力自立、自主地参与网络实践活动。青少年在网络实践活动中应具有责任感，对于不良的网络行为能够进行自我约束与控制，能对网络行为进行自主调节，形成良好的自我体验。

青少年应理解在我与网络关系的建构中，“我”是实践活动的主体，应逐步建立起自我主体意识，成为网络世界的建设者、网络世界意义的建构者，主动建构我与网络世界的意义，而不是被动地接受网络信息及网络的影响，自觉克服网络对于我的负面影响，与网络世界形成和谐的互动关系，让网络成为促进青少年主体性建构与自我发展的工具与平台。青少年在网络实践活动中，在自我探究及与他人的交往互动中形成对自我新的理解，丰富、发展、完善青少年的自我意识与自我认知。

人是关系的存在，在实践关系中形成对事物的认识。青少年也生活在关系中，对网络本质的认识发生在与网络互动的实践关系之中，通过对所置身的网络世界中的信

---

① 中共中央马克思恩格斯列宁斯大林著作编译局. 马克思恩格斯选集(第 3 卷)[M]. 北京：人民出版社，1995：551.

息进行解读，建构形成自身的理解并生成意义，进而形成网络与自身的多种关系性认知。在关系性认知方面，青少年应理解如下关系，建立正确的关系认知：

1. 虚拟世界与真实世界的关系认知

虚拟世界与现实世界不是割裂的，二者存在着密切的联系。有学者指出："从哲学视域看，虚拟生存是基于人的现实生存，而又超越人的现实感觉的生存活动，它是人的现实生存的一种自然延伸。"[①]网络空间不是完全脱离现实空间并与之相对立的一种虚无空间，而是对现实世界的抽象化，对于在虚拟空间里从事实践活动的青少年来说，他们只不过是现实活动及关系的再造、拓展、延伸，网络生活与现实生活、虚拟自我与真实自我之间呈现着明显的互动关系。一方面，由于受现实条件的局限，青少年的想象与创造性活动有时会受到束缚与限制，青少年在网络生活中进行着创造性的实践活动，而这些活动往往是建立在现实生活、个人兴趣爱好的基础之上；青少年也会利用网络解决现实生活中的问题、拓展社会交往、开阔学习视野等。同时，青少年会将在网络生活中获得的知识与体验，应用于现实生活，提升在现实生活中的问题解决能力、促进社会性发展、培养兴趣等。青少年在现实生活与网络生活的互动中，构建意义、形成对生活多元价值的理解。进一步来说，现实生活与网络生活不是分离的，青少年在网络生活中所获得的体验是以现实生活为基础的，而网络生活体验又进一步提高了青少年对世界的认识，现实生活与网络生活在互动中共同促进青少年的认知、情感、社会性发展。青少年与网络之间关系的建立是以现实的人际关系为基础的，为青少年在现实生活中社会关系的建立提供了交往与联系的桥梁，网络空间的实践活动是以现实生活为基础的，而社会性网络进一步加强了对现有人际关系的互动与联系。

2. 关于虚拟自我与真实自我的关系性认知

在哲学领域，自我被认为是把一个人与其他人区别开来的根本特质，是思想和行为的本源。在心理学领域，自我被认为是对个体存在的认知和体现，并将"我"这一概念进行进一步地分解为本我(本源欲望)、自我(代表现实角色)、超我(良知或内在的道德判断)。[②] 这也是对虚拟自我与真实自我复杂关系的解释。青少年在网络空间常常以虚拟自我的形式呈现，通过电子身份扮演不同的角色进入不同的在线场景与交

① 陈晓荣.虚拟世界的哲学意义[J].自然辩证法研究，2003(4)：81.

② 乔岗编著.网络化生存[M].北京：中国城市出版社，1997：116.

流空间，青少年以电子身份呈现自我在本质上是对自我身份进行重新建构与选择的过程，虚拟自我是对真实自我的重新建构，青少年的虚拟自我是建立在对真实自我的想象、认知理解基础之上的，是一种特殊的体验与感知世界的方式，网络给予青少年重新选择、设计自我的机会，年龄、性别、表情、心情等都可以进行在线选择、设计与体验，而产生思想的是真实自我，是自我对世界的认识及真实思想的展现，虚拟自我是真实自我的现实解脱与超越，其本质是真实自我的一部分，是“本我”的体现。正如阿恩特所说的：“在网络生活中，网络主体的形象是符号化的，但本质上却是自然人和虚拟人的统一体。”正如卡西尔在《语言与神话》中所说的，名称从来不单单是一个符号，而是名称的负载者，是个人属性的一部分。[①] 青少年在网络空间的任何网名都是一个有意义的复合载体，它可以体现网络主体的诸多属性，并间接折射出人们的某些心理预期。任何人进入网络都有一个网络身份的自我认定问题，这不仅指必要的网络注册，更指个人选择怎样的角色来表现自己。事实上，在给自己起网名的时候，网络角色扮演就已经开始。网络角色的意义并不局限在网络生活本身，它总是以各种不同的方式向现实生活延伸，从而丰富与提高现实中自我的水平。网络主体指称的虚拟性，是源于社会主体之实的，它是社会主体在网络生活中的特殊表现形式。

网络的匿名性与身体缺场为青少年的角色扮演、身份模拟、探究自我提供了条件，给了青少年个性化呈现自我的机会，但虚拟自我与真实自我是相互影响与相互作用的，由于青少年虚拟身份的建构，使自我拥有了多重身份，而虚拟身份与现实生活中的真实身份存在着复杂的关系，可能彼此紧密相连，也可能相互冲突，这使青少年对网络空间中的自我认知变得更加复杂，无疑增加了自我把握的难度，其结果往往导致虚拟自我与现实自我的分离，自我认知产生矛盾与冲突，自我整合陷入困境，给自我认同带来危机。因此，青少年需要增强主体意识，正确认识虚拟自我与真实自我之间的关系，虚拟自我只不过是真实自我的想象与重构，是本我的呈现，是与真实自我有着密切的互动关系，当无法确认真正的自我时，回归身体才是确定性认知之根本。建立虚拟自我与真实自我之间的内在联系，认识虚拟自我之本质，回归自我主体性精神与主体性建构是青少年在网络空间存在的基础。让青少年建立虚拟自我与真实自我的统一性认同，将虚拟自我的建构建立在真实自我的基础上，成为与真实自我的认知、探究融为

---

① 【德】恩斯特·卡西尔.语言与神话[M].于晓等，译.上海：生活·读书·新知三联书店，1988：262.

一体的过程，让虚拟自我中的自我意识积极地影响对真实自我的感受与认知，促进青少年认识自我、发展自我的过程。让青少年体验虚拟自我与真实自我建构之间的复杂关系，或一致、或排斥、或冲突，不管他们是一种什么样的关系，都根源于同一自我，并有机构成着自我。

3. 关于网络生活与现实生活的关系性认知

网络生活是人们借助互联网所营造的超时空情境而实现的以符号传递为表征的社会活动。在时空情境、符号形式、意义赋予、主体特征等方面都有别于一般的日常活动。它形成了一种依赖于情境定义的存在空间，成为人类生活的一个有限意义域，表现出现实与虚拟共生的主体特征。①

网络生活与现实生活存在什么样的关系，建立二者关系的认知是青少年合理把握网络生活、积极参与网络生活、建构对网络生活的价值与意义理解的根本。网络生活拓展了青少年生活的时空界域，使青少年体验到现实生活中无法体验到的情境，网络生活是现实生活的延伸、重建与拓展，但网络生活不是完全脱离现实生活，而是与现实生活有着密切联系的，青少年对生活的理解与价值追求是建立在现实生活基础之上的。现实生活中青少年的生活理念与价值观念，会直接影响青少年在网络生活中的选择、判断与决策，影响青少年在网络生活中对人、事、物的理解与看法，进而影响青少年的意义建构过程。

青少年应建立网络生活与现实生活的关系性认知，避免将网络生活视为与现实生活毫无关联、彼此分离的，将网络生活作为放纵自我、自我解脱的虚拟生活，而应该将网络生活建立在与现实生活的密切联系与关系视域中。在网络生活中，追求积极向上的网络生活理念，负责任地参与网络交往与创造性实践活动中，让网络生活成为促进青少年个人成长与发展的有机部分，让网络生活丰富和拓展青少年的生活领域，成为其认识世界、丰富体验、发展自我的重要组成部分。在网络生活中，积极思考、勇于探究、健康交往，在网络生活与现实生活的联结与互动中积极建构意义，获得和谐发展。

网络生活是现实生活的延伸或拓展，它直接影响着现实生活。青少年在网络生活中获得的体验，也会影响他们对现实生活中人、事、物的看法，进而影响青少年的价值观。通过建立网络生活与现实生活的关系性认知，让青少年在自身的网络生活中密切

---

① 何明升.网络生活中的情景定义与主体特征[J].自然辩证法，2004(12)：35.

联系现实生活，并寻求意义建构，探求网络生活的价值，使青少年自身获得多方面的成长与发展，让网络生活成为有意义的生活。

4. 青少年对自我与网络关系的认知

青少年对自我与网络关系的认知，是对自身在网络实践活动中应处于何种关系的定位，是主体意识的体现，是一种直接影响其行为的关系性认知。它包括我与网络应建立什么样的关系（如接受、依赖、互动、独立等）？如何建立和发展这些关系？正如劳拉（Laura）所说的，青少年与网络的关系有三重境界：接受——互动——意义建构，而意义建构是青少年与网络关系的最高境界。[①] 从接受到互动是青少年从单向接受与获取到双向互动的过程，意味着青少年与网络的关系从单向到双向及青少年从受动走向主动的转变。当青少年主体意识缺乏时，很容易接受网络信息，形成对网络的依赖关系，而在互动层面，青少年不仅接受网络的影响，也进行创造性的网络实践活动，主动参与网络世界的改造中，但青少年还没有上升到价值层面，思考自身的行动对个人发展及他人的意义。由于网络技术是负载多重价值的，只有走向意义建构，才能使青少年在价值层面思考网络对自身发展的需要及价值的意义，并从多重关系视域思考自身的网络行为对他人、对网络世界的影响，从而理智地调节自身的网络行为，更富有意义地参与网络实践，将网络作为探索世界、探究自我与他人关系的一种方式。青少年是具有自主性、独立性与主体性的个体，使自身在与网络的互动中真正走向主体性构建，与网络形成互动发展与融合的关系，并从自身主体性建构与发展的角度，思考网络世界的意义，建构网络世界对自身发展的意义与价值。让青少年在与网络的互动中超越依赖关系，走向独立与发展，并建构融合的互动关系，这是青少年与网络关系的发展方向与可持续发展之本，也是青少年网络素养“知”维面的重要内容。

第三节 “能力维”：青少年应具备的网络素养核心能力

青少年只有具备一定的网络素养能力，建立自我与网络世界的和谐互动关系，创造性地参与到网络实践活动中，才能提升网络生活的质量，进而促进身心发展。青少年应具备什么样的网络素养能力？本节从“能力”维度，就青少年所需要的网络素养能

① Laura J. Gurak. Cyberliteracy：Navigating the Internet with Awarenes［M］. New York：Yale University Press，2011：123.

力展开分析。

一、青少年网络素养核心能力的内涵

什么是“能力”？《简明英汉词典》的解释包括三个有联系但又有区别的概念，一是“Ability”，意指“能力”、“才智”、“才能”，指相对抽象的能力，是伴随人的成长发展的素质，如反思能力、实践能力、创新能力等；二是“Capability”，指能力、能做某事的素质，能够运用知识和技能解决复杂情境下的具体问题；三是“Skill”，指“技能”、“技巧”、“手艺”，指具体的、操作性较强的技术和技巧。青少年网络素养能力的内涵主要侧重前两种含义，指青少年在网络空间成长和发展所需要的能力，以及青少年在网络空间解决具体问题的能力。在心理学领域，能力是指顺利完成某种活动所必须具备的个性心理特征，它是顺利完成某种活动的必要条件。能力是和人完成一定的活动紧密联系在一起的，离开了具体活动既不能表现人的能力，也不能发展人的能力，即人的能力是在活动中形成和发展，并且在活动中呈现的。从心理学的视角看，网络素养能力是和青少年的网络实践活动密切联系在一起的，是青少年进行网络实践活动的必要条件，网络拓展了青少年活动的时空界域，丰富了素养能力的实践内涵，呈现出网络素养能力独特的实践性与实践领域。青少年网络素养能力是青少年在网络实践活动中形成并发展的，并在网络实践活动中呈现出来的，它与知识、情感、态度、行为一样，是青少年网络素养的重要维面，也是构成青少年网络素养的重要组成部分。

有学者指出：素养从本质上是一种综合能力，是一种适应社会，改造世界的能力。从该意义上说，青少年网络素养能力本质上是一种综合能力，是一种对网络世界与自身关系的把握能力，是青少年在网络空间改造世界与发展自我的能力。青少年网络素养由若干核心能力组成，具体包括鉴别与批判性思维能力、意义建构能力、反思能力、问题解决能力、探究能力、多元文化解读能力等。

二、青少年网络素养核心能力指向的实践领域

青少年网络素养能力以网络素养知识为基础，形成和发展于网络实践活动之中，不同的网络素养能力具有不同的指向性，多种网络素养能力常常融合于一体，共同体现于青少年的网络实践活动之中。青少年在网络空间进行学习、生活、交往、娱乐、创造等多种实践活动，在不同的网络实践活动中青少年需要什么样的网络素养能力？基于青少年的网络实践活动领域，将活动中所需要的网络素养能力进行对应分析，形成

了青少年所需要的网络素养核心能力与指向的实践领域的对应关系，具体如表 2 所示：

表 3 青少年网络素养核心能力与指向的实践领域

实践领域	网络素养核心能力描述	对应结果
学习实践	■ 在线阅读能力，具有网络素养的青少年不仅会阅读文字，而且会阅读网络世界里的信息，能够在阅读中建构意义，形成、发展个人思想观念。 ■ 在线写作能力，具有网络素养的青少年能在网上合理地参与讨论、发表评论、发表个人的意见与思想观点、乐于与他人分享和共享思想。 ■ 知识建构能力，具有网络素养的青少年能在网络空间进行自主学习，会利用网络进行知识的自主建构与合作建构。 ■ 意义建构能力，具有网络素养的青少年能积极地进行思考，能在自身的网络学习实践活动中积极建构意义。 ■ 文化解读能力，具有网络素养的青少年能在网络世界（文化实践）中进行多元文化解读。	会学习
生活实践	■ 鉴别能力与批判性思维能力，具有网络素养的青少年能够在网络生活中鉴别虚实、真假、正误，具有质疑精神与批判性思考能力。 ■ 问题解决能力，具有网络素养的青少年能利用网络解决生活中的实际问题，善于发现并提出问题，围绕问题进行分析、思考，借助网络寻求解决问题的方略。 ■ 选择与决策能力，具有网络素养的青少年能在网络生活中有效地选择网络活动，对于做什么、如何做等能合理地做出决策。 ■ 创造能力，具有网络素养的青少年能在网络生活中发挥自身的创造性，创造性地参与网络实践活动，使个人的创造潜能得到发挥与发展。	会生活
交往实践	■ 自我认同与身份建构能力，具有网络素养的青少年能在与他人的网络交往中正确认识自己，建立自我身份认同，并能合理地进行自我身份建构。 ■ 主体性建构能力，具有网络素养的青少年能进行主体性建构，能在不同的交往情境中获得主体性认知发展。 ■ 交流与沟通能力，具有网络素养的青少年能利用网络与他人进行沟通交流，彼此分享观点，开展对话，在交流中既可以达成共识，也可以在分歧中获得启发与理解。 ■ 合作能力，具有网络素养的青少年善于利用网络与他人开展合作，乐于与他人共享观点，在进行合作性知识建构时贡献个人的观点和力量。 ■ 社会性发展能力，具有网络素养的青少年在与他人的交往实践中，能感知、获得与他人交往的意义与价值，促进自身的社会性发展。	会交往

续表

实践领域	网络素养核心能力描述	对应结果
娱乐实践	■ 创造能力，具有网络素养的青少年在娱乐实践活动中能发挥自身的想象力与创造性，创造性地参与到娱乐实践活动中，使主体的创造精神得到发展。 ■ 评价能力，具有网络素养的青少年在娱乐实践活动中会对自身的网络行为活动做出合理审慎的评价，知道该做什么、不该做什么。 ■ 意义建构能力，具有网络素养的青少年在娱乐实践活动中能建构自身当前的娱乐活动对个人发展的意义，进而有选择性地调整自身的网络实践活动行为。 ■ 反思能力，能对自身的网络实践活动过程进行反思，将行为活动过程与结果建立联接，通过反思进而自觉地调整自身的网络行为。	会创造
问题解决	■ 质疑能力，质疑是青少年在面对网络情境的不确定性与自身经验建立联接的过程中，不仅思考是什么，而且思考为什么，是产生疑问与疑惑后积极思考的能力，是发现问题的前提与基础。 ■ 探究能力，是一种在网络空间进行探究与思考的能力，通过质疑与思考、发现问题、提出问题，针对问题进行探究与思考的能力，也是一种反思性实践能力。	会探究

青少年在网络生活、学习、交往等实践活动中需要多项能力，这些能力是青少年实现在网络空间"会学习"、"会生活"、"会交往"、"会创造"、"会探究"目标的基础。网络实践所需要的多项能力，彼此之间不是分离的，而是综合地应用于网络实践活动，有些能力如意义建构能力、鉴别能力、反思能力、探究能力等应用于青少年的学习、生活、交往等多项实践活动中，其中各项实践活动都必需的能力，称为网络素养核心能力，下文将对青少年应具备的网络素养核心能力进行详细的分析。

三、青少年网络素养核心能力的建构

青少年在网络空间的学习、生活、交往、娱乐等实践活动中，应具备如下的核心素养能力：

1. *青少年需要具备在线阅读能力，不仅会阅读多元文本，也会阅读网络世界*

阅读是青少年网络实践活动的基本方式，在线阅读能力是青少年网络素养核心能力之一，在线阅读能力是一种在积极参与中深入思考的意义建构能力，青少年应具备在与多元文本的互动中积极建构意义的能力。[①] 具体包括：选择、组织、联接、评价所

① Julie Coiro. Handbook of Research on New Literacies [M]. New York: Lawrence Erlbaum Associates, 2008: 762 - 763.

阅读内容的能力；提出问题、建立联系、判断和推理能力；将自身已有的知识与阅读中遇到的新观点建立联系的能力；与阅读内容进行对话，建构个人理解与意义的能力；进行推测与推理的能力。同时，青少年应具有把握网络内容组织结构的能力，能够深入阅读不同类型的网络内容，如超链接文本内容、互动生成文本等。青少年的阅读能力不仅指阅读网页，也包括阅读博客、阅读评论、交流互动中生成的内容，以及阅读多元文本的能力。青少年在阅读中应能生成自身的理解，形成个人观点，建构个人知识。

在线阅读活动是青少年内心世界与网络世界相遇时的对话过程，在此过程中，青少年不仅阅读网络文本，也阅读网络世界，形成对网络世界的认识。阅读能力是青少年的心灵世界在与网络世界的际遇中开展对话、建构理解与意义生成的能力。青少年在阅读中会根据自身的经验与已有的网络素养知识来运用批判性思维对所阅读的内容进行质疑、提问，在积极地思考中建构对网络世界的理解，形成对网络世界的认识，进而建构网络世界对自身发展的意义，建立网络世界与现实世界的关系与联系，并进一步影响和调节青少年在网络世界中的行为。因此，青少年的阅读能力也应包括具备阅读网络世界的能力，能主动建立网络世界与现实世界的关系，在与网络世界的际遇中开展积极的对话与思考，不仅与网络文本进行互动，也会更深层次地建构意义，丰富和发展思想观念，形成个人的观点。通过阅读网络世界，拓展和丰富青少年对自我、对他人、对世界的认识。

2. 青少年需要具备批判性思维能力，能够对网络内容进行甄别与判断

“批判”(Critical)源于希腊文 Criticos，原意指“提问、理解某物的意义和有能力分析、辨别，即具有辨明或判断的能力和标准(Criterion)。从语源上讲，它意味着发展“基于标准的有辨识能力的判断”。将 Critical 应用于思维，意味着利用恰当的评估标准确定其价值，以明确形成有充分根据的判断。美国批判性思维运动的开拓者罗伯特・恩尼斯(Robert Ennis)认为：“批判性思维是为决定相信什么或做什么而进行的合理的、反省的思维。”[①]哈贝马斯将批判性思维等同于“解放性学习”(Emancipator Learning)，即学会从阻碍人们洞察新趋势，支配自己的生活、社会和世界的那些个人的、制度的或环境的影响中解放出来。[②]

质疑、批判是为了寻求理由或确保正当性，作为我们的信念和行为的理性奠基。

---

① Ennis，R. H. A Taxonomy of Critical Thinking Dispositions and Abilities. In J. Baron & R. Sternberg (Eds). Teaching Thinking Skills：Theory and Practice. New York：W. H. Freeman，1987：9－26.

② 【美】布鲁克・诺埃尔・摩尔，理查德・帕克著. 批判性思维[M]. 朱素梅，译. 北京：机械工业出版社，2011：74.

因此，批判性思维也是建设性的。批判性思维使青少年意识到所处世界中的价值、行为和社会结构的多样性。批判性思维是有目的的、自我校准的判断。这种判断导致解释、分析、评估、推论以及对判断赖以存在的证据、概念、方法、标准或语境的说明。

批判性思维实际上就是遵循一定的原理和标准对已经存在的思想、观念、行为等各种事物进行分析、评价，并做出准确的是非判断。批判性思维不是单纯的批判或否定，而是在对事物分析论证的基础上，既有否定性的批判，也有肯定性的评价。批判性思维能力有助于提高青少年的认知水平和分析归纳能力。

批判性思维是一种创造性思维，[①]是青少年在网络实践活动中必备的技能，只有具备批判性思维，青少年才能对网上的信息做出合理甄别、分析、判断，对其价值与意义进行思考，它是青少年网络素养的重要组成部分。青少年需要具备批判性思维，能依据一定的标准对各种观念、思想、行为等进行分析、评价，在认知、分析、判断的基础上，合理地做出思考与决策。

网络空间的生态化、多元化与复杂性，也需要青少年具备批判性思维能力，对所置身的网络空间信息、观念进行分析、评价、判断，对网络文化所渗透的价值观念做出评判。通过一定的价值标准对各种价值观念进行分析判断，并进行思考、分析、论证，有依据地做出选择与决策，同时对自身的网络行为做出思考、选择、调节与决策。

思维本身是一种非常复杂的活动，最主要特征是思考和认识，它是行动与决策的基础。所谓批判性思维（Critical Thinking）是指发现某种事物、现象和主张的问题所在，同时根据自身的思考有逻辑地做出主张。恩尼斯认为批判性思维是指为了决定什么可做、什么可信所进行的合理、深入的思考。[②] 因此，批判性思维是带有一定的价值判断与目的指向性的思维活动。网络信息的高速流动、交互共享，超文本链接及多重路径形成的非线性、自组织的状态，改变了青少年的认知方式与思维方式，对青少年的批判性思维提出了挑战与更高的要求，青少年在网络实践活动中需要对其中的信息与价值观点进行有逻辑地思考，做出价值判断，形成个人观念；同时，对自己“做什么？”、“为何做？”、“如何做？”等问题进行深入的思考与合理审慎的选择。批判性思维有助于青少年对网络信息的多元价值立场做出独立的思考，对他人的观点做出客观的判断，

---

① Ennis, R. H. Critical Thinking Dispositions: Their Nature and Assessability [J]. Informal Logic, 1996, 18(2): 165 - 182.

② Ennis, R. H. Incorporating Critical Thinking in the Curriculum: An Introduction to Some Basic Issues [J]. Inquiry, 1997, 16(3): 1 - 9.

并根据自身的思考,形成个人的认识与思想观点。批判性思维使青少年的视野得到拓展,理解得到加深,可以立足更高的视野去思考自身与当前网络实践活动的关系,是青少年个人观念诞生、个人观点形成的基础与前提,批判性思维也直接影响着青少年网络行为活动的方向与内容。

网络信息价值立场的多元化,使青少年的思维过程受到挑战,对青少年的质疑与批判性思维提出了更高的要求。网络探究不仅需要青少年具有敏锐的问题意识、洞察力,善于对来自各方面的信息进行独立思考,对他人的观点做出判断,而且需要青少年构建自己的思维模式,在多元化的路径中,形成独立分析、自主决策的思维能力,沿着探究主题的方向去思考,自觉建立网络探究行为与探究目的有效联接,在探究中形成自身的思想观念、价值和信念。批判性思维是帮助青少年区分虚与实、真与假的能力,是帮助青少年建构意义的基础。

3. 青少年需要具备鉴别能力,与网络建立适度关系

阿里巴巴行政总裁卫哲曾说:"人对互联网的依赖并不是互联网的错,而互联网恰恰是考验我们人类鉴别能力的时候。"鉴别能力是青少年网络素养的核心能力之一,网络世界是一个多元化的世界,不仅充盈着多元化的价值观念,而且充满了良莠不齐的信息,青少年在网络实践活动中应具备一定的鉴别能力,不仅能鉴别信息的真伪、价值观念的正误,也能在对自身网络需求分析的基础上,对自身的网络行为活动进行分析、判断、取舍。鉴别不仅反映了青少年的目的、需要和动机,还蕴含着价值判断。在网络实践活动中的鉴别能力,意味着青少年在网络实践活动中主动思考、分析、判断和取舍网络活动情境中的信息内容及各种价值观念,辨别多元文化与自身发展的关系,鉴别自身当前网络活动的合理性、所产生的影响与后果,通过对其所蕴含的价值意义的思考而不断调整自身的网络行为,进而形成与网络的合理关系。鉴别能力不仅直接影响着青少年网络实践活动的质量,也影响着青少年在网络世界中意义建构与关系生成的质量。青少年与网络的关系是多元的,一方面青少年通过参与网络实践活动,在与网络的互动中鉴别信息、建构意义,形成自身的理解,建构与网络的关系;另一方面,青少年通过自身参与网络进行实践与创造,进而影响和改变网络世界。鉴别能力影响着青少年与网络关系的双向建构,帮助青少年建立与网络的和谐关系。因此,青少年在网络实践活动中,需要发展鉴别能力,这是青少年与网络建立适度关系的基础。

4. 青少年需要具备反思能力,能将自身的网络行为活动与其结果建立联接

杜威指出:"所谓思维或反思,就是识别我们所尝试的事和所发生的结果之间的关

系。思维就是有意识地努力去发现我们所做的事和所造成的结果之间的特定联接，使两者联系起来。”[①]杜威将反思作为有意识地将当前的行为与结果之间建立特定联接的活动，他认为通过联接过程可以产生意义。青少年的“反思能力”是一种对目的与结果建立联接的思考能力，青少年通过反思建立现实世界与网络世界的联系，将网络生活经验与现实生活经验建立关联，将当前的网络行为与产生的结果建立联系，由此生成意义，形成个人理解的能力。

杜威认为，反思的价值在于它能使合理的行为具有自觉的目的性，反思能够指导行动，使之具有预见并按照计划或目的进行行动。反思使青少年头脑中的疑惑成为他提出的问题，从而引起他集中注意，并主动地寻找和选择适当的材料，考虑材料的意义和解决问题的方法。[②] 因此，在网络实践活动中反思能力可以促进青少年提出问题、解决问题的过程。反思能力可以促进青少年有计划地系统地准备，对网络活动事先做出周密的计划以及提出达到目的的方法，通过积极的行动理解网络实践活动的过程，以及在网络实践活动中建构更加充实的意义。

青少年需要发展反思能力，一方面增强网络实践活动的目的性，促进青少年主动建立当前网络行为与结果的联系，有计划地对网络活动做出思考、设计、规划，主动寻求达到网络探究目的的方法与途径，通过具体的网络行动建构意义；另一方面，通过及时反思，不断调整自身的网络行为，使网络行为成为合目的的行为，减少网络行为的盲目性。杜威认为：技术犹如双刃剑，在带来福祉的同时，也有其负面效应，人类在面对技术带来无限益处的同时，也要以反思和批判的精神反思技术带来的负面影响与效果。人与世界、自然的关系，绝不是对立的、不可调和的两极，应该站在更高的意义上认识和实践人与自然、世界的和谐，从发展的视角对技术探究进行反思，审慎地考察技术探究的价值，深刻地认识技术本质中蕴涵的危险以及探索如何采取对策防止可能出现的生存危机，以确保技术造福于人类，促进人的可持续发展。[③] 青少年本身是一种思考和反省的存在，以促进青少年自我意识的转变，发展其心灵的敏感性，增强其主体精神，培养其内在的思考能力为特征，在批判性思考、分析性思考、综合性思考以及反思能力逐步提升的基础上，使青少年大脑精致化和精确化，进而促进青少年的成长与发展。

---

① 【美】约翰·杜威. 民主主义与教育[M]. 王承绪，译. 北京：人民教育出版社，1990：73.

② 【美】约翰·杜威. 杜威全集[M]. 张国清等，译. 上海：华东师范大学出版社，2010：135—137.

③ 【美】拉里·希克曼著. 杜威的实用主义技术[M]. 韩连庆，译. 北京：北京大学出版社，2010：138.

5. 青少年需要具备问题解决能力,在解决问题的过程中获得成长与发展

问题及问题解决构成了青少年成长中的基本元素,青少年正是在问题解决的过程中获得全方位的发展。青少年在网络实践活动中会产生各种各样的问题,例如,所遇情境与要达到的目标之间有某些障碍需要被克服。解决问题的过程是青少年通过一定的策略、技能从问题的起始状态到目标状态的过程。青少年在网络空间或现实生活中会遇到各种各样的问题,遇到问题、分析问题、解决问题,正是通过问题的解决过程,青少年综合运用知识、技能,获得体验并得到进一步的成长与发展,问题解决过程是青少年成长的过程。青少年的问题不仅包括来源于现实生活与学习中的问题,也包括来源于在网络空间探究实践活动中遇到的问题,当青少年有了问题后,应聚焦问题、诊断问题,对问题进行科学的分析、思考,建立问题表征图式,并寻求解决问题的工具、资源、途径、方式,通过比较、决策,尝试不同的问题解决方案,最终解决问题。

问题解决能力是生活在21世纪的人必备的技能,也是网络素养的核心能力。青少年在网络空间应具备问题意识,洞悉问题的来源、发现问题、明确问题、分析和表征问题,并做出如何解决问题的决策,探究问题的解决方略与途径,找出解决问题的办法,使用网络工具和资源帮助解决问题。

青少年在网络空间应具备问题解决能力,会利用网络解决学习、生活中的问题。一方面,利用网络给青少年提供的共享资源与探索交流空间,来查找资源及与他人对话交流,通过分析判断形成个人的看法,寻求解决问题的方法与途径;另一方面网络为青少年提供了解决问题的工具,网络工具可以帮助青少年有效地解决问题。

6. 青少年需要具备多元文化解读能力,能在与网络文化的互动中形成文化认同与价值理念,并创造青少年文化

文化是一种复杂的社会现象,人类创造了文化,文化反过来又影响人的存在和价值观念,决定了人的思维、行为、生活方式。网络给文化带来了一个全新的界面,把人、信息和文化三者融为一体,构筑了新的文化景观:现实文化与虚拟文化的融合、文化信息全球一体化与文化本体个体化的多元化、开放中的平等与共享、文化消费与生产的共时性、推动人类回归的载体和文化社区的新构筑。网络不仅是一把双刃剑,更是一个多面体,网络文化的多元价值理念与多样化的文化形态,使不同的人怀着不同的目的从不同的角度观察网络文化从而获得各自的见解。青少年在网络世界中不仅体验着多元化的网络文化,形成青少年自身的文化价值认同,进而影响着网络文化价值观的形成,同时,青少年在网络文化实践活动中也创造着属于自己的文化。雅斯贝尔

斯指出:“文化领域是意义的领域。”[①]因此,青少年在网络文化中的意义建构与解读能力直接影响着青少年在网络空间的生存质量。

多元文化解读是青少年在网络世界中对多元文化的识别、理解与意义建构的过程,青少年应具有多元文化的解读与建构能力,不是被动地在网络空间受多元文化的影响,而是形成自身的理解,在理解中进行意义建构,形成自身的见解与文化价值认同,进而发展自身的文化价值理念。同时,通过参与网络文化创造活动,创造属于青少年自身的文化,将青少年自身的文化与多元文化在融合互动中建立联接,形成新的文化认同与价值理念,进而影响青少年的网络行为与生活方式。

青少年应具有多元文化解读能力,不仅具有开放的多元文化视域,而且能解读多元文化情境中的意义,辨别文化蕴含的意义,形成发展自身的文化价值理念。有学者指出,网络不仅是一种技术,而且是一种文化,网络为青少年带来了新的文化景观与多元文化价值理念。如果说网络建构了地球村,那么在地球村中最显著的特征就是全球化的多元文化共存,青少年需要具有多元文化解读能力,理解网络中所存在的多元文化内涵,既要理解、尊重不同国家、民族的文化,也要理解网络文化,能解读文化的意义,建构自身的理解,形成一定的文化认同与价值观,并创造青少年自身的文化。另外,对于网络空间的不良文化、消极文化,青少年能自觉抵制与批判。

7. 青少年应具备意义建构能力,能在自身的网络实践活动中获得意义

劳拉教授指出:对青少年来说,网络与青少年的关系有三重境界:传递——互动——生成意义(Meaning-Making),意义建构与生成是青少年在网络空间生存的最高境界。[②] 青少年的意义建构能力是提升青少年与网络关系的根本,发展青少年的意义建构能力也是与网络建立和谐关系的基础。因此,青少年需要具备意义建构能力,能在自身的网络实践活动中建构意义。有学者指出,意义问题是人本身的根本问题。人总是不断地追寻存在与生命的意义,渴望实现自身的价值。“人的存在从来就不是纯粹的存在,它总是牵涉到意义。意义的向度是做人所固有的,探索有意义的存在是人的核心。”[③]我国著名哲学家高清海教授更是把人的本质看作是超生命,强调意义对人的本体价值。他说:“人之为‘人’的本质,应该说就是一种意义性存在、价值性实体。

---

① 陆俊. 重建巴比塔:文化视野中的网络[M]. 北京:北京出版社,1999:71—73.

② Laura J. Gurak, Cyberliteracy: Navigating the Internet with Awarenes [M]. Yale University Press, 2001: 123.

③【德】A. J. 赫舍尔. 人是谁[M]. 隗仁莲,安希孟,译. 贵阳:贵州人民出版社,2009:46—47.

对意义的追寻与探求，是人之生命独特性的特征。”[①]对青少年而言，对网络实践活动的意义与价值的探求也是网络生存的根本。然而，生成意义的过程是青少年内心世界与网络世界的对话过程，是青少年已有经验与当前情境的联接过程。青少年的意义建构过程依赖于经验与情境，青少年在网络情境中依赖已有经验，对被感知的事物赋予一定的意义，形成个人的理解与认识，即意义建构过程。网络情境的复杂性与高速流动生成性，对青少年的意义建构能力提出了很高的要求。青少年应能够感知情境所赋予的意义，动态地与自身经验建立联接，认识自己与所置身的网络世界的关系，并深层次地认识、感知、理解当前网络实践活动的意义及价值。

青少年的意义建构能力是提升网络实践活动质量的根本，而网络探究是促进青少年深度意义建构的关键。青少年在网络空间需要发展探究能力，通过探究加深对网络活动意义生成与理解的深度，通过参与、反思、完善自身行为而增强对网络世界的建构。青少年在网络探究活动中，个人观念从质疑、求证、解释、确认到重构，在此过程中形成个人的理解，探究是青少年个人观念形成与意义建构的重要方法与途径。

8. *青少年需要知识建构能力，能在自身的网络探究活动中促进自身发展*

知识是青少年发展的基石，而青少年的知识是在自身的社会实践活动中形成与发展的，知识建构能力是促进青少年发展的关键。青少年在网络实践活动中，进行着多种知识建构的路径与方式，通过与自我的反思性对话、与他人的互动性对话、与文本的生成性对话，进行着知识的个人建构与集体建构。青少年需要具备一定的知识建构能力，知识建构是直接影响青少年发展的关键。网络为青少年提供了知识建构的情境与资源，知识建构是从不确定性信息到确定性知识的重要过程与途径，青少年在网络空间的知识建构能力，包括知识的个人建构与集体建构，以及二者在互动中促进青少年思想观念的形成与诞生之过程。知识建构能力是使青少年在信息海洋中不迷失方向、产生思想和智慧生长的关键。

知识建构能力是使青少年在网络空间从信息获取走向个人生长的过程，尽管青少年在网络空间面对着丰富的信息，但如果缺乏知识建构能力，就不能将信息转化为对自身发展有用的知识，也不能在信息的海洋中获得有价值的信息，因此，青少年自身就不能获得成长与真正的发展。知识建构能力是促进青少年在网络空间成长与发展的关键。知识建构是青少年诞生新的思想观念，在网络空间全面发展自我与完善自我的

---

① 高清海. 哲学与主体自我意识[M]. 北京：中国人民大学出版社，2010：31.

基础。

第四节 “情意维”：青少年应具有的情感态度与价值观

情感态度与价值观是青少年网络实践活动的动力因素，直接影响着青少年网络实践活动的投入、过程与效果。情感态度与价值观是青少年网络素养的情意域，对青少年的认知、网络行为起着直接的调节与控制作用。青少年在网络实践活动中需要具备什么样的情感态度与价值观？本节就青少年网络素养的情意维面进行分析。

一、网络素养中的“情感态度与价值观”分析

情感、态度、价值观指向青少年网络素养的情意域，是青少年网络素养的重要维面，是不可或缺的重要组成部分。网络情感指向青少年的精神世界，它是联接外部世界和内部世界的桥梁和中介，是引发青少年内心世界产生共鸣与深层次意义建构的基础。如果没有情感体验，青少年的网络实践活动就不能引起青少年内心世界的共鸣，难以产生持久与深层次的意义。态度是青少年对网络世界所持有的评价总和与内在反应倾向，是一种较为稳定的情感倾向，直接影响青少年的参与行为。网络素养中的态度不仅是青少年对待网络的态度，也包括青少年在网络世界中对待自己、对待他人、对待网络生活的态度。青少年的态度内隐地表现为价值观与道德观，外显为喜欢与厌恶、爱与憎等情感，影响着青少年在网络世界中对事物、对他人及对各种活动做出的定向选择。价值观是青少年对网络世界中的人、事、物及对自己网络行为结果的意义、作用、效果、重要性的总的评价和看法。价值观通过青少年的网络行为取向及对网络世界中人、事、物的评价与态度反映出来，是驱使青少年网络行为的内部动力。网络素养中的情感、态度与价值观是密切联系、相互作用的要素，态度是青少年在自身道德观和价值观基础上对网络世界的评价和行为倾向，态度是价值观的内在直接体现，影响着青少年网络实践活动的情感体验与感受，共同指向青少年网络素养中的情意领域。青少年在网络世界中不仅认识网络世界是什么、怎么样和为什么，还知道应该做什么、选择什么，以及发现网络世界对自己的意义，这些都是由价值观支配的。具有不同价值观的人会产生不同的态度和行为，进而产生不同的情感体验。关系认识论认为：认识和价值是不可分离的，价值是对意义层面的思考，在关系认识论中认识和价值是融为一体的，认识在价值中，也生成着价值，同时认识中自然蕴藏着价值观。青少年在认识

世界时，世界已经在青少年的心灵之中，青少年对世界的认识不只是对世界的反应，还包括对世界的建构，青少年与网络世界的关系不是“主体”控制或改造“客体”的关系，而是共生、互根的关系。

二、网络实践活动中青少年应具备的情感态度

青少年需要具备什么样的情感态度与价值观？通过对青少年在网络生活中应坚持什么、相信什么的分析，对青少年应具备的网络情感态度与价值观进行分析，进而研究青少年应具备的网络素养的情意维度。

1. 青少年应在网络实践活动中坚持对自己、对他人负责任的态度，即应以负责任的态度参与网络实践活动

尽管网络世界是充满自由的，青少年也应以负责任的态度参与网络实践活动。自由与责任是密切联系在一起的，“自由”意味着“责任”，青少年在网络空间的自由意味着要承担更多的责任，不仅对自己负责，也要对他人负责。正如萨特所指出的：既然人的一切行为都是出自于个人的自由选择。那么，自由行为产生的后果又该由谁负责呢？对此他给予的回答是，自由即意味着责任，绝对的自由就是绝对的责任，个人必须对自己的行为完全负责任。[①]

负责任意味着青少年使用网络时，充分考虑使用网络的目标定位、方法手段的选择、实施过程与效果反思，考虑自身的网络言行对个人发展、对他人的影响等，负责任意味着青少年使用网络时，使目的与手段在动态互动过程中走向融合与统一。负责任的本质含意是人性，只有人才会有全面的责任意识，不仅对自己负责，也对他人负责，人性缺失的人会缺乏责任意识。因此，青少年应以负责任的态度参与网络实践活动，不仅对自己负责，对自身的网络言行负责，对自我发展负责，而且应该对他人负责，负责任地参与网络交往与网络创造。对自己负责任意味着青少年在网络实践活动中时刻不忘对意义的追寻与探求，对做什么、为什么做、做得怎么样进行积极的思考，总是在探究与深度思考中寻求对自我发展的意义与价值，自觉将自身的网络实践活动与结果建立联系，在网络实践活动中寻求对促进自我发展的意义与价值。

2. 青少年应以积极主动的态度参与网络生活创造，提升网络生活的内在价值

态度决定思路，思路决定出路，不同的生活态度和思维方式产生不同的结果。青

---

① 尹明涛，史建群. 萨特眼中的存在、自由、选择、责任及他人[J]. 理论纵横，2007(10)：56.

少年对待网络生活的态度与方式，决定了他们在网络实践活动中的思维方式与行为方式。积极主动与消极被动是对待网络生活的两种不同的态度，态度不同的青少年对待网络生活的方式也是不同的，青少年只有以积极主动的态度参与网络实践活动，才能发挥自身的主观能动性与创造性，促使青少年在自身的网络实践活动中积极建构意义。积极的态度可以促进青少年自觉解决网络生活实践中的问题，创造性地参与网络实践活动。

青少年需要以积极主动的态度面对网络生活，积极主动的网络生活态度是一种积极探究与勇于面对问题的态度，是一种负责任的态度，是一种在网络世界中不消极被动地接受信息，不放纵自己，不沉溺于网络生活，且在网络实践活动中积极探索意义与解决问题的态度。青少年在网络空间应善于质疑与思考，敏于探究，在网络实践活动中积极建构意义。积极主动的态度是一种勇于面对问题，积极解决问题的行动。信念决定态度，态度决定行动，正确的上网理念与积极主动的态度是青少年网络实践活动的前提与基础，积极主动的态度直接决定着青少年网络实践行动的内容、深度与质量。青少年只有以积极主动的态度参与网络生活，才能进行创造性的网络实践活动，进而提升网络生活的意义与内在价值。青少年只有以积极主动的态度面对网络生活，参与网络实践活动，密切联系网络生活与现实生活，才能深度建构意义，提升网络生活的内在价值。

3. 青少年应具备善于思考的态度，让理性思考成为推动网络实践活动的内在动力

网络世界是一个文化多元、众人参与的纷繁复杂的世界，青少年在网络世界中面临着危险与挑战，正如舒尔曼所指出的："我们离危险越近，解救力量的道路就越发光明，我们就变得更富探索心理。因为探索是思维的贡献。"[①]这条道路就是回到真正的人要求某种与朝向机器进程的进步不同的东西。回到我们已经真正找到的地方，就是这样一种道路：达到我们现在所需要的思维的道路。因此，青少年应具备善于理性思考的态度，思维与思考是青少年在网络实践活动中的动力系统，是推动青少年网络实践行动深入的力量源泉，然而，正如舒尔曼所指出的："我们这个最值得思维的时代的最值得思维的特征，即是我们迄今尚未思维。"[②]因此，培养青少年善于思考的态度，让

① E.舒尔曼著.科技时代与人类未来[M].李小兵，谢京生，张峰等，译.北京：东方出版社，1995：93.
② 同上注，第94页.

思考成为青少年的网络生活态度与自觉习惯，这是推动青少年网络实践活动深入发展的内在动力。

思考是推动青少年网络实践活动发展的内在动力，“思考什么？”影响青少年网络实践活动的方向，“如何思考？”影响青少年网络实践活动的深度与质量。当理性思考成为一种态度，意味着思考不仅成为一种习惯，而且成为青少年在网络生活中的一种精神生活方式。

4. 青少年应具备主动探究的态度，让网络探究成为基本生活方式

当网络探究成为一种态度，意味着青少年在网络实践活动中不再是被动的接受者，而是主动的探究者，青少年充满问题意识，在网络实践活动中以问题解决为驱动，将网络实践活动过程作为发现问题、解决问题的过程。青少年科学的网络探究态度，直接影响着青少年网络实践活动的内容，决定着青少年网络行为活动的方式。青少年应具备探究态度，将自身的网络实践行为与结果建立联系，学会在网络探究中积极建构意义，理解当前网络实践活动对于自身发展的意义，反思网络探究活动过程及结果的意义，自觉调控自身的网络行为，使网络行为成为有目的、有意义的活动。青少年在探究活动中，会获得丰富的体验，通过反思及与他人交流，在与自我对话、与他人对话中建构个人理解与意义，进而促进自身的成长与发展。青少年具备探究态度，意味着青少年不仅将网络探究作为网络生活的基本方式，将网络探究作为解决问题的过程，也意味着让网络探究成为青少年丰富体验、发展认知、建构意义的过程。

三、网络实践活动中青少年应具备的价值观

价值观是青少年在网络实践活动中对自我、对世界价值的一般观点和根本看法，价值观本质上是一种社会意识、价值意识和实践精神，具有主体性、超知识性和多元性的基本特征，在现实生活与网络生活中以强大的力量作用于青少年，引导规范着青少年的实践行为。[①] 青少年既在价值观的指导下进行选择、判断和决策，同时，价值观也是指导青少年网络实践行动，完善自我、建设网络世界意义和价值的基础。价值观内在地融于青少年的思想和观念中，而外在地影响着青少年的判断、评价、选择和行动。有学者指出，人在生活的各个方面都有价值观念，不是这样的价值观念，就是那样的价

① 余卫国.略论价值观念更新的主体性与客体性[J].理论导刊，2004(2)：42.

值观念，总会有一种价值观念为人所把握，总会有价值观念为他解释生活的意义。①青少年在网络生活中正是有了价值观的指导，才有了自身的价值判断，而不轻信与盲从，不仅使网络生活具有了真正的意义，而且使自身的行动充满着智慧和理性。

从青少年内在自我发展的视域看，网络素养价值观是其对自我认识、自我实现的过程，是认识自我、完善自我、解放自我的过程；从青少年与世界的关系视域看，是青少年追求真、善、美，认识世界、改造世界，与世界交往的过程中让世界更美好，与他人交往的过程中让社会更美好。通过双重视域的交互融合，达到"天人合一"、"青少年世界"与"网络世界"、"青少年文化"与"网络文化"的和谐共生。

青少年网络素养的价值观不仅指向自我实现与自我发展的内在价值，而且关注世界会美好吗？如何使世界更美好？如何与他人和谐相处？始终对世界充满关切，对他人充满关怀，通过自身的行动和努力，让网络世界变得更美好，与他人的关系更加和谐。青少年是关系性存在，在与他人、与网络世界的互动中建立一种关系伦理价值观，成为青少年网络素养的内在要求。尽管由于网络的开放性与互动性，使关系伦理价值更加多元化，人与人、人与网络世界、人与现实世界的关系更加复杂，但网络素养价值观必须建立在关系伦理基础上，以使青少年对网络世界的网络探究成为一种德性观照下的探究，与他人交往、对网络世界的改造成为一种充满意义与价值的实践行动。

从自我发展的内在视域看，青少年应具备以下网络素养价值观：

1. 在与网络世界的交往中，认识自我独特的价值，建立理性的主体价值观

青少年的认识来自其独特的心灵与置身其中的网络世界、现实世界，日常生活世界、文化世界的交互作用，以及青少年心灵的自我反思。自我世界是青少年独特的心灵世界，是青少年独特的个性所构成的世界，是青少年与生活世界、文化世界、虚拟世界、现实世界互动中的独立域，即"自我"，青少年应认识自我，自我世界本身构成青少年的价值和认识的自足来源——作为目的界，"它"是价值主体；作为反思者，"它"是认识主体。青少年的自我世界具有独立性、自足性，是价值主体和认识主体。青少年应认识自我价值的独特性，自我存在的内在价值，提高自身的主体意识与主观能动性，作为认识主体与价值主体，在与网络世界的交互中建构意义，体现自身内在的价值。通过自身观念的诞生，创造性地参与网络实践活动，体现、实现自身的价值。这是理性的主体性价值观，也是青少年在与世界的交往中认识自我独特性、自我价值、自我展开、

① 刘济良等著. 价值观教育[M]. 北京：教育科学出版社，2007：1—2.

自我展现、自我发展的基础。在价值论或哲学层面，青少年的本质是有独特价值和尊严的创造个体，然而，青少年对自我的认识是通过与世界交往与他人交往实现的，主体在交往中通过自我反思（即自己回到自己）而获得自我认识。青少年在与网络世界的交往中应树立这样的价值观念，认识自我独特的价值，树立主体意识，作为价值主体在与网络世界交往的过程中，发挥主观能动性，在实践反思与创造中实现自身的内在价值。

2. 追求高质量的网络生活，不断超越自我、完善自我

青少年具有生活的权利，包括现实生活和网络生活，且需要健康、快乐、有意义地生活着，追求、体悟生活的内在价值，不断完善自我、超越自我。网络素养就是让青少年获得发展，让青少年不仅在当下生活中过得有意义、有价值，也通过自身内在素养的发展让将来能够更好地生活。青少年不仅是生活在当下的，而且是成长、是发展的。在当下的生活中，获得认识、情感、体验，而建构着对世界、对自我的理解，理解着自身独特的价值；青少年的成长和发展意味着在未来能够更好地生活，这不仅仅是一种理想、信念，而且是在当下生活的一种实践、反思、改进的行动，一种在当下生活中观照自我发展，不断完善自我、超越自我，使自身素养提升的内在驱动力量，网络素养的提升与发展是确保青少年未来能够更好生活的前提。青少年探究生活的独特价值，在生活中发展自我、完善自我，从而实现追求更好的网络生活。追求更好的网络生活，也是在当前网络实践生活中通过反思实践与行动，探究网络生活的内在价值，超越自我、完善自我的过程。通过自身的创造与实践行动，自我得到发展与完善，诠释、实现着自我生命的意义与价值。

3. 获得自由，解放自我

爱因斯坦说过：一个人的真正价值，首先取决于他在什么程度上和在什么意义上从自我中解放出来。获取“自由与解放”是青少年网络素养的追求与价值观，解放不仅意味着青少年权利、价值的回归，也是青少年真正摆脱网络技术的控制与束缚、获得自由、自我解放与自我实现的基础。解放涉及心灵的自由，心灵的自由是解放的条件，需要运用理智与智慧，摆脱外界的束缚，通过理智的力量对所置身的世界进行判断、鉴别、决策。心灵的解放使青少年不受外部世界的干扰，确立起自我价值与信念。自我解放需要道德与责任的力量，处理好自我与他人的关系，以及自我与现实世界、网络世界的关系，通过个人承担责任，基于实践理性和行动伦理，建立起自我与他人、自我与网络世界的和谐关系。网络素养的最高价值是使青少年走向自我解放的自由之路。

精神自由、自我解放是人生的最高价值与最高境界，网络素养本质上是让青少年承担起自我解放的重任，走向自我发展。自由的实现过程就是一个探究、创造的过程。每一个人在生活中，听从自由意志的召唤，不断产生自己的思想，积极尝试、验证、实现、发展自己的思想，由此使自己的生活日臻完善，这个过程是自由与探究、创造的同一，也是通过自由解放自我的过程。没有自由就没有探究和创造，只可能滋生压制和顺从。没有探究和创造，自由也就无从实现，解放也无从谈起。"自由只有被用来进行创造时才具有意义，否则就只不过是没有被动用过的可能性"。[①] 因此，在"自由"中"探究"、"创造"是青少年网络价值观的最高境界。

从关系伦理视域看，青少年应具备的网络素养价值观包括：

青少年作为社会性存在，是生活在网络社会中的个体，青少年与社会、他人在互动中建构着各种关系，这种互动与关系的建构，一般来说是青少年从自身需要出发，对外界事物作出价值认识、价值评价、价值判断以及价值选择的过程，而没有考虑社会的要求和社会对个人赋予的责任与重任。当青少年意识到自己和社会的关系、自己和网络世界的关系、自己和他人的关系，以及自己应承担的角色时，他会根据社会的要求和自己的处境，重新调整和修正自己的价值观，对一些事物重新加以认识和评价，重新作出价值选择和确定价值目标。这是一种关系伦理中的价值观。

1. 尊重他人

青少年在网络世界中应树立"尊重他人，礼貌交往"的价值观。尽管网络世界在某种程度上不同于现实世界，在网络世界中青少年的言行自由，不受现实世界的束缚和限制，但青少年在网络世界中的交往本质没有改变，仍是人与人的交往，因此，尊重他人、平等相待、礼貌交往是青少年应具备的基本价值观念。尊重他人包括尊重他人的意见与观点、尊重他人的隐私、尊重他人的版权等。尊重他人的意见与观点，要求青少年在网络交流时不仅坚持自己的观点，也要欣赏他人的观点，正确看待不同的意见与异议，以一种包容、欣赏与悦纳的方式对待不同的意见与观点，不能进行人身攻击；尊重他人的隐私，要求青少年在网络开放空间，不仅保护好个人隐私，也要尊重他人的隐私，未经他人允许不要在网上公开公布他人的隐私与个人秘密；尊重他人版权，要求引用他人的文章与观点要养成引用署名习惯，按照引用规范进行引用，不得随意复制、抄袭别人的作品或盗用别人的著作权，网上转载他人的观点或作品，要注明来源出处。在与他人

① 张华.论探究精神是一种教育人文精神[J].全球教育展望，2006(6)：8.

的网络交往中，用语要文明，能够平等相待、礼貌交往，言行举止要得体。要体现出对他人真诚的尊重，而不能藐视别人、鄙夷不屑或傲慢自大。尊重他人就是尊重自己，只有尊重别人，才能赢得他人的尊重。在交往中，任何不尊重他人的言行，都会引来别人的反感，更不会赢得别人对自己的尊重。因此，要获得来自他人的尊重，首先要学会尊重他人。与人交往，不论对方远在何方，不管对方地位高低、身份如何、年龄大小，都要尊重他人的人格，尊重他人的言行，这是青少年应具备的基本的网络交往价值观。

2. 分享与合作

网络拓宽了人们的视野，打破了空间距离的限制，让全世界的人都可以开展合作，当今时代进入了网络合作时代。生活在"互联网＋"时代的青少年必须具备分享与合作的价值理念，从学会分享走向学会合作。青少年应发展合作理念，培养合作意识，网络为青少年的合作创造、合作探究提供了可能性，青少年应树立"求同存异，合作共赢"的价值观念，培养携手合作、共同发展的意识。在合作共享的理念下，青少年应学会利用网络与他人开展合作的方法，如利用网络开展协同编辑、合作创作、合作学习等，从而提升合作能力。网络世界是融合着多元文化价值理念的世界，青少年应该尊重多元文化世界中不同的思想观念，在求同存异中建构自身的理解与思考，在与他人的交流互动中，丰富认识、完善与共享自己的思想，同时，培养合作意识，发扬合作精神，发展合作素养，能够以积极主动的态度与他人合作创造、合作共享探究成果，让合作交流与合作创造成为青少年在网络空间的生活方式。交流合作是21世纪人必备的生存技能，诺曼・R・奥古斯丁表示："如今大部分的发明创造都涉及大规模的团队成员。我们必须强调沟通技能，强调团队精神以及和来自不同文化的人相处的能力。"[①]学会交流沟通、与人合作是21世纪人生存必备的素养，合作与共享也是网络素养的价值理念之一。

3. 道德与责任

道德与责任是指青少年应对自己网络实践活动与行为的善与恶、是与非的辨别体察与承担的责任。青少年在网络世界与现实世界的互动联系中应形成一定的善恶、好坏、是非的观念与道德标准，以此确立和形成自身的道德评价标准，并来指导自身的网络实践活动，这是青少年对自身的网络行为进行道德判断的基础，也是青少年在网络空间进行选择、决策、探究实践、行动的出发点。青少年只有对自身行为的善恶进行评

---

① 【美】诺曼・R・奥古斯丁等著. 危机管理[M]. 北京：中国人民大学出版社，波士顿：哈佛商学院出版社，2001：43.

判反思并承担责任，才能养成高度的责任感。对于青少年来说，在网络世界中的道德责任就是在网络实践活动中密切联系现实生活世界，认真思考与选择自身网络行为的动机，考虑行为的后果，并愿意承担自身网络行为的后果对自我、他人带来的影响。对不符合社会道德原则、道德规范以及对他人产生不良影响的行为，通过内心的信念和高度的责任感进行不断调节，自觉履行和遵守道德规范要求，并积极承担责任。同时，通过求真、求善、求美的过程，将内心世界建立的道德规范与标准，与自身的网络生活与网络行为联系起来，使自我达到“与环境融为一体的诗意生存”的境界。

第三章 “互联网＋”时代青少年网络素养发展的现实需求

青少年为什么需要网络素养？这不仅是一个理论问题，也是一个现实问题，更是一种价值层面的思考。网络的本质让人们重新理解和思考时代的内涵，“互联网＋”时代更多的是一种不确定性、复杂性、多元性，网络超越了时空视域，拓展了人们的交往空间，但人与技术的和谐共生是时代精神的追求与时代发展的要求。本章将主要从时代发展与青少年发展的双重视角，从技术发展的历史视野与当代时代精神解读，来分析为何网络素养是时代发展的需要；从青少年学习、生活成长的现实需要角度，探讨“互联网＋”时代青少年对网络素养需求的必要性与现实性。

第一节 时代精神的当代解读：网络素养是时代发展需要

一、技术发展的历史视野

从历史来看，技术的进步与技术对人的异化自古以来就相伴相随、同时发生着，而技术批判理论的哲学家们一直在不懈地努力思考和寻求解救的道路。18 世纪正是技术彰显其魅力的时代，因为科学技术使人们驱除了蒙昧和野蛮，迈向自由与解放，成为了创造人间奇迹的有力武器。人们以积极的态度迎接技术、拥抱技术、赞美技术，因此，当时的时代是“崇拜技术”、“迷信技术”的时代，不仅以乐观的态度接受技术，而且不加批判地使用技术。如此导致的结果是人迷失了自我，失去了独立精神，技术反过来控制了人。尤其是大工业革命时期，人与机器之间的关系开始发生颠倒：此前是人来操纵技术工具，人是技术工具的主人；机器出现后，人成了机器的附属物，受机器驱动与左右。技术促进了社会的进步与发展，然而却疏远了人与自身、人与人、人与自然的关系。于是人们开始思考技术本质、技术与人的关系问题，对技术的批判也就由此开始了。卢梭对那些对技术的追求成为生活的主要目标的技术乐观主义者们提出了批判的最强音。卢梭认为,“技术的发展与道德的发展是成反比的,即科学技术越发展,道德越堕落”。[①] 因此,他认为技术的进步给人的伦理道德带来了倒退,他把科学技术看作是道德败坏的根源,主张回到自然的淳朴天真状态中去。这种对技术伦理的反思与批判,比启蒙运动时代的技术盲目崇拜主义有一定的进步性。然而,对科学技术的消极批判与躲避,甚至拒绝的态度,没有阻止技术前进的脚步,也没有阻止技术对人类生活的渗透,它背离了时代发展的方向。随着科学技术的进步,技术已无孔不入,人们已没有办法远离技术,人与技术的互动已无法避免。于是哲学家们开始了对技术本质的揭示,对技术对人的异化的认识与人对技术的反思与批判同时进行着,海德格尔作为存在主义哲学家,他从存在论的角度分析了技术的本质,认为技术的本质是一种解蔽方式,是一种座架,座架促逼人,人促逼自然,人沦为现代技术的奴仆,而忽视了自身的存在。赫伯特·马尔库塞(Herbert Marcuse)认为,当代工业社会通过愈来愈舒适的生活标准,把人们束缚在现有的社会体制之中,使人变成了只追求物质的人,丧失了追求精神自由和批判的思维能力。先进的技术手段不仅能够控制物质生产过程,而且也加强了对人的心理、意识的操纵和控制,人变成单向度的人,这是对人本性的摧残。[②] 尤尔根·哈贝马斯(Jürgen Habermas)揭示了科技在新的历史条件下的两重性,即它既是第一生产力,同时又执行着意识形态的附带功能,科技的进步使科技对人的统治“合理化”。哈贝马斯说:“在这个世界上,技术也使人的不自由变得非常合理,并证明技术使人不可能成为自主的,不可能成为自己的生活。”[③]而在法国技术哲学家雅克·埃吕尔(Jacques Ellul)看来,技术是操作性的事物。对于技术工具、技术方法、技术程序、技术手段、技术规则来说,它们总是以人的操作性的事件为证明性的前提事件。总的来说,技术需要操作,操作性的技术蕴涵了人、自然、社会等各类事件和事物。[④] 对于人与技术的关系,不同的哲学家基于不同的立场在各自言说着,但技术对人的异化、对人的控制或人对技术的操作所形成的“控制”与“被控制”、“操作”与“被操作”关系也在现实地发生着。

20世纪以前,不同的技术哲学家从各自当时的时代背景出发,从技术的本质、人

---

① 许良.技术哲学[M].上海:复旦大学出版社,2004:21.

② 范晓丽.马尔库塞批判的理性与新感性思想研究[M].北京:人民出版社,2007:49.

③【德】尤尔根·哈贝马斯.理论与实践[M].郭官义,李黎,译.北京:社会科学文献出版社,2010:13.

④ Jacques Ellul. the Technological Society [M]. New York: Alfred A. knopf,1964: 141.

与技术的关系、人与社会的关系等不同的视角批判着、反思着，试图寻求完美的解救道路，并提出了不同的见解与解释，"控制"、"占有"、"操作"、"背离"、"对立"成为解释的关键词，也映射着理性时代的时代精神。生活在技术时代的人似乎无法摆脱与技术之间的"控制"与"被控制"、"占有"与"被占有"、"操作"与"被操作"、"改造"与"被改造"这种二元对立的关系。面对技术这把"双刃剑"，技术对人的异化，离开人自身之外，似乎找不到最完美的解救的道路。尽管海德格尔将解救的道路归于技术本身，指出"哪里有危险，哪里就有拯救的力量"，他认为陷入危险的现代技术同时也是一种拯救的力量。技术可以通过恢复和完备其本质的方式来从其自身得到超越。但阿尔伯特·爱因斯坦(Albert Einstein)不止一次地指出，科学技术是一把双刃剑，科学技术不能提供目标，而只能提供达到目标的手段和方法。[①] 历史证明，当科学理性被置于至高无上的境地，而缺乏对人的观照、缺乏人文精神时，就会造成人文理性与人文精神的失落，最终会造成人性的扭曲和文明的畸形。

进入20世纪以后，伴随着科技的迅速发展和资本主义社会文化矛盾的深化，现代人文主义思想得到了发展，它们对现代科技给人与社会带来的困境进行深刻的反思，表达了一种对技术理性王国中人的处境的深切关怀。20世纪之初，卡尔·亨利希·马克思(Karl Heinrich Marx)把科技与人的自由和解放联系起来，将科学看作是人的自由全面发展的内容和条件，同时将人的发展视为目标与制高点。他认为，科技为人类获得解放创造了条件，而科技也与人的全面发展紧密相联，认为科技活动是人类精神生活的丰富性和自我发展能力、人类生存方式及发展目标的全面性、完整性的体现。但马克思同时指出：人是人的最高本质，人的根本就在于人自身，应该在人的发展中找到自我解救的力量。[②] 因此，让技术的发展成为解放人的力量，而不是异化人的力量的根本道路在于人自身素质的提高与素养发展。20世纪以来的时代精神是寻求人、自然、技术社会彼此融合的"关系"，并为发展这种时代精神而努力。最终将人的发展建立在人与技术和谐发展的基础之上。

21世纪的今天，随着网络技术的发展，网络在融入人的学习、生活与交往的同时，也为人的发展拓展了新的生存空间，网络技术在开拓崭新空间的同时，也存在着把人带到更远的地方去的危险，人逐渐迷失自己，背离存在。面对网络带来的多元文化价

① 黄顺基.马克思主义哲学与现代科学技术体系[M].北京：科学出版社，2011：43.

② 同上，第67页.

值观念，人在网络实践中出现了主体价值迷失、人格异化、行为失范、伦理道德缺失等诸多问题，有学者指出："网络时代最显著的特点之一，是人在与网络的互动建构中，逐渐无可弥补地失去了他的本质，主体性迷失、主体弱化成为制约人发展的瓶颈，并且人之失去本质不仅体现在面对整个时代境况的无能为力，还表现在现实生活的各个领域、各个层次。网络技术的发展，对人本性的侵害，对人之为人的剥夺，却现实地发生着，生活在网络世界中的人已经或正在被功能化、器具化、虚拟化。"①卡尔·雅斯贝尔斯(Karl Jaspers)认为：我们时代的精神状况孕育着极大的危险性和极大的可能性。危险的根源在于技术。技术世界的发展改变了人类生存的基础，人生活在自己塑造的世界里，自然退居次要的位置。技术世界的发展改变了人类生存的基础。就人的本质生存或自我存在而言，危险主要指向人本身或人的生存。他同时指出：技术是危险的，而也正是技术使现代生活成为可能，因此，它又是必不可少的。雅斯贝尔斯同时指出：人作为精神性存在不同于动物的本能性生存。人应该在世界中积极地活动——尽管目标看来不可能达到——是自己存在的前提条件。现在的人的生存，要克服技术带来的危险，要实现真正的人的生存，只有一个选择：不仅是强身健体，而且是提高人内在的素质与素养，通过行动创造一个新的开端。② 对技术危险的战胜，唯有人才能实现，那就是要人"看透"技术的本质，通过反思实践，在行动中提升自身的素养。德国哲学家格奥尔格·齐默尔(Georg Simmel)认为：技术意味着获得更多的自由，在其本来意义上不存在通过技术使人"变形"的问题，而是提高了对人的要求，即提高了人的有意识的、负责任的、自我决定的行为与态度的可能性。③ 从技术的奴役化中解放出来的手段不是技术，而是人自身。因此，网络时代青少年要摆脱网络技术带来的负面影响及生存异化危机，使自身获得更大的自由与发展，唯有提升自身的素养，通过提高素养才能走上自我发展、自我解放的道路。

因此，从技术发展的历史视野看，人与自然、人与社会、人与技术的关系，构成了人类社会不同技术时代哲学的基本命题，而人与自然、人与社会、人与技术的融合与和谐发展是时代精神一以贯之的追求，人与社会的和谐共同发展是时代发展与人的发展共同追求的主题，而将人的发展建立在技术发展与时代发展的和谐互动中是建设和谐发展关系的根本之路。历史证明，唯有人自身才是摆脱技术异化、解救自己的根本之路，

① 刘丹鹤. 赛博空间与网际互动——从网络技术到人的生活世界[M]. 长沙：湖南人民出版社，2004：79—80.
② 王飞. 德韶尔的技术王国思想[M]. 北京：人民出版社，2007：137.
③ 许良. 技术哲学[M]. 上海：复旦大学出版社，2004：21.

"人的全面发展、人的素养的不断提升"是摆脱技术异化、解救自我的根本。

二、"互联网+"时代精神的当代解读

时代精神不仅是一个历史文化主题，也是一个蕴含着时代价值与文化内涵的概念，不同时代有着不同的时代精神内涵，也孕育与反映着生活在当时的人们的视野与普遍精神追求。从社会发展的历史看，一部时代发展史本质上就是一部技术发展史，技术是推动时代发展的内在动力。技术的发展在推动社会发展的同时，也内在地展现着生活在那个时代的人们的视野与特有的时代精神追求。黑格尔(Georg Hegel)指出，时代精神是每一个时代特有的普遍精神实质，是一种超越个人的共同的集体意识，体现着生活在那个时代的人们的视野，是时代发展的精神动力支持。[①] 任何一个时代都有其特有的时代精神，时代精神作为一种超越于个人的精神，既是特定时代发展的整体态势，也是特定时代的人们对于时代的整体性认识。分析时代精神，把握时代精神的基本特征，培养与时代精神一致的人，是时代发展的动力与需要。[②] 考察当今时代发展中人与技术、人与自然、人与社会的关系，把握当今"互联网+"时代的精神，培养适应"互联网+"网络时代的发展的人，培养具有"互联网+"创新思维的人，是时代发展与人的发展的双重需要。

当今人类社会已经从工业时代走向信息时代、网络化时代，网络和网络化不仅是一种单纯的技术现实，它正在导致包括生存方式、交往方式、组织方式、思维方式在内的人类整个存在方式的全面而深远的变革。网络化时代的变革与发展呼唤着深刻而全面的哲学反思，也塑造着时代精神。网络的本质让人们重新理解和思考时代的内涵，重新思考人与人、人与自然、人与社会、人与世界的关系。有学者指出：我们每个人在每一时刻都为网络所包围，被网络所埋置，甚至由网络组成。几乎我们周围的所有东西都是网络的一部分，或是基于网络而存在。不管是在自然界，还是人类社会，无所不在的网络把各个部分联系起来，促进彼此的交流与合作，实现资源与智慧共享。约翰·奈斯比特(John Naisbitt)指出：简单地说，网络就是人们彼此交谈，分享思想、信息和资源。网络是个动词，不是名词。重要的不是最终的成品——网络，而是达到

---

① 【意】多梅尼克·洛苏尔多.黑格尔与现代人的自由[M].丁三东等，译.长春：吉林出版集团有限责任公司，2008：169.

② 何毅亭.理论创新与时代精神[M].北京：人民出版社，2007：92.

目标的过程，也就是人与人、人群与人群互相联系的桥梁与沟通途径。① 网络时代真正挑战了从笛卡尔以来到18世纪启蒙时代理性主义者所提出的身心“二元论”思想，使“意识”与“物质”、“思维”与“存在”之间的界限更加模糊，“主体”与“客体”之间的“控制”与“被控制”的关系已无法存在。人作为一种关系性存在，与自然、与社会、与他人、与所置身的网络世界与现实世界发生着互动关系。网络时代更多的是一种不确定性，在人与人彼此的联接与互动中，缔造着新的关系世界。人与世界、人与技术的关系不再是“主体”控制和改造“客体”的关系，也不是操作与被操作的关系，而是共生互根的关系，人与世界的关系需要在探究、理解、责任、关爱中才能构筑“天人合一”的和谐关系。

网络不仅是一种技术与社会现实，更是一种文化现实，网络不仅具有技术和社会特性，更具有文化特性，构成青少年在网络空间特定的存在方式，也建构着网络时代的独特文化，进而构筑着时代的文化精神。网络技术深刻地影响着当今时代的文化，并构成着当今时代的文化框架与时代精神，网络技术也孕育着当今时代的文化主题，“开放、多元、平等、自由、共享”成为“互联网＋”时代精神的主旋律，网络也带来了一种富有诱惑力的文化景观，给青少年带来崭新的文化体验与多元价值理念，网络不仅影响着青少年的思维、行为、生活方式，也影响着青少年的价值观念。海德格尔认为，技术的本质是人与自然、世界的一种关系。技术不仅融入人的生活世界，成为人的一种生活方式，而且成为一种技术文化环境，重新建构着人与人、人与自然、人与世界的关系。弗里德里希·德韶尔(Friedrich DesSauer)指出：“技术与文化的关系是复杂的，技术不仅是文化的一部分，技术甚至会构成文化框架，主宰时代的文化精神。”②齐默尔将技术解释为文化的一部分，他认为技术“在更高的意义上”具有文化的基本价值。技术与文化中，技术从来必须是一项伦理和文化工作，每个人的道德与责任是首要的价值取向，这一价值中必须包含所有的技术活动，必须在技术活动中得到体现，因为技术是时代文化精神的缔造者和载体。③ 青少年在网络文化实践中不仅体验着多元文化，也创造着属于自己的文化，网络文化与青少年文化在互动融合中共同缔造和影响着时代精神的发展。

---

① 约翰·奈斯比特. 大趋势：改变我们生活的十个新方向[M]. 梅艳，译. 北京：中国社会科学出版社，2004：197.

② 王飞. 德韶尔的技术王国思想[M]. 北京：人民出版社，2007：39.

③【德】卡尔·雅斯贝斯. 时代的精神状况[M]. 王德峰，译. 上海：上海译文出版社，2008：54.

无论从技术视角还是从文化视野看,网络技术及其构成的文化已成为当今青少年生活的环境与时代背景。在网络时代,网络化生存是当代青少年直面的生存事实,网络技术所形成的文化环境构成当今时代的文化背景与时代文化精神主题,网络化生存已成为青少年的一种基本的生存样式,也主导和影响着青少年的生活方式。青少年充分地享受着网络技术生存所带来的欢愉,又强烈地体验着这种生存方式的矛盾与困惑。网络时代为青少年带来生存方式的巨大跃升和自由解放的空间,但也存在新的矛盾和困境。正如汉斯-格奥尔格·伽达默尔(Hans-Georg Gadamer)所指出的:"21世纪是一个以技术起决定作用的方式重新确定的时代,并且,开始使技术从掌握自然力量扩转为掌握社会生活,影响并主宰着社会的时代精神,所有这一切都是成熟的标志,但也构成了时代的危机,可以说,是我们文明危机的标志。"①网络技术正在带我们迈向一个具有崭新的时代精神的民主社会,"开放、交往、多元、平等、自由、创造、共享",共同构成着网络社会的时代精神,并蕴育着丰富、深刻的内涵,同时,对生活在该时代的人提出了更高的素养要求。网络的开放性,包括时间维度上对历史和未来开放,空间维度上对现实和世界开放,不仅让时代穿越了时空界限,让时代变成一种过程,成为一个联接历史与未来的永无终结与极限,并不断向前发展的过程,也构筑了开放性的社会时代精神。"立足当下,海纳百川,放眼世界,走向未来",成为对生活在当今时代的人的素养要求。生活在网络时代的青少年,也必须具有开放的视野和宽广的心胸,不仅能悦纳新思想、新事物、新世界,而且能与他人对话和合作,开放思维、开放胸怀是网络时代对青少年提出的素养要求。网络的开放性也使时代孕育着更多的不确定性与可能性,使杜威的探究理论真正成为可能。青少年生活在网络世界与现实世界的联接中,必须通过不断的探究来寻求意义,青少年唯有通过探究建立知、行内在的联接与关系,由不确定的环境进入一个能够建构起对自身有意义的相对稳定的环境,通过关系认知与互动对话,促进着对网络世界与现实世界意义的理解与建构的过程。因此,网络时代对青少年的探究意识与探究能力提出了更高的要求。

创新精神是网络时代精神的灵魂,创造是网络时代精神的本质特征,网络的开放、多元、交互等特征,极大地激发了青少年主动参与创造的积极性与兴趣。网络给青少年提供了无限的创造机会,提供了创新实践的契机与土壤。青少年在网络世界中突破传统的思维定势,不受约束,以新颖、独特的方式理解着所置身的世界,以独特的方式

① 【德】汉斯-格奥尔格·伽达默尔.科学时代的理性[M].薛华等,译.北京:国际文化出版公司,1988:63.

进行着创造性活动，在此过程中建构着对所置身世界的关系与意义的理解。在与网络世界的互动与探究中，青少年利用已有的知识与生活经验提出问题、创造新的活动方式和构建新的行为方式，生成新思想，形成新观念，提出新的解决问题的方法。创造不仅是人们的基本权利，而且成为一种基本的生活方式，创造知识已不是少数人的权利，而成为每个人的日常生活。创造、创新是网络时代的召唤，也是网络时代对人的素质提出的要求，具体如何参与创造与创新，一方面需要青少年具备批判性思维，具有质疑精神、质疑权威，以及突破传统的思维方式，在与所置身的环境进行互动的基础上进行批判性的思考；同时，思考如何使个人的创造建构在个人成长与社会进步的基础之上，将创造过程与创造成果融为一体，将创造的目的与方法途径结合起来，以使自身的创造不仅对自身的成长而且对他人或对社会有更大的意义和价值，以使个人的创造推动社会进步与时代发展，而不会像诸如“病毒”创造者或“黑客”，使自己的创造建立在破坏他人或毁灭世界的基础上，而构成“破坏性创造”。康德指出：“如果没有道德观念的发展，技术对于有修养准备的人是崇高的东西，对于无教养的人却是可怕的。”[①]这就对青少年伦理道德价值观以及素养准备提出了更高的要求，使个人创造建立在价值伦理与道德自律基础之上，使个人创造具有个人成长与社会进步的双重价值与意义，将个人进步与社会发展作为提升创造性与创造价值的内在动力，并努力把个人创造与他人的创新成果共享与联接，不断推动社会的进步。

自由是网络时代精神的重要特征，自由精神和独立人格是古往今来人类普遍的价值追求，人因自由而存在，人为自由而生存，人天生就有爱好自由、追求自由的权利，也为追求个性的全面发展与自由而努力。人有独立的人格，有权独立地思想、言谈和行动。在网络时代，人的自由精神得到充分发挥，人的主体自由、社会自由、个性自由都得到展现，网络为青少年的自由创造、自由表达、自由实践创造了条件，并带来广阔的空间，使青少年能以内在本性要求去塑造自我、发展自我、实现自我的自由得以实现。网络延伸了人的时间、拓展了人的空间，为人的自由选择、自由创造、自由交往创造了条件，人的主体自由达到了前所未有的维度。青少年在网络空间拥有自由选择、自由参与、自由表达、自由交往、自由创造的权利，可以自由参与社会实践活动，其社会性发展自由得到充分的实现。青少年凭借自我意志、自我支配而进行着网络实践行动，从而促进了青少年的个性化与独立人格的发展。然而，自由是相对的，人在把自由作为

① 李秋零主编.康德著作全集[M].北京：中国人民大学出版社，2010：8.

自己权利的同时，应把自由赋予他人，考虑个人自由意志、自由行动对他人、对社会带来的影响和结果。自由有向善的一面，也有向恶的一面，自由意味着根据自己的目的和需要改造事物的实践能力，蕴含难辨真假善恶的可能性，自由在带给个人自我实现的同时，也带来了多种可能性与不确定性，甚至是不合理性。

自由与责任是密切联系在一起的，责任作为自由的一种限定，规定着自由的合理性，自由的无限扩张及责任的归属不明极易带来不可预知的风险。自由与责任同在，青少年在网络空间获得自由的同时，也对青少年的责任提出了更高的要求，萨特(Sartre)指出：人的自由是建立在人的存在的基础上，以人的存在为出发点，同时，又以人的责任为归宿，人应该对自己的自由行为负完全的责任，乃是人自由行动的方法[①]。青少年在网络空间进行自由实践活动时，必须以责任为前提，不仅对自我负责，也要对他人负责，考虑自身的自由行为对自己与他人带来的影响和结果。青少年在张扬着自由个性与自由精神的同时，也要承担应有的责任，没有责任的自由不是真正的自由，是一种放纵和任性。因为自由所带来的诸多不确定性与可能性，对青少年的责任意识以及伦理道德提出了更高的要求。

参与、交互与交往是网络时代的重要特征，交往成为网络时代精神的体现。网络拓展了人们的交往空间，使哈贝马斯提出的交往理性有了新的内涵，并得到极大拓展。保罗·萨福(Paul Saffo)指出：同其他人发生联系，进行跨越时空的互动交往，是网络的本质特征[②]。网络为青少年构筑了新的人际交往空间，利用网络进行社会性互动与交往是青少年网络实践活动的主要内容之一。在网络交往中，青少年不仅重塑自我，获得个人角色与身份认同，而且建立、拓展新的人际关系，网络交往已成为网络时代青少年社会性交往的新形态。青少年在网络交往活动中探究自我及自我与他人关系的建立、维系和转换过程，获得理解与自我身份认同，进而拓展新的人际关系。青少年在网络交往中不仅与他人互动交流，而且创造性地展示自我。马歇尔·麦克卢汉(Marshall Mcluhan)说，借用网络数字化技术，人可以越来越多地把自己转换成其他的超越自我的形态。呈现自我、重塑自我是青少年在网络空间的重要实践活动，也是青少年网络社会性交往的前提与基本方式。[③] 网络不仅拓展了青少年社会交往的时空界域，而且为青少年提供了崭新的社会交往方式与交往手段，丰富了青少年的社会交

---

① 饶娣清. 人的存在、人的自由与人的责任——萨特自由观新释[J]. 广东社会科学，2006(1)：66.

② 黄少华. 论网络空间的人际交往[J]. 社会科学研究，2002(4)：93.

③ 【英】克里斯托夫·霍洛克斯. 麦克卢汉与虚拟实在[M]. 刘千立，译. 北京：北京大学出版社，2005：13.

往体验。尼葛洛庞帝(N. Negropont)说:“网络真正的价值和信息越来越无关,而和社区相关。信息高速公路不只代表了获取信息,而且正创造着一个崭新的、全球性的社会联接结构,形成强有力的互动社区,进而改变着人与人之间的交往关系。”①在这种情况下,一个人的思想很快会变成全球性的思想,一个人的智慧很快就成为全球的智慧,智慧分享与经验共享成为生活的内在部分。然而,网络交往在促进青少年社会化成长的同时,也对青少年的发展带来潜在的危险与负面影响。正是因为网络空间的开放性、交往的自由性,以及网络交往对象的隐匿性,交往内容开始呈现出良莠不齐的原生态特征,而且青少年沉浸于网络交往有时会陷入追求消遣欢娱,而不顾及追求意义与价值的困境之中。由于网络空间的交往主体身份的不确定性、流动性与易变性,常常造成青少年交往的信任感缺失,以及对自我认知和自我身份认同感的不一致性等。主体性迷失、交往异化与信任危机、意义感缺失、主体责任感与交往伦理淡化等是青少年网络交往中存在的主要问题。如何在交往中明辨是非、鉴别真假,在与他人的对话与交流中,选择有意义的交流话题,理性地进行交往,形成和谐的交往关系,并在网络交往实践活动中获得意义,进而促进自身的发展,对青少年提出了很高的素养要求。

网络技术影响并重塑着当今时代的文化精神,使启蒙运动时期以来的“自由、民主、解放”的时代精神有了新内涵,也必然会对当今时代的青少年提出新的素养要求。基于当今时代的精神视野,分析网络时代对青少年的网络素养要求,对促进青少年发展与社会发展都具有重要意义。雅斯贝尔斯指出:“‘我’的本质是历史的时代和整个的社会状况。”人是社会中的存在,任何人都不能超越他的时代背景而存在。澄清与加强当前意识,了解我们的时代境况,以及对时代境况的思考有助于确定将来的发展方向。对网络时代境况的考察与追问,是促进人的发展的前提,对时代背景的思考与时代精神的考察,是时代发展与人的发展建立和谐关系的基础。开放、自由、平等、交往、创造是当今网络社会时代精神的主旋律,生活在网络时代的青少年,在享受网络技术带来的进步与发展的同时,也面临着生存的极大地挑战,网络时代精神对青少年的素养发展提出了新的要求。生活在网络时代的青少年必须思考当前的时代境况,通过不断提升自身的网络素养,发展自己,让个人发展与社会发展建立和谐的互动关系。

在网络时代,网络社会的发展与人的发展有着密切的联系,青少年不仅是网络社会的参与者,也是网络社会的建设者,青少年网络素养水平的高低直接影响着网络社

① 【美】尼葛洛庞帝. 数字化生存[M]. 胡泳,译. 海口: 海南出版社,1997: 32.

会的发展。网络社会的发展与青少年的发展有着不同的规定性，也有着密切的联系，二者互为前提和基础。马克思指出："一部人类社会发展的历史就是一部人走向全面发展与个性发展的历史，人是社会的人，人在现实性上，是一切社会关系的总和。人的发展有赖于社会实践与文化实践，有赖于一定的社会条件，社会的发展也不能脱离人的发展，人是社会的主体，社会的发展是为了人，人的发展构成了社会发展的主体内容、中心环节和最高目标。"[①]由此可见，社会发展与人的发展具有辩证统一性，马克思指出，"生产力的发展，交往的普遍性，是个人全面发展的可能性"。[②] 网络技术的发展，为人的普遍交往提供了条件，为促进人的全面发展与个性发展提供了可能性。网络技术的发展带给人们新的交往方式、新的需要和新的观念，也对人的发展提出了新的素养要求。从人类的社会发展史看，社会的发展程度受人类整体素质的制约，只有人类在反思与反省的实践行动中不断提高自身的素养，才能更好地推动社会发展。青少年作为网络时代的实践者、建设者，自身的实践能力直接影响着网络社会的发展，因此，青少年网络素养的发展将直接影响网络社会生活的方方面面，进而影响着网络社会的发展程度。青少年在创造文化的同时也被文化创造着，既是文化的创造者，也是文化的创造物。青少年置身于网络时代的同时，积极参与着网络时代的建设，只有高素养的人才能创造高品位的文化与品行，只有高素养的人，才能建设高质量的世界，只有高素养的人，才能建设自身发展与社会发展的和谐关系。因此，网络技术的发展而带来的时代变革与发展需要人的素养的全面提升，以及与"互联网＋"时代精神发展相一致的人。因此，青少年网络素养发展是自我发展与社会发展的双重需要。

无论是从技术发展的历史视野，还是时代精神的当代解读或人与社会的互动关系看，人的发展与技术时代的社会发展之间的和谐关系的建立，必须通过人的素养的提高才能实现，只有提高人的素养，才能摆脱人对技术的依赖以及技术对人的异化，只有提高人的素养才能在与网络技术的互动中获得和谐发展。因此，网络素养的发展是时代精神的需要。网络技术和以往的任何技术一样，它给人类生活带来福祉的同时，也同样带来了异化危机。网络技术引入的危机，是一种从显在到潜在的转变危机，因而迫使我们必须重新反省、观照自己的时代特性，观照生存在网络社会的人的发展，以便在社会文化与网络的科技特性之间建立一个合适的关系，进而化危险为转机。"互联

① 刘建新.马克思现代性批判视阈中的人的全面发展[M].北京：人民出版社，2009：31.
② 同上，第51页.

网＋”时代应充满人文观照，对青少年的生活与生存现状以及青少年的发展问题进行思考，如何培养和发展与“互联网＋”的时代背景及精神一致，且具备全面发展的素养与自由个性的人成为时代的新课题。在当今时代背景下，发展青少年的网络素养，增强青少年的主体意识，发展青少年的独立精神与独立人格是青少年摆脱危险困境、解除网络技术带来的异化，以及寻求解救的必由之路，也是“互联网＋”时代对青少年发展的内在要求。提升青少年网络素养是克服网络技术带来的危险，解救青少年，使青少年获得身心健康成长与解放的必由之路。

第二节　成长视野：网络素养是青少年成长的现实需要

青少年为什么需要网络素养，这是一个现实问题，主要从青少年的学习、生活、交往等不同视角，探讨“互联网＋”时代青少年对网络素养的需求。从“互联网＋”时代青少年学习范式的转型、终身学习的需要、生活方式的变革，以及青少年精神成长与身心全面发展需要等方面，分析青少年对网络素养的需求以及网络素养对于青少年发展的内在价值，进而揭示网络素养对青少年成长的意义以及青少年需要发展网络素养的必要性。此外，青少年作为网络世界的参与者与建设者，其网络素养的提升也是网络社会的内在要求，青少年网络素养的发展不仅对提升网络环境的质量，而且对促进和谐社会的发展也具有重要意义。

一、学习视角：网络素养是青少年学习的需要

网络为青少年的学习带来了新机会，使青少年的正式学习与非正式学习融为一体，青少年不仅在学校利用网络来支持、拓展、改善学习，而且网络使青少年的学习超越时空限制成为随时发生、无所不在的学习。网络改变了青少年的读写方式、知识建构方式、学习方式，网络素养不仅是“互联网＋”时代青少年学习的现实需要，也是青少年终身学习与发展的必然要求。

无论是从宏观还是从微观层面，网络对青少年的学习均产生了深刻的影响。网络不仅改变了青少年的学习理念与学习方式，而且使青少年的读写方式、思维方式与知识建构方式发生了变化。在宏观层面，网络改变了青少年传统的学习观念，拓展了青少年学习的时空界域，使青少年的学习突破了传统的以学校为中心的限制，开始走向社会、融入生活，青少年的学习内容也不再限于书本、师长，而是在新的网络文化实践

场域下走向多元对话，因此，不仅自主学习成为重要的学习方式，而且虚拟学习社区、网络学习共同体的构筑使合作学习、社会性学习成为可能，网络使青少年的探究性学习机会得到拓展。在具体微观层面，网络改变了青少年的读写方式，基于在线的电子化阅读成为青少年阅读的重要方式，以键盘输入为主，通过文字、图像、符号等方式表情达意成为青少年重要的交流与表达方法。在基于网络的阅读活动中，阅读不仅作为解码、认知、理解的过程，也成为对话与意义建构的过程。网络评论成为青少年表达个人观点及与他人对话的重要窗口与实践载体，青少年在阅读中随时发表自己的观点，使得读写相结合，以及阅读与对话过程融为一体。网络不仅为青少年提供了丰富的学习资源，而且提供了表达个人思想与观点的空间，青少年在网络空间可以自由地表达思想、倾诉内心世界的情感。网络超链接结构改变了知识的生成方式、组织方式与呈现方式，使知识生成呈现分布式结构。网络改变了青少年的思维方式，青少年需要运用开放式思维、发散性思维、批判性思维、复杂性思维、系统性思维，其知识建构过程也由之而改变。网络改变了传统的知识观，知识的情境性、建构性、生成性直接影响到青少年知识的建构与形成过程，合作建构成为知识建构的重要方式，在知识的自我建构与合作建构高度融合中，通过与青少年自身的经验建立联接生成意义，进而建构形成青少年自身的知识。

（一）网络改变了青少年的“读”、“写”方式，网络素养是青少年在线“读”、“写”的现实需要

生活在“互联网＋”时代的青少年，无论是在学校还是在家中都离不开网络，网络成为青少年生活和学习的重要方式，而基于网络的阅读与写作是青少年学习的基本方式与现实呈现形式，利用网络进行在线阅读与写作成为“互联网＋”时代青少年最重要的学习形式，有专家指出：“当今的青少年生活在读屏时代，网络改变了青少年的读写方式。”读写方式直接影响了青少年的思维方式与知识的建构方式。读书学习是青少年的成长需要，青少年的一生离不开阅读，在线阅读是“互联网＋”时代青少年的重要阅读方式。“读”、“写”本是素养之要义，网络阅读与在线写作必然是网络素养关注的基本内容之一，网络素养可以使青少年在阅读中增强自主意识，增强自我意义建构的主动性与能动性，提高阅读的深度与层次。网络素养是“互联网＋”时代青少年学习的现实需要。

1. 网络素养是青少年在线阅读的需要

基于网络的在线阅读成为青少年学习生活的重要组成部分，“纸面”与“界面”的不同不仅是载体与呈现方式的不同，更重要的是使青少年的阅读行为与阅读习惯发生了革命性的变化：眼睛在“界面”上的快速“移动”，思维的快速“切换”，逐渐替代以往细嚼慢咽、系统连贯的传统阅读方式。由于网络自身的开放性、内容的结构性，以及信息的高速流动性、发散性、碎片性，与阅读书面文本，如书、杂志等有很大的不同，对青少年的意义建构能力提出了很高的要求与挑战。仅仅具备书面文本阅读能力是不够的，青少年需要具备在线阅读技能，如：独立思考能力、批判性思维能力、多元文本解读能力、系统性思维能力、分析能力、识别与决策能力、综合与概括能力，以及在阅读中建构与获得意义的能力、在线阅读方法、策略与技巧等等，而这些能力也正是网络素养的核心。读、写、算本是素养之基本要义，基于网络的在线阅读能力是青少年网络素养的重要内容。美国的中小学将在线读写作为网络素养课程的重要内容模块，并针对不同年级阶段分层级，有目的、有计划地引导青少年学习如何进行在线阅读，提升在线阅读的方法、策略、技能与多元文本解读能力。

青少年在线阅读有许多类型，如：从读写互动视角看，包括基于页面的阅读、基于讨论版的阅读、阅读博客及个人网站；从媒体视角看，包括阅读图片、文字、视频等；从阅读的深度看，包括浏览、略读、精读等。在线阅读需要青少年具备页面分析能力，准确定位有价值的内容链接点，分析一个页面的框架结构以及内容的组织结构与维度，能从页面框架中鉴别筛选不同的页面元素，快速找到有用的内容，准确定位到自己所需要阅读的内容、信息或链接点。在线阅读一个页面时，从“文字表面的事实”——“文本的深度结构”——“文本蕴含的本真意义”——“青少年认知与自我建构的意义”是一个自外向内、自客观向主观，以及理解水平不断深入的过程。如何产生问题？如何围绕问题建构理解与解读意义？是青少年在线阅读的核心问题。美国青少年网络素养课程中明确指出：“在线阅读与阅读书、杂志是不同的，因为在阅读前大脑必须做出如下的判断与决策，该页需要阅读吗？该页面是否需要保持打开状态以备后面查看？该页已没有所需要的内容，是否该关闭或是收藏该页？如何快速找到某页面？”[①]在线阅读需要青少年做更多的选择、决策与判断，青少年阅读的广度、深度，以及意义建构过程与其认知、选择、判断、决策能力有着密切的联系，而这些是青少年网络素养的核心，因此，发展网络素养是青少年在线阅读的需要。

① Heather Wolpert-Gawron. Internet Literacy [M]. Los Angeles: Teacher Created Resources, 2010: 23-25.

有学者指出：网络使昔日“纸面”凝聚的诸多艺术的神性，不断被“界面”的感觉颠覆和碾轧。“界面”代替“纸面”的阅读，损失的可能是时间的纵深和历史的厚重。在获得大面积爆炸性信息的同时，也会有某种难言的失重感。在网海中阅读，失去自我，迷失方向，这是界面阅读带来的困惑与挑战。“读书、读图、读屏”是当代青少年的阅读学习方式，在现代人的标准中“Reading”这个字含有视、听、读三个层面。网络为青少年打开了一个新的天地，今天的阅读已不同于传统意义上的读书。以“读图、读屏”为标志的电子化阅读成为网络时代青少年的重要阅读方式，有专家认为：“80年代前后的青少年虽然都受到过现代文化的影响，但有所不同。80年代以前的青少年，基本上属于‘阅读文化’的一代；80年代以后的应属于‘电子文化’的一代。”[①]网络作为交互平台不仅让青少年小读者可以记录个人的感受，使其成为创作、写作的一员，也让其可以记录自己的阅读体会与感受，发表个人的阅读心得和观点成为随手即可发生的事。

阅读具有互动性与高度参与性，从某种程度上契合了青少年参与活动、张扬个性的需要。但由于网络的超链接结构以及信息的快速链接与流动，直接影响了青少年阅读思维的深度，思维的碎片化、跳跃式，使青少年在阅读过程中缺乏系统思维与深度思考，与思维紧密相连的阅读交流也因此直接受到影响。由于缺乏足够的思考，青少年的阅读交流语言也出现了粗鄙化、刻板化现象，正如日本学者佐藤学教授所说的那样：“基于网络科技与大众消费市场带来的语言和故事洪流之中，我们只能反复地‘复制’语言和经验，丧失了它们本身的‘意义’和‘纽带’而漂浮不定。”[②]而对意义的寻求是青少年网络素养本身的内在诉求。

此外，由于网络信息的高容量与动态流动性，容易使青少年的阅读行为与阅读目的相分离。阅读目的是阅读的方向和动力，有目的的阅读才会对阅读的内容进行筛选与取舍，从而选择适合自己目的的内容，舍弃品位不高的内容。目的明确，可以避免网络阅读的盲目性和随意性，增强阅读过程中的自我调控以及意义建构能力。网络素养可以增强青少年阅读的目的性，促进青少年阅读中的意义建构过程并进行积极思考，提升青少年的阅读深度与质量。青少年基于网络的在线阅读是积极的、建构性的、意义生成的过程，青少年在阅读过程中与超文本的互动中积极建构意义，具备网络素养的青少年运用一系列的认知策略选择、组织、联结、评价所阅读的内容。这些策略包括

---

① 郑丹娘.读图时代：关于当今青少年阅读文化时尚的综述[J].中国青年研究，2000(2)：7—9.

② 【日】佐藤学著.静悄悄的革命[M].李季湄，译.长春：长春出版社，2003：35.

提出问题、进行推理、建立联系等。此外，青少年会利用已有的知识与阅读中遇到的新观点建立联结，预测后面的内容，并进行全面理解。即便在阅读中遇到阅读障碍时，他们也会深入思考，寻求排除障碍解决问题的办法。

2. 网络素养是青少年在线表达与写作的需要

写作是青少年表达观点、展示自我内心世界的重要方式，网络改变了青少年的写作方式，有学者指出“网络写作以机换笔”，实现了用键盘、鼠标来打造“指头上的文学乾坤”。① 网络使青少年的写作不再局限于纸笔书面文本方式，以键盘输入为主的在线写作成为青少年表达自我，进行写作的重要方式。网络为青少年提供了便捷的写作平台，青少年在任何地方，只要能访问网络就可以随时记录、表达自己的想法，并且在写作过程中可以随时动态编辑、删除与修改，使创作过程与发表过程融为一体，以一种所见即所得的方式即时发表自己的作品，缩短了青少年写作作品发表的时间周期。美国信息传播学家保罗·利文森(Paul Levinson)说：“网络以及它对书写的影响可以被看成是书写缺陷的补救，因为它大大促进了作品的发表。”②网络不仅支持青少年的个人写作，而且集多人智慧，使集体写作成为可能，通过在线协作写作平台，如：WriteWith、Wiki、Google Docs、Hilighter、Annotate、My notes、百汇写写等，支持青少年多人协作、共同写作，在线写作不仅成为青少年记录发表个人思想观点的途径，而且成为青少年集体创作与交流的手段，在线写作成为青少年与他人交流思想的重要方式，在线写作动态呈现了青少年的思维与知识创生的过程，成为青少年表达思想、创造知识的有效方式。

网络为青少年开辟了多元化的写作空间，网络日志、个人博客、在线网评、在线协作写作平台、贴吧、网络社区(或论坛)，成为青少年自由选择的在线写作空间，尽管不同网络空间提供了不同的写作界面，使青少年在不同的网络界面下进行不同风格的写作，如有主题的写作、无主题的写作、正式写作、非正式写作等，交流思想、发表感想、记录体验等成为青少年写作的源动力。网络空间写作的多元化，促进了青少年的表达与创作自由，网络提供了使青少年的读写得以结合、使读者与作者得以深度互动的平台，促进了青少年的读写互动和阅读与写作一体化发展。

在线写作满足了青少年的表达欲望与多样化表达需要，促进了青少年表达能力的

---

① 欧阳友权. 网络写作的主体间性[J]. 文艺理论研究. 2006(8)：93—99.

② 保罗·利文森. 软边缘：信息革命的历史与未来[J]. 熊澄宇等，译. 清华大学出版社，2002(2)：7.

发展。然而,网络空间电子化的文本可以自由剪切、随意复制,对青少年写作带来了负面影响与潜在风险。如何引用他人的文献,如何尊重他人的版权成为青少年必备的素养。尽管网络写作是自由的,网络平台是开放的,但也不是随心所欲的,公共空间需要集体的创造与集体智慧,也需要共同遵守网络规范,遵守网络言行规则、尊重他人版权与著作权等,需要青少年必备一定的网络素养。

尽管网络写作追求情绪化、即兴化的自由表达,但网络写作的至高境界与追求是获得独到见解的表达能力,而不是走向"文字游戏"的"文本复制",是青少年作为写作主体在写作中获得创造与发展的真正意义,是一种高度自律和严肃的创作态度,是一种在创作中表达自我的负责任的心态,是一种表达创作与知识生成的方式。网络素养对于提升青少年在线写作的质量,提高青少年参与创作的责任意识,促进知识生成的深度与内在过程具有重要的意义。在线写作为青少年带来崭新的体验,扩大了青少年的写作权限,不仅可以写个人的文档,还可以编辑他人的文档,与他人合作共同创作作品。但在线写作需要青少年具备合作及网络素养,网络素养是青少年在线写作的需要,网络素养使青少年更科学、合理地交流表达自己,不仅有利于提升青少年在线写作内容的质量与深度,而且使青少年知道如何规范引用他人的作品,如何与他人合作共享、共同创作,如何在创作中与他人交流表达与共享。有青少年在利用网络写作平台进行写作时,获得了这样的体验:"我觉得利用维基百科写作是件很有意义的事。尤其是今天在Google上查到我在维基百科上编辑的词条,很是兴奋。我在网络上获得了许多的帮助。很希望自己也可以在这个虚拟而又现实的空间里同样能帮助到别人。维基百科似乎提供了这样一个广阔的平台。这个平台不同于普通的论坛,它对编者的要求严格许多。无论是对事物的认识水平上,还是对编者的奉献精神上。我愿意在这里尝试,有所作为,这是个可以和大家一起共同成长的地方。很高兴能和这么多的网友挤在一根光纤上。第一次编辑之后的10秒钟,就发现我的文章被指为侵犯著作权,感觉这太神了,不论这是人发现的还是电脑发现的,我的感觉就是维基的服务真是迅速有效,对我也是一个深刻的教训。"[①]青少年在线写作需要具备一定的网络素养,网络素养使青少年学会创造、尊重他人版权,能负责任地参与网络创作中。

3. 网络改变了青少年的知识建构方式,网络素养是青少年建构知识的需要

建构主义认为:人的认识本质是主体的"构造"过程,所有的知识都是主体主动认

---

① 资料来源:笔者个案研究访谈记录,2015-4-15。

知和建构的结果,主体通过经验来建构自身的理解,进而生成意义。网络使青少年的个体建构与集体建构融为一体,使青少年的学习不仅成为自我建构的过程,而且形成了自我建构与合作建构的融合统一。网络为青少年提供了自由、开放的学习与知识建构空间,丰富的网络环境为青少年的学习创设情境、提供资源与交流合作的工具,使青少年的学习成为发生在一定社会文化背景和情境下,利用一定的学习资源,与他人协商、交流、对话,在与他人的合作与对话中自我建构,以及合作建构意义与创造知识的过程。学习成为青少年建构理解、生成意义、创造知识的过程。青少年的学习发生了质的改变,知识的生成由接受走向创造与主动建构。

网络环境的开放性、信息的多元化,使青少年的知识建构方式发生了变化,因为网络环境的去中心化和个性化等特点,出现了对相同事物的多元认识与不同的观点,尤其是维基百科、Google 创作平台等,青少年直接利用开放性平台,与他人合作,共同协作参与知识的创造。青少年的知识建构方式不再是记忆与接受客观规律和事实,而是在与过去经验的关联与互动中创造知识。网络文化的开放、多元、自组织等特性,使青少年亲身体验到了知识的原生态生成过程,在不同的学习共同体中有不同形态的自组织的知识,多元视角、纷呈的观点、不同的见解,是知识生成与不断完善的基础,使青少年体验到知识是个体在与环境的相互作用中主动建构与合作建构的结果。知识是有情境性的,不仅是因为知识的产生与应用有一定的情境性,知识的意义与价值也具有一定的情境性。在多元化的网络环境中,网络素养会促使青少年更深入地思考什么样的知识更有价值、哪些是有意义的知识等基本问题。网络素养有助于促使青少年重新思考和认识网络时代的知识与学习问题,促使青少年分析究竟什么才是真正有用的知识,探索网络时代知识的本质问题;同时在认清知识本质的基础上,从更高、更新的角度来看待自身的学习,分辨学习的根本目的所在。

网络空间信息的快速更新,使青少年体验到知识是不断发展与更新的,是富有流动性的。学习的价值不在于学习现成的东西,而在于创造知识,青少年借助网络获得了不断创造的起点与平台,在多样化的体验中,发现与创造知识。知识的生成性需要青少年借助自身的网络素养来建构知识的意义与价值。知识的开放性与建构性,需要借助网络素养提升知识在不同境域的应用以及青少年对知识的自我建构与合作建构能力。

网络改变了青少年建构知识的方式,网络素养不仅可以促进青少年个体的知识建构,而且使青少年知识的个体建构与合作建构融为一体,成为合二为一的过程。网络素养促进青少年知识的个体建构与合作建构,促进青少年学习过程中的意义生成与知识建构的过程，网络素养是青少年建构知识的需要。

4. 网络改变了学习方式，网络素养是青少年自主学习与合作学习的需要

自主学习是网络时代青少年学习的重要方式，也是青少年终身学习的基础。网络不仅为青少年提供了丰富的学习资源，自由、开放的网络环境，也为青少年开展自主学习活动提供了实践空间。利用网络进行自主学习是青少年学习的重要形式，也是网络时代青少年学习的重要组成部分。自主学习是青少年根据自身的学习需要，在整个学习过程中自我规划、自我管理、自我调节、自我检测、自我反馈、自我评价、自我建构意义的过程。但由于网络环境的复杂性，网络信息的繁杂多样与网络文化价值的多元化，对青少年的自主学习带来了一定的挑战。青少年的自主学习是建立在网络素养基础之上的，只有具备一定的网络素养，才能有效地选择、利用有价值的网络学习资源，自觉运用学习策略与学习方法、自主反思、独立决策，自主解决学习中的问题。自主学习是青少年终身学习的前提条件，网络素养是青少年自主学习的保证。网络素养不仅可以使青少年准确、有效地选择、获取、利用所需要的学习资源，而且可以促使青少年在自主学习的过程中增强意义建构能力，强化对网络学习的认识以及学习的自主建构性，增强网络学习过程中的自我监控与调节能力，积极承担学习责任，勇于承担学习后果，提高问题解决能力。网络素养是青少年自主学习的重要保证，在网络时代的今天，青少年要想具有自主学习能力，就必须要有一定的网络素养，网络素养是青少年有效自主学习的保证，是影响青少年综合素质整体水平高低的重要因素。网络素养使青少年的自主学习建立在有目的、有计划、有意识地调节与自我控制基础之上。

随着社会性网络的发展，用户参与、用户创建产生了高度动态、去中心化的共同体，网络资源由用户共建、共享，极大地改变了网络的社会生态，如博客、维基百科、社会性书签、微博、微信等，网络为青少年的社会性学习提供了便利条件。青少年的学习不仅具有个体属性，也具有社会属性，学习不仅是个体行为，也是一种社会性行为，从班杜拉（Bandura）的社会学习理论到维果斯基（Vygotsky）的社会发展理论都为青少年的社会性学习提供了理论依据。班杜拉认为，人的学习是在社会环境下，通过人与人之间的观察、模仿、塑造而进行的[①]。维果斯基将社会交互看作是认知发展的基础，认

① Bandura，A. Social Learning Theory [M]. New Jersey：Prentice-Hall，Englewood Cliffs，1977：25.

为社会学习领先于人的发展，指出人的发展首先发生于社会层面，然后才是个体层面[①]。在这些理论中，将社会环境及其共同体成员作为学习活动的重要组成部分。而随着社会性网络技术的发展，特别是社会性计算技术的发展与应用，社会网络生态发生了很大的变化，社会学习所得以发生的社会交互、共同体、榜样的建立、自我预期等因素，在社会性网络环境下有了新的内涵。青少年在参与网络实践活动的过程中，成为共同体成员，在通过网络与他人互动联系的过程中建立身份认同，向他人学习，进而获得体验与意义。网络素养促进青少年社会化学习的过程，促进青少年参与网络社会实践活动的深度，建立自我认同与归属感，在网络实践活动参与中获得体验与意义。爱丁纳·温格(Etienne Wenger)指出，"参与社会性实践是人类进行学习并获得认同的基础"，他提出了实践者共同体这一社会性学习理论，将学习阐释为一种社会性参与的过程。在温格的社会性学习理论中，学习是作为共同体成员(Learning as Belong)、参与实践(Learning as Doing)、获得体验与意义(Learning as Experience)，以及建立身份与认同(Learning as Becoming)。[②] 而在网络共同体中，成员的多样性与不确定性，对青少年的身份建立与认同带来了一定的困难和挑战，网络素养会促进青少年理解自我及他我关系的建立与维系，通过个体的参与以及与他人的社会交往，进行社会性学习，网络素养将促进青少年自主学习与社会性学习的融合。

网络素养能促进青少年的学习，是青少年终身学习的基础。布雷威克(Breivik)指出："具有网络素养的人是主动学习者，是知道如何进行学习，具有自我导向学习能力的人。从根本意义上说，具有网络素养的人是那些知道如何进行学习的人。他们知道如何进行学习，是因为他们知道知识是如何组织的，如何通过网络去寻找有价值的信息，如何去利用信息，以及如何去建构意义。他们为终身学习做好了准备，因为他们总能找到为学习、工作、生活制定决策所需要的信息，批判性地思考，并与已有的经验建立联接，进而创造知识，并形成新知识。"[③]网络素养直接促进了青少年学习能力的发展，使青少年不仅知道"为何而学"，而且知道"如何学"，使青少年的学习成为有目的导向的、有意义的过程。由此可以看出，网络素养是与青少年的终身学习密切联系在一

① Vygorsky, L. S. the Development of Concept Formation [M]. The Vygosky Oxford: Blackwell Publishing, 1978: 77 - 78.

② Wenger, E. Communities of Practice: Learning, Meaning and Identity. Cambridge: Cambridge University Press, 1998: 115.

③ Donna E. Alvermann. Technology Use and Needed Research in Youth Literacies [J]. Handbook of Literacy and Technology: Transformations in a Post-typographic World, 2006(2): 21.

起的，网络为青少年提供了正式学习与非正式学习的机会，不仅拓展了青少年学习的时空界域，而且使青少年的学习方式发生了根本改变，改变了青少年的学习习惯，基于数字化平台的网络学习成为青少年成长中的重要学习方式。网络时代的青少年学习不受时间、空间的限制，具有自主灵活的学习方式，多样化的学习形态，开放共享、丰富的网络学习资源等重要特征。网络使青少年的"学会学习"有了新的内涵。学习是青少年在已有经验基础上，通过探究与外界相互作用建构新知识的过程。网络素养作为青少年自身的内在素养，不仅促进青少年网络探究的深度与广度，而且促进青少年在网络环境下进行知识的自我建构与合作建构，促进当前情境与自身经验的联接，促进意义的深度建构与生成，促进青少年心灵世界与外部世界的对话，提升青少年学习质量。因此，从网络素养于学习的意义与价值来看，它可以提高青少年学习的目标指向性，促进青少年在网络学习过程中的意义建构，提升青少年学习的内在价值与意义，它不仅能使青少年更好地学习，扩展青少年的学习视野，而且使青少年学会探究，使学习者对自己的学习进行自我指导和自我调控，也就是终身学习所强调的"自我导向学习"。总之，网络增加了青少年的学习机会，网络素养提升了青少年在网络空间的学习能力，拓展了青少年的学习领域与学习深度，使青少年掌握学习的方法，从而促进了青少年的终身学习过程。因此，网络素养为青少年终身学习奠定了基础。

二、生活视角：网络素养是青少年健康成长的需要

1. 幸福与不幸：成长在网络时代的孩子们——网络给青少年带来的生存异化与危机

案例解读：是谁害了孩子？

案例 1：一名小学四年级学生，竟然在网吧连泡了 6 天 6 夜，创造了连续 6 天 6 夜不下线的"纪录"。为了找到这个 9 岁的男孩，一家人找遍了长沙大大小小 100 多家网吧，并报了警，还在电视上打出了寻人启事。当父母在网吧里找到儿子时，几乎认不出他来了——儿子蓬头垢面，人也瘦了一圈。爸爸叫他回家，他的两眼发直，一直盯着屏幕。[①]

案例 2：高二男孩小斌因为迷上网络游戏辍学在家，他每天在电脑前拼杀超过 12 小时。为了不让他上网，父母曾三次强行撤掉网线。但失去网络后，小斌变得脾气暴

---

① 孙宏艳. 网络，孩子是否在劫难逃[J]. 家庭教育，2008(7)：4—9.

躁，焦虑不安，为了能恢复上网，便用不吃饭、撕课本等方法来要挟父母，最后竟然发展到砸碎家里的东西，踹坏卧室的门，发泄式地将桌子挖了几个洞。[①]

像上面的案例所描述的类似的情况，在我们身边不乏少数。在青少年与网络的互动中，陷入痛苦的深渊，对正常学习、生活产生危害与影响，甚至寻找心理医生、心理咨询师，以求帮助。在现象背后带给我们许多思考，是谁害了孩子？为什么孩子出现了这么严重的问题？应该怎样才能拯救这些不幸的孩子？

成长在网络时代的孩子们是幸福的，因为网络为他们的学习生活带来很大的自由与便利，为他们的成长与发展带来许多新机遇。从另一方面说，孩子们又是不幸的，网络为青少年成长带来烦恼与问题，也为青少年身心发展带来不容忽视的问题。德国作家尼古拉斯·鲍恩用一句话高度概括了网络的独特个性："直到现在，没有任何一个国家，政府或个人能够拒绝或想拒绝这个电子文明世界里的怪物。她新奇的自由性、便利性和挑战性，掩盖了她潜在的强暴性和危险性。"她进一步指出："互联网是自由的，也是危险的。"[②]由于网络本身所具有的虚拟性空间浓缩、时间维度向空间维度的隐匿等特点，它在使现实中人的主体性得到长足发展的同时，却又使它面临着前所未有的危机：主体性畸变、主体批判意识的缺失以及主体性的被奴役等。青少年在迷恋网络世界的风光时，忘记了自己是谁，由于主体意识和角色意识淡薄、自制力不强，过度使用网络而引起的各种问题，因而成为受害者。大量青少年沉迷网络对身心发展带来危害的案例的充分说明，网络给青少年带来的负面影响成为普遍关注的社会问题。由中共青年团北京市委员会等编著的《走出网络迷途》一书，描述了八个网络成瘾青少年的真实案例，揭示了网络成瘾是一个复杂的心理历程。揭开问题的面纱，透过现象看本质，不仅深入思考"为什么？"，以揭示问题的根源，更要思考如何武装孩子们（Empower Children），通过提升他们自身的网络素养，来解救网络时代受害的青少年，促进他们的健康成长。

网络给青少年带来全新的认知和感受，俨然已成为生活学习中不可或缺的重要组成部分。但与此同时，互联网的负面影响也日益凸显，"网瘾"、"网络暴力"、"网络谩骂"、"网络欺诈"等一系列互联网的"衍生品"和网络文化的"副产品"，已成为妨碍青少年发展并亟待解决的重大问题之一。网络成瘾、网络暴力、网络欺诈是目前青少年面

---

① 孙宏艳. 网络，孩子是否在劫难逃[J]. 家庭教育，2008(7)：4—9.

② 钟志贤，杨蕾. 论网络时代的学习能力[J]. 电化教育研究. 2001(11)：22—27.

临的三大威胁，与此同时，长时间使用网络对青少年的思维能力、价值观等都会造成影响。由于网络内容的自组织性与超链接结构，对青少年思维的深度与持久性带来影响。复旦大学开展过相关调查，发现网络对青少年的负面影响主要集中在：一是不懂得自我约束，耗费过多时间使用网络。近年来，青少年的课余时间超过 1/3 是在与网络接触中度过的；二是导致自我封闭，过度使用网络会造成与他人面对面交往能力减弱，进而导致自我封闭；三是依赖图像信息，思维简单化、平面化；四是一些网络出于经济利益和市场竞争的需要，内容中夹杂着暴力、色情信息，青少年缺乏批判意识与鉴别能力，接触这些信息会危害其身心健康；五是影响青少年的消费观念，消费行为冲动而缺乏理智；六是青少年没有养成良好的网络行为习惯，直接对其身心健康产生负面影响。

有学者指出，文化的深度模式让位给感性化的模式。随着生活节奏的加快，“读图时代”来临，人们独立思考的能力渐渐丧失，深度追问的哲学思考习惯也逐渐改变。网络再现什么，不再现什么以及再现内容与真实内容的差距有多远，青少年来不及也不可能有充分的时间去思考。青少年接受信息的过程，是一个在头脑中进行认知加工储存的过程，新接受的知识会转换为记忆结构中的内容，感性化的内容最终导致大脑记忆库的萎缩。此外，由于网络作为开放的生态环境，缺少规范与道德约束，特别是青少年，因其心理不成熟而易受网络文化及技术的迷惑，容易被不良信息所诱惑，以致沉迷网络或患上网络成瘾症等。

网络技术的迅速发展，使得青少年的生活方式与生活内容发生了变化。网络已经成为一种意识形态。法兰克福学派认为，媒介之所以成为意识形态，主要是因为媒介具有操纵性，即媒介对人的操纵与控制功能。网络已经具有操纵和控制人意识的魔力。它不仅能控制人的思想，而且能渗透人的心理结构，改变人的思维方式和价值观念。使人失去内心的独立与自由，从而自愿地接受这种控制和操纵。

分析网络对青少年的负面影响，可以分为主观和客观两个方面，一是网络环境的复杂性，其对青少年的影响也是复杂的，网络内容的良莠不齐、网络流动信息的新奇性，对青少年充满了诱惑；二是青少年自身处于成长中，有着旺盛的求知欲、强烈的好奇心，但同时又缺乏判断力、辨别力和自控力。网络的交互性与创新性为他们认识世界、开阔视野开辟了全新的途径，但网络文化也不可避免地带来诸多负面的效果与影响。网络行为失范、自控能力不足、自主意识缺乏、主体性的弱化，都是造成青少年在网络空间不能正常发展的重要原因。

青少年在情感、世界观、价值观形成的过程中，由于心理不成熟、社会阅历少、世界观模糊、精力充沛、好模仿等，非常容易受到网络世界的影响。有报道显示，在我国有13.2%的人上网成瘾，有13%的人存在网瘾倾向，其中13—17岁的青少年比例最高，几乎达到20%。[①]

网络世界是现实世界的重构，但在重构的过程中注入了观点，并建构了意义，使人们不知不觉从特定的角度去理解这些事物。网络带给青少年的一方面是知识、信息、文化；另一方面可能是虚拟的假象。对此，势必要求青少年保持清醒的头脑，具备较强的分析、判断和鉴别能力，即具备较高的素养。

网络打破了地域、时间、文化体系和社会生活的限制，带来的是一场深刻的革命，它加速了人类的交流与融合，却也加速了社会的冲突。网络对青少年的影响是巨大的，不仅影响当前的网络行为，甚至影响青少年的世界观与价值观。康德说过："如果没有道德观念的发展，技术的发展对于有修养准备的人是崇高的东西，对于无教养的人却是可怕的。"[②]因此，发展青少年的网络素养成为网络时代青少年健康成长的需要。网络价值的生成与体现，需要青少年发挥主体精神、批判意识、反思能力、创造精神，需要青少年具备网络素养，在网络生活情境中主动建构意义，自觉建立目的、行为、结果之间的联接，以促进自身的健康生长。

2. 倾听青少年的声音：青少年自身有着对有意义网络生活的渴望

网络生活对青少年意味着什么？青少年对当前的网络生活有什么样的感受和体悟？为了了解青少年的真实想法，通过倾听青少年的声音，走进青少年心灵世界的方式，对青少年进行了访谈。访谈发现，许多青少年在与网络的互动中感到困惑与迷茫，尽管他们迷恋网络世界与网络生活，但仍渴望改变当前的困境，从而过上有意义的网络生活，以提升当前网络生活的质量。

个案1："我是个五年级的学生，今年12岁，我的学习任务需要我对着电脑进行，我每次一打开电脑就跑去看娱乐新闻、看小说、玩游戏去了。我发现自己受不了这样堕落的生活了，就是不想学习，但是说真的，除了干这些，我也不知道上网还有什么有意义的事情？我真的很困惑，上网一般能干点什么有意义的事情？我希望做的是好玩的事情，但玩网络游戏，我都玩了几年了，想改掉，多渴望过一种比较充实又有意义的网

① 孙彩平，唐燕．国内中学生网络交友调查报告[J]．上海教育科研，2009(11)：40—43.
② 邓南海，曾欢．康德自由观的历史来源与逻辑进程[J]．现代哲学，1999(4)：78.

络生活啊!"

个案2:"我是个七级的学生,今年14岁。上网已经近8年了,可以说网络伴随着我的成长。尽管我从小时候就喜欢网络游戏,到现在也经常利用网络交友聊天、查看信息等,在网上还真是花了不少时间,但我一直很困惑,有时我并不清楚我利用网络到底是想干嘛?有时是觉得无聊或郁闷才上网,但对于上网做些什么?以及能对我带来什么很困惑,这里逛逛,那里看看,半天时间很快就过去了,才觉得后悔,在网上该做什么呢?真渴望有人给予指点。"

个案3:"我一上网就老不想学习怎么办?本来想利用网络学习,但我一开电脑马上就想打开网页,找娱乐新闻或好玩的东西,然后时间飞快地过去了,再不我就去找小说看了,去玩斗地主了……实在不知道还有什么别的有意义的事情做。"

个案4:"我今年17岁,高一,两年来我放学后的业余时间基本上是在网上度过的,但回过头,现在想想很困惑,我真不知道自己获得了些什么?尽管在网上时觉得很快活,但有一种难以言状的失落感,尽管在网上自由自在可以做自己喜欢的事,我做得最多的就是游戏和聊天,但是玩过之后我并不愉快,有时甚至很失落,内心有一种难以名状的空虚,我应该怎么做?上网有什么意义呢?很多时候面对网上的谩骂、低俗的内容,觉得很难过。"①

从上面的案例可以看出,青少年具有对有意义网络生活的渴望。尽管"游戏"、"娱乐"、"交往"是青少年主要的网络行为方式,但青少年仍渴望上网做有意义的事情,从当前的网络实践中找到意义,过一种有意义的网络生活是青少年的内在需要。尽管网络为青少年带来了一个新奇的世界,青少年对"意义"问题的追问与思考是青少年网络生存的基本问题。意义问题是生命本身的问题,人总是不断地追寻存在与生命的意义,渴望实现自身的价值。"人的存在从来就不是纯粹的存在,它总是牵涉到意义。意义的向度是做人所固有的,探索有意义的存在是人的核心。"我国著名哲学家高清海教授更是把人的本质看作是超生命,强调意义对人的本体价值。他说:"人之为'人'的本质,应该说就是一种意义性存在、价值性实体。人的生存和生活如果失去意义的引导,成为'无意义的存在',那就与动物的生存没有两样,这是人们不堪忍受的。"②对意义的追寻,是人的生存方式,是人之生命独特性的特征。因此,对网络生活的意义与价值

---

① 四个案例均由笔者2015年的访谈记录整理而成。
② 高清海.哲学与主体自我意识[M].北京:中国人民大学出版社,2010:156.

的探求是青少年网络生活的根本。

网络素养是青少年有意义网络生活的需要。何明生将网络生活定义为“人们借助互联网所营造的超时空情境而实现的,以符号传递为表征的社会活动。这种以媒介技术为中介的人机行为在时空情境、符号形式和意义赋予、主体特征等方面都有别于一般的日常活动。它形成了一种依赖于情境定义的存在空间,成为人类生活的一个有限意义域,并因此而表现出现实与虚拟共生的主体特征”。[①] 青少年的网络生活既立足于现实,又超越现实,并虚拟、抽象和创造着生存的理想世界。在虚拟生存过程中,虚拟的电子空间并不是完全脱离现实空间并与之相对立的一种虚无空间,而是对现实的物理世界的抽象化,而对于在虚拟空间里从事活动的青少年来说,不仅仅是现实的人以及现实的社会关系的虚拟化,青少年在通过对现实的人以及社会关系的虚拟而创造出来的生存世界里,充分发挥想象和创造,以自己的虚拟生存活动进一步体验着人的存在价值,并验证着自身是如何作为一个不断完备的个体(生存主体)在多重生存空间中自我实现、自我理解的,从而实现对生命意义新的理解,即生命的意义在于认识自己的存在价值并追求不断的自我发展、自我完善与自我成长。

网络空间作为一种新的活动场域,不仅拓展了青少年生存与发展的界域与活动空间,为青少年提供了生存与发展方式的多样性选择,而且为青少年创造性地生活提供了条件。青少年的网络实践活动既立足于现实又超越现实,青少年的网络生活以某种方式进行着超越现实的生存实践活动,并虚拟地创造着青少年生存的理想世界。当网络世界出现后,青少年的生活世界由原来的一维生活空间变成了两维生活空间:现实生存和虚拟生存。网络开辟了青少年生活的新领域,并全方位地渗透到青少年的生活中,改变着青少年的思维方式、生存方式、交往方式,进而在本体论层次上改变着青少年对世界、对社会、对人与人之间关系、对人的存在等重大问题的理解和诠释。虚拟空间为青少年的学习、交往、娱乐等提供了新的立体化的空间,它以独特的方式和丰富的内容为青少年提供了全新的认识事物和把握事物关系的一种场域。开放观念、多元价值、主体意识和创新精神,为青少年世界观、人生观和价值观的形成与发展提供了基础。

“互联网＋”时代的网络生活是青少年生命存在的重要形式,其生命意义与价值在网络实践活动中得以感知、体验与展现,青少年在网络生活中,舒展自己的生命,体验

---

① 何明升.网络生活中的情景定义与主体特征[J].自然辩证法,2004(12):34.

自己的生存状态，享受生活的乐趣，生成体验并形成自身的理解，构建意义并产生内在的价值。网络生活对青少年成长的价值与意义体现为：在网络生活中青少年的心灵世界与自然、与社会、与他人进行对话，在多种实践活动中，形成对周围世界的理解，构建与他人的关系，形成自我意识及对主体自我的角色认同，成为青少年认识世界的独特方式。青少年的网络生活方式与青少年价值观的形成有着密不可分的联系，提高青少年的网络生活质量和网络生存能力，不仅是对网络生活本身内在价值的提升，也是对青少年生命的关爱，为青少年的生命奠基。马克思在人类社会发展的广阔背景上曾给生活方式以很高的理论定位，他指出：生活方式实际上是人的生成方式和人自身需要的满足与实现方式。[①] 生活方式是人的社会化的一项重要内容，一个人的生活方式决定了个体社会化的性质、水平和方向。生活方式通过思想意识与心理结构的形成影响着一个人的行为方式和对社会的态度，反映了一个人的价值观念，即世界观的基本倾向。网络生活方式的变化直接或间接影响着青少年的思想意识和价值观念。因而，我们说网络生活方式是把握社会发展和青少年自身发展的基本方式，也是青少年在网络空间里主体价值的能动性与实现程度的具体体现。

青少年的内心世界存在一种对有意义网络生活的渴望与需要。网络素养可以增强青少年网络行为的目的自觉性，促进外部世界与心灵世界的联接与对话，提升青少年在网络世界生活的意义与价值。玛利亚·蒙台梭利认为，"生命力的冲动是通过青少年的自发活动表现出来的，生命是活动的，青少年通过活动并非能获得发展，只有在活动中获得意义才能发展"。[②] 网络为青少年的生命力和个性化发展提供了空间，青少年通过网络实践得到生命力及个性表现的机会，但如果青少年不能在活动中获得意义，就不会获得真正的发展。

网络素养能够提高青少年的主体性与自我意识，通过促进青少年的内在思考，发展心灵的敏感性，促进青少年在当前的网络实践活动中更多地思考意义与内在价值。网络素养促使青少年在网络实践活动中，更多地思考自我与网络的关系，"我应该做什么？为什么而做？如何做得更好？"通过对这些问题的思考，在批判性思考、分析性思考、综合性思考以及反思能力逐步提升的基础上，建构自身网络活动的意义与价值。并通过具体的调节活动来提升青少年网络实践活动的质量，进而促进青少年的成长与

---

① 马克思，恩格斯著. 马克思恩格斯选集(第1卷)[M]. 中共中央马克思恩格斯列宁斯大林著作编译局，编译. 北京：人民出版社，1995：132.

② 【意】玛利亚·蒙台梭利. 发现孩子[M]. 刘亚莉，译. 天津：天津社会科学院出版社，2010：71.

发展。如何让青少年在网络实践中找到意义与内在价值，对青少年来说是非常重要的，它是促进青少年在网络空间可持续性活动的重要内容，是促进青少年在网络生活中获得成长与发展的前提和条件。青少年只有在网络生活中形成对生活意义的理解，获得对自身网络行为内在价值的认识，才会更积极主动地参与网络实践，创造性地进行网络生活。而网络素养可以促进青少年更多地思考意义问题，并通过不断反省调整自身的行为，提升网络生活的意义与内在价值。

3. 碎片化生活、多界面生存，对青少年网络化生存带来危机，网络素养是青少年网络生存的需要

以下为一个13岁青少年的网络生活自述：

我刚满13岁。我发现上学有点枯燥乏味。无论是在家里还是在学校，我总是禁不住把大量的时间花在网上……网上的信息太丰富了，我可以查阅最新的足球赛事，可以为完成我介绍北美洲的地理作业搜索到丰富的资料……有时候我还会看到好多特别刺激的文字和画面……上网的时候我最喜欢去聊天室或者上QQ跟那些素不相识的人们聊天，这是件很有趣的事情。但有时候我也会遇到一些可怕的人，他们污言秽语，有时候还会威胁我……有一天，我照常打开我的Email，竟然发现一封我素不相识的人发来的信，出于好奇，我打开了它，刹那间，一个有关青少年色情的网站出现在我的面前，而且自动设置为我电脑的主页。信上说，如果我注册并寄去照片，我会有机会参加一个奇妙的夏令营……①

从上面的案例可以看出，当前青少年的网络生存是一种碎片化、多界面生存，面临严重的危机，网络生存危机来自内外多个方面，成为青少年网络生存危机的根源。从现实世界来看，生活的单调导致青少年依赖网络，借助虚拟世界来寻求充实精神生活、丰富内心世界的方式，把大量时间花在网络上，生命被缩减为没有内涵的符号。技术对青少年生活的深度控制，导致青少年碎片化的生存及其个性发展失去真正的精神自由与自主空间，从而不能从当前的网络实践中获得意义与完整性的生命体验和个人的主体性存在。正如蒙台梭利指出的："只有把青少年主体的完善建立在丰富的内心世界，让青少年拥有个人内在的精神自由与自主空间，青少年的生命才会完整。越依赖于外界，生命的欠缺就越多，青少年的生存就越容易出现危机。"然而，尽管青少年在网络空间获得自由与个性，但价值感的缺失使其无法在自由空间中获得意义，把主体的

① 内容来源：根据笔者2015年的访谈录整理而成。

完善建立在丰富的内心世界。网络给青少年带来的是短暂的快乐，而不是幸福感；网络为青少年带来是片刻的自由，而缺乏安全感；网络内容在快速更新与流动中，失去了厚重的根基。如果青少年不去思考与判断，既使在网络这种开放的文化空间里，也不一定会获得丰富与完善的精神世界。尽管青少年在网络生活中获得了自由，却没有获得意义，缺乏充实感与实在感，造成青少年生存根基的浅薄化，无法排解内心的虚无，这是青少年生存危机的表征。青少年在虚拟世界中生存时，不应成为技术的奴隶，背叛人之为人的本性，而丢失了自身的灵魂，成为被“他者”主控或异化了的生存主体。[①] 如同弗洛姆(Erich Fromm)所说：由于人失去了他的固定地位，也就失去了他生活的意义，其结果是，他对自己和对生活的目的感到怀疑……一种他人无价值和无可救药的感觉压倒了他。天堂永远地失去了，个人孤独地面对这个世界——像一个陌生人投入一个无边无际充满危险的世界。新的自由带来了不安、无权力、怀疑、孤独及焦虑的感觉。[②]

从网络世界来看，由于身体缺场和匿名，青少年可以在多个界面同时扮演多个角色，拥有多个身份，并与多个对象进行交往。这意味着，网络空间的出现使人们获得了多界面生存与交往的能力，人们可以在多个界面之间随意切换自己的生存空间并获得不同的感知和体验。这种多界面之间的切换，不单单是外部视窗的转换，也是青少年身份、角色、性格和自我认同场景的转换，是一个自我向另一个自我的转换。凭借这种多界面生存，青少年可以同时与不同的网友进行交流。例如：在网络聊天室中，青少年可以同时开四五个窗口，与四五位网友甚至更多的人聊天，这让不少青少年感到既新鲜又刺激。然而，对于已经习惯了在单一的现实界面中交往的青少年来说，多界面生存也可能会产生一些意想不到的压力、麻烦和迷乱，甚至反过来影响青少年在网络空间的角色认同。多界面生存和多维度选择的实现也使得青少年的生命有一种游离感，在多重情境与变化中，青少年作为主体存在其主体价值产生了迷失，多界面下的流动性与不确定性，使青少年对自身的主体价值产生了疑惑，其主体价值感受到挑战。同时，青少年对其网络行为的意义与目的失去判断与价值思考，对自身网络活动的目的性产生了疑惑，处于一种无意识的状态。

网络素养是青少年摆脱网络生存危机的需要，网络素养有利于青少年把主体的完

---

① 徐世甫.虚拟生存的哲学反思[J].南京社会科学，2003(2)：25—29.

② 周若辉.虚拟与现实：数字化时代人的生存方式[M].长沙：国防科技大学出版社，2008：294—295.

善建立在内心世界，将自由建立在个人成长的内在精神空间。在面对网络的负面影响时，让青少年学会批判与鉴别，通过主动思考，在网络世界与现实世界的联接中建构意义，自觉抵制不良影响，摆脱网络技术的控制与束缚。网络素养将青少年的生存与生命完善建立在丰富的内心体验之上，唤醒青少年的主体精神，寻求一种有内在意义的探究，这种探究为内在主体的青少年提供了发展的机会，而不是简单地将青少年置于信息之中，它关注青少年主体精神的展开而不是塑造。网络素养鼓励青少年深入内心而发展自我，将青少年视为一种思考和反省的存在，以促进其自我意识的转变，发展心灵的敏感性，增强其主体精神，培养其内在的思考能力为特征，在批判性思考、分析性思考、综合性思考以及反思能力逐步提升的基础上，使青少年的大脑精致化和精确化，进而促进其成长与发展。道格拉斯·凯尔纳说："网络文化渐渐主宰了青少年的日常生活，成为青少年的注意力和活动中一种无所不在的背景，常常也是富有诱惑力的前景，从某种角度，也在暗地里破坏着青少年的潜能和创造力。"[①]网络素养让青少年唤醒主体精神，通过提升自我内在的思考力与创造力，从而提高对网络文化的鉴别力与意义解读能力，丰富完善精神世界，提升网络生存的意义与内在价值，以及创造性地参与网络生活。因此，网络素养是青少年网络生存的诉求，网络素养直接影响着青少年的网络生存质量，进而影响着其发展。

三、交往视角：网络素养是青少年社会交往与成长的需要

与他人交往是青少年与生俱来的需要，也是青少年身心发展与社会化成长的重要途径，交往对青少年的身心发展与健康成长起着无可替代的特殊作用。社会互动理论认为，青少年一出生就进入了人际交往的世界，学习与发展则发生在与他人的交往与互动过程中。[②] 青少年总是处于不断交往的生成状态中，交往是青少年的一种学习方式与生活方式。研究表明，青少年的心理发展与社会性成长是在与他人进行社会互动的过程中进行的，正是在与他人交往的相互作用过程中，青少年的社会性认知、情感、行为等得到发展。交往是青少年社会化成长的前提条件，又是青少年成长发展的重要环节与内容。从某种意义上说，没有青少年的交往活动，就没有青少年个体的成长与发展。有学者指出，交往活动是人生命存在的重要组成部分，并且是人生命的展开与

① 【美】道格拉斯·凯尔纳. 媒体文化[M]. 丁宁，译. 北京：商务印书馆，2004：109.
② 侯春在. 儿童心理成长论——成长论视野中的儿童社会化[M]. 南京：南京师范大学出版社，2004：336.

生成部分。青少年正是在互动交往中，作为生命主体不断感知着整个外部世界，通过与他人的交往，理解、体验着所置身的关系世界。① 青少年在生活世界中通过与他人交往，发展着自我观念，并不断完善丰富着自己的认知结构与心理世界，在建构意义和价值生成的过程中，展开对生命意义、自我价值以及自我与他人关系的理解与探求。

国内外调查显示，随着网络融入青少年的生活世界，利用网络与他人沟通交往已成为青少年网络生活的重要内容。2010 年中国互联网络信息中心在对青少年网络行为活动的调查中发现，利用网络进行沟通交往是其使用网络的主要应用之一，网络交往已成为青少年社会性互动的重要方式。在网络交往中，青少年主要利用博客、论坛、社交网站、即时通信、电子邮件这五种方式，使用率分别为 68.6%、31.7%、50.9%、77.0%和 56.2%，平均高于网民总体水平。调查还发现，尽管不同年龄阶段的青少年利用网络交往呈现出一定的差异性，但随着年龄的增长，青少年使用网络进行社会交往总体呈现递增趋势，如：从交往方式看，即时通信是青少年在线交往中最受欢迎的方式，中学生的使用率与小学生相比呈现了成倍增长趋势，由 44.2%上升到 80.5%，此外，社交网站、个人博客、电子邮件的使用也随青少年年龄的增长呈现普遍递增趋势。来自美国皮尤研究中心对青少年网络生活的调查数据显示，网络交往是美国 14—19 岁青少年的主要交往方式。在交往方式的选择方面，有 54.5%的青少年经常进入聊天室，有 48.6%的青少年经常使用电子邮件，有 60%的青少年经常进入社交网站，有 39%的青少年经常进入网络社区。此外，调查还发现，约 50%的青少年有通过电子邮件保持联系的朋友；25.2%的青少年在聊天室或 BBS 上经常发言；37.6%的青少年使用 ICQ 与熟悉的朋友或不认识的网友联系。青少年网络交往的目的包括倾诉心情(23%)、感情宣泄(18%)、交流信息(21%)、交换思想(12%)、自我呈现(16%)、交结新朋友(10%)。② 正如尼葛洛庞帝(N. Negropont)所说，“网络真正的价值正越来越和信息无关，而和社区相关。信息高速公路不只代表了获取信息，而且正创造着一个崭新的、全球性的社会结构，并形成强有力的社区，进而改变着人与人之间的交往关系。网络空间已经远远超越了信息空间的内涵，实际构筑了一种以共享资源、人与人

① 赵燕.论青少年的交往与社会化成长价值[J].沈阳教育学院学报，2007(2)：61—63.

② Amanda Lenhart. the Internet and Education: Findings of the Pew Internet & American Life Project [EB/OL]. (2010 - 12 - 26) [2011 - 6 - 15]. http://pewinternet.org/Reports/2010/The-Children-Internet-life.aspx.

互动交往为特征的新的虚拟生存空间。”①

然而，青少年在网络交往中的境况如何呢？通过走进青少年的网络交往空间，分析青少年的网络交往记录，以透视青少年在网络交往中的存在状态，窥见青少年在网络交往中真实的言行，揭示青少年网络交往的本质特征，青少年所面临的危险与危机，以及青少年网络交往对网络素养的需求。

1. 走进青少年的网络交往空间

走进青少年的网络交往空间，透视青少年的网络交往活动，可以窥见青少年网络交往所面临的危险与危机。

镜头回放，以下为来自四位青少年的真实的网络交流记录：

________ ˊ／. 盛(824575812)11:08:43

唉在家就是无聊

________ ˊ／. 盛(824575812)11:08:45

无聊死了

________ ˊ／. 妮(578494489)11:11:46

那你出去啊

________ ˊ／. 盛(824575812)11:10:30

出去干嘛

________ ˊ／. 阁〈lixiaoya8sui@163. com〉11:12:09

或者去爆吧

________ ˊ／. 宇〈lover-ruo@qq. com〉11:12:18

二十二号几点啊妮子.

________ ˊ／. 芋(1601864281)11:12:22

这是谁?

________ ˊ／. 妮(578494489)11:12:25

早上9点丫

________ ˊ／. 妮(578494489)11:12:27

李文。

________ ˊ／. 阁〈lixiaoya8sui@163. com〉11:12:34

① 【美】尼葛洛庞帝. 数字化生存[M]. 胡泳，译. 海口：海南出版社，1997：214.

?

________ ˊ／. 妮(578494489)11:12:34

我说,山芋叔叔—你不是问过么

________ ˊ／. 宇〈lover-ruo@qq. com〉11:12:37

记性不好 00.

________ ˊ／. 芋(1601864281)11:13:05

奥.跟名字匹配不起来.

________ ˊ／. 妮(578494489)11:13:19

好吧、

________ ˊ／. 盛(824575812)11:12:01

这是他的绰号

________ ˊ／. 阁〈lixiaoya8sui@163. com〉11:13:34

山芋叔叔早

________ ˊ／. 芋(1601864281)11:14:22

奥

________ ˊ／. 阁〈lixiaoya8sui@163. com〉11:16:23

呐～山芋叔叔问你个问题

________ ˊ／. 芋(1601864281)11:16:48

问.

________ ˊ／. 阁〈lixiaoya8sui@163. com〉11:17:25

如果杀了人那个人的血用紫外线灯能不能照出来

________ ˊ／. 阁〈lixiaoya8sui@163. com〉11:18:11

血液如果滴到衣服上用洗衣机能不能清理啊

________ ˊ／. 芋(1601864281)11:18:31

俺没杀过人.洗不掉的。

________ ˊ／. 阁〈lixiaoya8sui@163. com〉11:18:36

还是要用特别的洗衣液什么的

________ ˊ／. 芋(1601864281)11:19:00

你想杀人?

________ ˊ／. 阁〈lixiaoya8sui@163. com〉11:19:04

不是

________´／.阁〈lixiaoya8sui@163.com〉11:19:12

我想当侦探

________´／.芋(1601864281)11:19:39

现代科技DNA技术就是人死了几十年都能鉴定。

________´／.阁〈lixiaoya8sui@163.com〉11:19:41

觉得你生活经验比较丰富～所以来问你～

________´／.芋(1601864281)11:20:17

更不用说明显的血了。

________´／.芋(1601864281)11:20:32

就是好象衣服上洗掉了。也没有用。

________´／.阁〈lixiaoya8sui@163.com〉11:21:04

如果把血液放到微波炉里加热会不会破坏里面的细胞啊

________´／.芋(1601864281)11:21:41

呵呵对于这我还真不知道。从没想过。

________´／.阁〈lixiaoya8sui@163.com〉11:21:50

孩只们～以后如果你们被杀了就来找我叭

________´／.妮(578494489)11:22:26

我擦

________´／.妮(578494489)11:22:29

变鬼来找你啊?

________´／.淇(472549482)20:38:40

无聊啊

________´／.珊(271561952)20:40:07

去贴吧

以上为笔者从个案跟踪研究中摘取的一段网络聊天记录，尽管交流者是熟悉的同学，但通过网名都隐匿了真实的姓名与身份，从交流的语言看，"随意"、"片段化"，从交流的内容来看，"发泄心情"、"打趣调侃"、"半真半假"、"虚实结合"，成为网络交往的主要特征。马克·普斯特(Mark Poster)等学者认为，网络互动行为中自我呈现是"片断的"和"多重的"，虚拟自我导致自我解禁、自我再创造、自我雕琢、自我逃避，虽然发掘了自我的潜力，同时，人们之间相互关系的发展也无形中蒙上了阴影。[1] 一方面，网络上的虚拟自我呈现可以"以假乱真"，自我能够通过想象编造，尝试全新的生活，获得异样的心理感受，以补偿现实自我的缺乏。网络使青少年自我摆脱现实生活中的既定角色，从压抑的心理状态、严格的生活禁限中解放出来，把受压抑的情感以及内心感受表达出来，而不必顾及其后果与影响，担心自我身份的暴露；另一方面，网络交往允许青少年从不同侧面尽情展示自己，基于兴趣和想象加入多元化的互动群体，结识意想不到的"知己"，增加了青少年自我归属感，也建立起更广泛的社会联系，使青少年获得被理解和被需要的满足。

然而，在匿名人际交往情形下，在线的自我身份缺乏稳定性和连续性，会造成对自我认知的困惑，并影响深入持久的、相互信任的交往关系。在网络空间，青少年的自我身份具有虚拟性，自我呈现是"发散的"、"多元化的"，对他人的身份认同也是"离散的"、"碎片化的"。当多侧面的自我被整合到一个独一无二的内部感觉的自我中时，彼此之间缺乏心理上的接合点，难以获得自我的内在统合与统一。而这种内在心理感觉一致性基础的缺失，会使青少年在与他人的交往中缺失信任感，他们内心深处觉得不能够信赖任何人，在线者是什么人？他说的是否是谎言？等，彼此之间关系的建立置于不信任的基础上。因自我身份的不确定，也影响到对他人身份的信任，进而影响到彼此之间的相互关系。此外，网络的匿名化容易造成青少年自我现实感的过度缺失而导致"网络沉溺"。在网络交往中，虚拟情境削弱了青少年的自我现实感，使其不能在网络交往中生成意义，形成有价值的思想。

香港一项关于青少年使用 ICQ 的调查显示，在 20 所中学的 1400 多名中学生中，有 25％的学生利用网络交往是通过网络"打发时间"；20％的青少年"想多结识朋友"，在网络交往中"东拉西扯"；有 30％的青少年经常在 ICQ 中说谎，并且表示在网络匿名身份环境下，说谎没有负疚感；有 5％的青少年有过分沉溺于 ICQ 的"上瘾"表现，将上网的大部分时间用于网络聊天，与同一对象的交流时间超过 1 小时，而对于交流内容以及交流的意义与价值从没有进行过思考，不能将网络交往与现实生活建立联系，不能在交流活动中产生意义。香港小童群益会的调查也显示，48.6％的青少年承认在网络上交往时曾向朋友撒谎，或用另一身份结交朋友。网上聊天时说谎的理由包括保护

---

① Jayne Gackenbach. Psychology and the Internet [M]. San Diego, California: Academic Press a division of Harcourt Brace & Company, 2003: 40.

个人隐私、保护自己或美化自己去吸引他人等。①

社会交往是人与人之间在社会空间中的沟通与互动过程，即人与人之间传递信息、沟通思想、交流情感和交换资源的过程，是人的基本需求。交流、沟通与互动是青少年社会化成长不可或缺的重要方面，青少年正是通过与他人的交往，沟通思想、交流情感，获得自我身份认同与社会性发展。网络为青少年构筑了新的交往空间，用一种“身体不在场”的方式展开与他人的交流与互动。网络空间的匿名性、开放性、自由性、时空压缩性，使青少年在享受交往便利的同时，也面临着网络化交往带来的危机。尽管青少年在交往中可以不受限制，突破日常社会交往的规范，重塑自我形象，更加自由地参与到交往实践活动中，但网络交往具有虚拟性、不稳定性，交往双方的不在场和通过心灵感应而形成交往关系，常带来的是一种弱关系的建立。有学者指出，网络交往是一种虚拟场域中的交往。互联网是一种导致社会疏离的技术，借助互联网进行沟通会导致人们更多地与陌生人谈话，形成肤浅关系，减少与朋友和家人面对面的接触与沟通，从而导致社会资本的减少。克劳特（R. Kraut）等人通过对美国匹茨堡地区青少年网络使用的研究发现，使用网络交往越多的青少年，通常现实社会交往网络的规模越小，与家人和朋友的沟通也较少，而且容易感受孤独、压力等消极情绪②。当前，尽管网络延伸了青少年的交往空间，却没有使青少年获得稳定的交往安全感；尽管青少年在网络交往中追求快乐，却没有在交往过程中获得意义；尽管青少年在交往中可以掩盖真实的自我，但虚拟自我的呈现易使青少年出现双重人格；尽管青少年在网络交往中获得一时的满足，但也面临着网络化带来的危机与挑战。

从人与人的角度看，网络重构了人与人之间的社会关系，这是一个不争的事实。从虚拟的网络交往到现实的社会关系，虚拟与现实的交织、交往空间的扩展、交往链条的延伸，都使人们的社会关系处在重构之中。在这个问题上，不同的人具有不同的观点与体验，有人认为网络带来新的社会交往形式和交往体验，并将与新的社会生活环境相适应；有人认为网络使社会关系非人性化，互联网是令社会隔离的技术。互联网的使用加剧了人的孤独感、疏离感，甚至使人产生了沮丧的感觉。哈贝马斯认为，交往

① 陈之虎. 网络发展中的青少年危机——香港的情况[J]. 青年研究学报，2004(7)：155—168.

② Kraut, R. Butler, B., Sproull, L., &Kiesler, S. Community Effort in Online Groups: Who Does the Work and Why? [J]. Leadership at a distance, 2007: 171 - 194.

行为与外观世界、社会世界和主观世界三重世界建立关联。[1] 网络交往与青少年的生活世界是密不可分的，网络交往同样也是青少年社会交往活动与社会生活的内在统一，交往过程是青少年对自我与他人之间主体关系的认知与建立过程，是通过语言、符号在交流中形成理解、诞生思想观念，进而生成意义的过程。当青少年在交往中不能诞生思想、生成意义，交往也就失去了内在的价值。

2. 青少年网络交往特征分析

网络延伸了青少年交往的时空界域，为青少年的社会交往带来了深刻的变化，青少年在网络空间的社会交往活动是基于认同、兴趣和想象的，不同于现实生活中的交往活动，呈现出一系列新的特征。青少年网络交往的特征主要体现在以下方面：

(1) 交往主体身份的不确定性

马克·波斯特(Mark Poster)指出："网络交往最主要的特征是消解了主体性，使交往主体从时间和空间上脱离了原位。"在现实生活交往情境中，由于身体的在场性，交往主体双方身份是明确具体且相对稳定的，而在网络虚拟交往空间，青少年可以根据自己的想象在不同的交往情境中重新塑造不同的自我形象，以电子身份多样化地呈现自我，在网络交往空间主体身份具有流动性、多变性与不确定性。青少年在网络空间的人际交往，正如福柯在《什么是启蒙》中所说的，"不仅是一个去发现他自己、他的秘密、他的隐藏的"真实"自我的过程，而且是一个力图创造他自己，重塑他自己的过程。"[2]青少年在网络空间的虚拟交往过程，在本质上是一个重塑自我认同的过程，而这种自我认同的重塑，是通过主体重塑与角色扮演实现的，进而直接影响青少年自我观念的形成与发展。角色理论的早期代表罗伯特·帕克(Robert Park)认为："青少年的自我观念，一方面依赖于其生活的社会和在社会群体中所力图扮演的角色，同时还有赖于社会给予的主体角色认可和地位。"[3]青少年在网络空间主体身份的流动性、多变性与不确定性，致使青少年对主体角色与地位的认可也呈现不稳定性，不仅影响青少年自我观念的形成，也影响青少年的主体意识与自我信念。因此，青少年作为交往主体，其身份的不稳定性以及自我呈现的不确定性是青少年网络交往的重要特征，直接影响青少年自我观念的形成与发展。

---

① 【德】哈贝马斯著. 交往行动理论(第 1 卷)[M]. 洪佩郁，蔺菁，译. 重庆：重庆出版社，1994：10.
② 福柯著. 什么是启蒙？[J]. 李康，译. 国外社会学，1997(6)：5.
③ 熊芳亮. 角色理论的新领域：网络角色分析[J]. 中国青年研究，2003(12)：53—55.

(2) 交往规范的弱化

青少年在现实生活交往中需要遵守一定的规则，并相应产生了交往礼仪、交往规范以及不同交往情境下的交往理念，如诚信、尊重等。这些规则与规范调节、控制着人们在交往活动中的交往行为，也是人际交往可持续进行与人际关系发展的基础，如果违背这些规范，会引发交往冲突，甚至受到谴责，难以使人际交往维系与可持续发展。网络交往在很大程度上弱化了现实人际交往规则的权威性与有效性。青少年在网络人际交往互动中尽管会形成新的交往规则，但这种交往规则是伴随符号互动交往而形成的。符号互动论认为，人们在互动时遵循的基础规则是互动过程的产物，人们在互动过程中通过运用这些规则而进一步完善和提升互动行为。哈罗德·加芬克尔(Harold Garfinkel)指出，网络交往弱化了现实生活中存在的交往技巧或规则，这些交往规则尽管可以帮助人们在人际互动过程中形成现实的共同意识，即相同的理解，支撑这些规则或技巧的是人们彼此拥有的隐含的理解和预期，或者某种共同熟悉的背景假设。[①] 但网络交往由于交往对象的不确定性与主体身份的多变性，彼此熟悉了解程度不深以及共同背景信息的缺失，致使仅仅依赖符号互动而建立的交往规则，难以对青少年交往行为的调节与规范起到完善与制约作用，而青少年对交往意义的建构与交往关系的理解，以及青少年的自我约束与反省，成为青少年调节与完善交往行为的关键。

(3) 交往关系的不稳定性

青少年的网络交往很多时候是以"趣缘"为纽带而建立的与"熟悉的陌生人"的交往，是一种通过心理感应而共在的关系。所谓"熟悉的陌生人"是指青少年的网络交往通常是与素不相识的人进行的交往活动，但同时通过交往，拉近了彼此的距离，进行了相当程度的了解，成为虽未谋面，但又感觉彼此有些熟悉，这是一种特殊的交往关系。心理学认为，人际关系的建立和发展一般经过四个阶段，即定向阶段、情感探索阶段、感情交流阶段、稳定交往阶段。[②] 青少年在网络空间仅靠符号信息而缺乏身体在场性建立的交往关系，常常是不稳定的。因为在定向阶段，青少年在网络空间难以判断交往对象提供信息的真实性、可靠性，缺乏对交往对象真实的感知判断，因此，交往双方之间缺乏充分的了解与信任基础；在情感探索阶段，尽管双方可能都会有不同程度的

---

① Garfinkel, and Harvey Sacks. On Formal Structures of Practical Actions. In Theoretical Sociology: Perspectives and Developments [M]. New York: Appleton-Century-Crofts, 1970: 345.

② 陈秋珠. 网络人际关系性质研究综述[J]. 社会科学家. 2006(2): 144—147.

自我暴露，但这种暴露都是比较表层的，不会涉及到较深层次的内容，安全感尚未建立；在情感交流阶段，尽管交流双方在交流内容所涉及的广度和深度方面更进了一步，彼此间已建立起一种相对的安全感和信任感，但因为缺乏交往的现实基础，交往可随时中断，交往关系尚不稳定，交往关系的发展有赖于青少年获得的交往体验与交往双方的共同参与。只有网络交往与现实交往相结合，双方建立起真正的信任感，并形成一定的依赖关系，才有可能发展成稳定的交往关系。

(4) 交往语言的非正式化

“语言”是人们之间沟通交流的中介与工具，在网络空间，青少年进行互动交流使用的主要载体与工具是网络语言。网络语言是产生、应用于网络语境中的，由于网络语境自身的虚拟性、自主性、开放性、包容性、多样性等特征，网络语言在与网络语境的融合共生中，呈现出随意性、符号化、口语化、生态化的特征。网络语言是网络环境下的原生态语言，是集体创造的精神符号世界。网络语言的表现形式虽然是书面的，呈现方式以文字、符号为主，但其实质更接近口语，呈现出追求趣味性与个性化的特点。通过简化、缩写、谐音、字母、数字、符号混用等方式，充分展现了青少年作为交往主体在网络语境下话语回归所呈现出来的个性化与创造性。正如一个人的修养高低以其谈吐和行为举止为依据，网络语言也是青少年网络素养的标志。在网络交往中，青少年既可以创造、使用富有创意、高雅的语言，也可以使用粗俗不健康的语言。网络语言不仅影响着青少年人际之间互动交流的质量，也影响着网络文化生态环境的质量。

四、青少年网络交往存在的问题及面临的危险

网络交往在促进青少年社会化成长的同时，也对青少年的发展产生潜在危险与负面影响。美国皮尤研究中心在关于网络对青少年生活的影响调查中发现，网络交往危险是青少年使用网络面临的三大威胁之一。正是因为网络空间的开放性，不仅使网络交往内容呈现出良莠不齐的原生态特征，而且青少年有时会沉浸于网络交往，陷入追求消遣欢娱而不顾及追求意义与价值的困境之中。主体性迷失、交往异化与信任危机、意义感缺失、主体责任感与交往伦理淡化等是青少年网络交往中存在的主要问题。

1. 主体性迷失

在网络空间中交往主体身份的不确定性、流动性与易变性，常常造成青少年对自我认知以及自我身份认同感的不一致性。辩证地看，青少年网络交往主体身份的不确定性，为其发展提供了多种发展路向与可能性，但同时也给青少年的主体性发展带来

困难，容易使青少年在网络交往中出现主体性迷失。青少年常常为网络交往中的自我与现实生活中的自我在价值观念、角色定位、身份认同方面形成的差异和产生的矛盾冲突而感到困惑，不知道“真正的我是谁?”、“我为何与他人交往?”、“我应该如何与他人交往?”。青少年在网络交往中有时会失去理性，完全没有顾忌、恣意放纵自我，从而造成无法形成正确的主体意识、角色意识和责任意识，对于网络交往中的自我与现实生活交往中的自我呈现不同的人格与角色，形成人格分裂，产生人际交往中的主体性自我迷失。

2. 交往异化与信任危机

青少年网络交往行为异化主要表现为过度交往、信任危机、沉溺与依赖等。过度交往是指青少年把大量的时间花在无意义的聊天上。有调查显示，青少年平均每天花30～50分钟，甚至更多的时间用于网络聊天，青少年利用网络聊天主要是宣泄感情、寻求刺激和打发时间，在网络交往中以寻求精神与心灵寄托或心理安慰为主要目的。[①] 青少年在网络交往中常对自己的言行失去理智和控制，不仅体现在网络交往中介语言、表情符号的使用上，也体现在网络聊天话题的选择、交往尺寸的把握以及交往时间的控制上。信任感是建立和维系人际关系的纽带和前提，这是建立理性交往的基础，也是青少年自我保护的需要。由于网络交往规范的弱化，青少年网络交往常出现信任危机，具体包括过于信任与不信任两种情况。一方面，随着交往的深入，彼此产生信任感，由于网络本身的匿名性，为青少年在交往中识别与判断身份带来困难，青少年会对交往对象过于信任，而淡化安全意识，对个人隐私也不加以保护，甚至毫无保留地透露个人秘密及隐私，从而对个人安全造成潜在危险；另一方面，青少年突破现实交往规范的约束与束缚，与交往对象进行不信任的交往，主要表现为交往中诚信感缺失，认为说谎、欺骗理所当然。此外，有些青少年在现实生活或人际交往中遭受挫折和冷遇时，往往不积极地应对、调节和完善，而是转向虚拟网络交往世界，在虚拟世界寻求安慰和满足，将网络交往作为重要的精神寄托，沉溺于网络交往，进而对身心发展产生严重的负面影响和不良后果。

3. 意义感缺失

尽管青少年将大量时间用于网络交往，但有时并不能从实际的网络交往活动中获得意义，意义感的缺失成为网络交往面临的危机。正如一位12岁女孩自白所言：“我

---

① 孙彩平，唐燕. 国内中学生网络交友调查报告[J]. 上海教育科研，2009(11)：39.

最近很郁闷，每次上网与他人聊天说的都是些无聊的话题，以至于会有网友要把我删除掉，我真不知道该说些什么？”终极意义与价值感的缺失使青少年在网络交往中迷失了方向。哈贝马斯认为：“真正意义上的交往，绝不仅仅是表面上的相互来往，而是关涉到意义的双向理解与生成，关涉人在交往中的本质性存在状态，关涉主体间性的造就。交往是人们在没有内在压力与外在制约的情况下，彼此真诚地敞亮、交互共生的存在状态。交往行动的核心要素是“理解”，理解是交往主体双方以语言为中介以思想观念的展开为内容，主体之间的交互性意识活动，在此过程中获得共识与意义的过程。”①根据哈贝马斯的观点，双向理解、生成意义、达成共识是持续交往的核心要素。只有彼此保持着双向理解与内心的敞亮，共同分享着意义，不断达成着共识，相互印证着自我的存在与成长，这样的交往才有意义。群体中的交往需要大家遵循共同的规则，在分享共同意义的同时，达成共同的目标，个体正是在这种不断地建构与分享中创造着意义，进而实现着社会化成长。如果青少年在交往中不能获得意义，不能真诚地展开与敞亮思想，就不会获得成长与发展。

4. *主体责任感与交往伦理的淡化*

主体责任感主要表现在两个方面，一是对自我负责，二是对他人负责。网络空间作为虚拟电子空间为青少年的言行自由提供了条件，青少年在网络交往中有时因过度自由而忘却了责任，由此造成主体责任感的缺失，主要表现在网络交往中青少年缺乏自我保护意识、泄露个人隐私等对自我不负责任的行为，以及在网上发表不健康的言论、不良的信息等对他人不负责任的行为。网络使青少年的话语权得到真正回归，青少年完全可以摆脱现实生活世界的规范与约束限制，充分自由地表达自我、释放自我。由于在网络交往中身体缺场、隐匿真名，青少年以一种更加开放的姿态投入网络交往中，其主体责任感与伦理道德受到极大挑战。青少年在网络世界中的交往实践已经开始颠覆现实世界中传统的伦理道德，表现更多的是赤裸裸的原始欲望的满足，寻求刺激、寻找成就感、宣泄现实学习和生活中的压力、体验快感，已成为青少年网络交往活动的直接目的。在现实生活中，人们作为道德的主体，也同时担负起了道德的重担。而在网络生活中，道德相对主义的状态，虽然使人们自由不羁，但也有失重之虑。米兰·昆德拉(Milan Kundera)说：“也许最沉重的负担同时也是一种生活最为充实的象征，负担越沉，我们的生活也就越贴近大地，越趋近真切和实在。相反，完全没有负担，

---

① 【德】哈贝马斯. 交往行动理论(第1卷)[M]. 重庆：重庆出版社，1994：120—121.

人变得比大气还轻，会高高地飞起，离别大地亦即离别真实的生活。他将变得似真非真，运动自由而毫无意义。”[①]因此，如何使青少年在享受网络交往自由的同时，使其交往充满意义，并避免在网络交往空间的生活失重。不因缺少道德顾虑和约束力，而失去其内在的价值，网络伦理道德成为关键。网络伦理道德失范成为青少年网络交往面临的另一重要危机。

五、网络素养：青少年网络交往的需要

网络为青少年提供了充分自由的交往空间，不仅拓展了青少年交往的时空界域，而且使青少年的话语权得到真正回归。青少年可以自由选择交往的对象，任意选择感兴趣的交流话题。在网络交往中，青少年不仅可以交换信息、交流思想、表达情感，而且可以与亲朋好友加强联系，并结识新朋友。青少年自身的网络素养状况不仅关涉对交往对象、交往话题与内容的判断与选择，以及交往语言的运用，而且直接影响人际关系的建立和自身的社会性成长与发展。因此，提升青少年网络素养对提高其网络交往的内涵与质量具有重要意义。

1. 网络素养有利于提高青少年网络交往的主体意识与主体精神

网络素养有利于唤醒青少年在网络交往中的主体精神，增强青少年的主体意识以及主体生成性。网络素养有助于增强青少年在网络交往中的目的性以及交往行为的自觉性与自我调控性，使青少年在与他人的对话与交流中，自觉利用批判性思维鉴别他人的身份，与他人保持合理的交往尺度，理性地进行交往。网络素养使青少年有意识地选择交往对象、选择有意义的交流话题，创造性地与他人进行交往活动，形成和谐的交往关系，并在网络交往中获得意义进而促进自身的发展。尽管青少年在网络交往中存在明显的主体不确定性，但网络素养可以帮助青少年重塑主体意识，理解虚拟自我与真实自我之间的关系，通过唤醒主体意识获得对主体性的理解，即获得在网络交往中的自觉能动性、独立自主性、主体创造性以及自律性。网络素养有利于青少年在网络交往中树立自主与自觉意识，体现主体在交往中的“主人”精神，以及有意识、有目的、理性地进行网络交往。网络素养是促进青少年作为交往主体进行自主和自觉交往的前提，是促进青少年在交往过程中敞开胸怀、平等对话、建构理解、有效沟通与交流的必要前提条件，是实现自由、平等、合理的网络交往，以及克服和避免网络交往异化

---

① 【法】米兰·昆德拉著．不能承受的生命之轻[M]．许钧，译．上海：上海译文出版社，2003：27.

和产生负面效应的重要基础。

2. 网络素养促进青少年在网络交往中建构意义与价值

网络素养意味着青少年需要理解网络技术与自身、社会、文化的关系，进而建立关联、生成意义。它可以促进青少年在网络交往中，自觉建立虚拟世界与现实世界、网络生活与现实生活、真实自我与虚拟自我之间的联系，并自觉建构意义。网络素养使青少年在网络交往中不会迷失方向，密切关注当前的网络交往行为对于生活与个人成长的意义，促进青少年在网络交往中思考"我为什么交往?"、"我应如何交往?"、"在交往中我与他人建立了什么关系?"、"有何意义和价值?"等，通过对这些问题的思考，自觉建立当前的交往行为与后果之间的联系与关系，并对网络交往本身的意义性进行探究与寻求。网络素养有助于青少年主动思考、建构网络交往中个人呈现与真实自我之间的意义关系，在与他人的互动交往中，理解、倾听、思考、表达，在会话中自觉生成意义。同时，主动愿意以开放的交往心态，接纳不同人的观点和视域，形成多元化的交往价值理念，在人际关系的建立、维系过程中丰富交往体验，完善与调整自身的交往行为，为建立和谐的人际交往关系奠定基础。

3. 网络素养增强青少年对网络交往伦理道德的理解，使青少年负责任地参与网络交往

康德指出:"如果没有道德观念的发展，技术对于有修养准备的人是崇高的东西，对于无教养的人却是可怕的。"杜威在他的技术探究理论中也指出了"负责任的使用技术"是克服技术负面作用的根本途径。网络伦理与网络道德规范本身是网络素养的重要内容与组成部分，网络素养可以促进青少年对网络交往中伦理道德的认识和理解，提高青少年的网络伦理与道德水平，增强青少年遵守网络伦理道德规范的自觉性。网络素养可以提高青少年的思辨能力，让青少年理智地呈现自己，负责任地参与网络交往，明确在网络交往中该做什么、不该做什么。即便在网络交往中没有监督和约束，也要对自我和他人负责。哲学家萨特认为，"自由即责任"。网络素养使青少年在享受自由交往的同时，将责任置于自由之上，二者密切联系在一起，通过对网络交往中自我身份、自我主体角色、网络言行和人际关系的反思，不断改善、调节自身的网络行为，在体验网络交往快乐的同时，承担起应有的责任，负责任地参与网络交往实践活动。

总之，青少年要真正融入当今这个网络无处不在的"互联网＋"时代，网络素养已成为一个必备的条件。在当今的网络社会中，一个缺乏网络素养的人，是不可能适应社会发展的，他注定要被这个社会边缘化。网络素养已成为"互联网＋"时代的人所必

须具备的基本素养，也成为当今“互联网＋”时代的人全面发展的特质，不具备相应的网络素养，就不会在网络空间正常地学习、生活与交往，也就不可能成为一个现代意义上全面发展的人。然而，网络在为青少年带来发展机遇的同时，也给青少年的生存带来危机。网络素养正是使青少年摆脱所面临的生存危机，获得网络生存的意义与发展的关键。网络素养帮助青少年在网络世界中建构意义，促进网络生活与现实生活的联接，促进青少年理解自身在网络空间的行为及其与结果之间的关系，提升自身在网络空间的发展能力，促进青少年在网络空间的和谐发展。网络素养是促进青少年在网络空间发展的基础，网络素养也是网络时代的青少年全面发展素养的内在组成部分。因此，网络素养是“互联网＋”时代青少年发展与社会发展的双重需要。

第三节　青少年全面发展视野中的网络素养

“人的全面发展”和自我完善，是古往今来人类永恒的理想和追求。人的全面发展一方面是指人的身心健康和谐发展，另一方面也是指真、善、美的和谐与统一。在网络时代，尽管青少年生活于网络世界与现实世界的融合与联接之中，但其全面发展的内涵是不变的。一方面，不管在现实生活还是在网络生活中，青少年的身心都应得到健康和谐发展；另一方面，青少年应在双重世界中追求真、善、美的和谐与统一。网络素养与综合素养作为人的整体素质的内在组成部分，是促进人的全面发展的基石。

一、追溯“素养”与“人的全面发展”关系之本源

素养与人的发展有着密切的联系，对二者之关系的论述最早可以追溯到两千多年前的儒家代表人物孔子，记载孔子言行的《论语》首次把“素”的本意引申为人的基本素养，孔子始终将德性素养与人的发展融为一体，践行于他对弟子的言传身教之中。儒家中渗透的将素养和人的发展密切联系在一起的思想，对提升人的素养以促进人的发展有着重要的影响。儒家思想将人的发展理解为建立在现实生活基础上的自我完善，通过追求向善的德性生活，完善自身的存在价值。具体体现为：一方面，儒家对人类的生存和发展具有深切而浓郁的忧患意识，所谓“生于忧患，死于安乐”，正是由此忧患意识出发，提出了人类自我拯救、自我完善的人文之道，展示了人类对于自身的理性认识和理想建构，体现了人类在自身生存发展中的主体地位和能动作用；另一方面，儒家思想充分揭示了人存在的本质属性，通过理性地论证人的存在的道德善性，鲜明地提

出了社会中每个人都能够完善自身的存在价值。由于儒家学者发扬了人的存在的道德善性，肯定了人的存在价值完善的实现，这不仅建立了人的素养与人的发展的关联，而且对提升人的内在价值，通过发展人的素养进而促进人的发展奠定了基础，对未来的发展产生了重要影响。

儒家学派对人的本质及人的发展与存在价值有独到的认识。《论语·微子》云："鸟兽不可同群。"这是孔子对子路说的话，意为我们不可以同飞禽走兽合群共处。原因是人与鸟兽有本质的不同。人的存在的本质属性，在儒家的人学思想之中，乃是关于"人之所以为人"的本质规定的核心理论，"修己"即提高素养是人发展的根本，而将"仁义礼智"作为人全面发展的内容。它不仅是儒家人学思想的首要内容，也是整个儒学理论体系建构与拓展的基点和中心。

首先，"修己"即提高自身的素养，是"成人"的关键。人的存在的本质属性是人的存在的道德属性，道德属性是人之所以为人的本质规定。因为，在儒家看来，只具有自然生命的人并非真正的人，一个生理上成熟的人亦并非意味着"成人"。孔子有"成人"说——子路问成人。子曰："若藏武仲之知，公绰之不欲，卞庄子之勇，冉求之艺，文之以礼乐，亦可以为成人矣。"曰："今之成人者何必然？见利思义，见危授命，久要不忘平生之言，亦可以成人矣。"(《论语·宪问》)"成人"关键要有一个道德标准，要成为一个有伦理的人，修己是关键，是根本。这里的"修己"意味着提高自身的素养。可见，儒学关注的生命是德性生命，将提高自身的道德素养作为人的发展的根本。

其次，"仁、义、礼、智"作为素养内容。儒家学派从人性意义上研究人的素养和人的发展问题，儒家学派认为，人之性为德性，即人的道德素养。孔子认为，"性之德"是人本性固有的品质，而"仁"、"义"、"礼"、"智"是道德义理的内容。以德性素养的发展作为人的发展标准，将德性素养作为人发展的重要内容，追求向善的德性生活，以完善自身的存在价值。"仁"、"义"、"礼"、"智"，以重视个人道德品质的锤炼，重视道德规范的践行，重视整体利益价值的追求，为人的发展的核心价值观以及人之成人的素养标准。将德性素养与人的发展融为一体，体现了儒家思想中通过德性素养育人的发展目标和方向。

总之，在两千多年来的历史发展中，儒家关于素养和人的发展的关系的思想，对这种关系的建立有着重要影响。这种思想是在儒家关切现实人生及其发展，建构理想人文之道的认识与实践中形成的，展现了儒家对于人的存在的理性认识和现实建构。儒家对于人的存在的本质属性的阐释，充分指出了人之所以为人的本质规定在于人的存在的道德属性，它不仅是人的存在的行为规范的设置依据，也是人的存在价值完善的践履根基。儒家思想从人的发展的视角解释了人的素养、人的本质与人的发展的内在一致性，提出通过提升人的内在德性素养来促进人的自我完善与发展，为后来的研究提供了路向与典范。儒家以德性素养的发展作为人的发展的标准，将德性素养中的“仁”、“义”、“礼”、“智”作为人的发展的重要内容，追求向善的德性生活，以完善自身的存在价值。应该说，以孔子的儒家思想为发端，通过提升人的素养来促进人的发展与完善，为后来产生了重要影响，也称为古往今来人类发展共同的主题。尽管不同时代对人的发展要求不同，不同时代有不同的时代精神，素养的内涵也会变化，但素养与人的发展存在着密切的内在联系，通过发展人的素养来促进人的发展，以与时代的发展同步，是各个时代永恒的主题。这也为观照时代精神与特征，如何在时代背景下考察素养与人的发展问题提供了历史基点。为网络素养与青少年的发展问题的研究提供了立足点。

二、关于“互联网＋”时代青少年全面发展的内涵

青少年的全面发展，是一个历史命题，也是一个弥久常新的话题，对于青少年全面发展的内涵是什么、如何实现青少年全面发展的问题，教育学、心理学、社会学等学科从不同的学科视野给予了关注与研究，使我们对青少年全面发展的内涵有了丰富的解读视角与多样化的理解。有学者指出，青少年的全面发展首先是完整发展，即青少年的各种最基本与最基础的素质必须得到完整发展，各个方面可以有发展程度上的差异，但缺一不可；青少年的全面发展也指“和谐发展”，即青少年的基本素质必须获得协调发展，各方面不能失调，它强调青少年的各种素质之间关系的适当和协调，是青少年的发展所体现出的一种和谐；青少年的全面发展还指“多方面发展”，即青少年的各种基本素质中的各素质要素和具体能力，在主客观条件允许的范围内应力求尽可能多方面地发展。青少年的各种基本素质内部也各自有着丰富的内涵，还可以分解为诸多素质要素，为此，应根据青少年发展的需要和社会生活的要求，追求青少年个人素养和能力的多方面发展；青少年的全面发展还意味着青少年的“自由发展”，即青少年自主的、具有独特性和富有个性的发展。“自由发展”的本质就是“个性发展”，“个性发展”的核心就是人的素质构造的独特性，这主要体现在两个方面：一是指人的基本素质中各要素及其要素因子，在发展上应努力形成范围和程度上的个人独特性，即个人不可能在某一基本素质内的所有方面都获得发展，也不可能在几个方面获得平均程度的发展，各素质之间总会有一定的不平衡性或偏移性；二是指人的各基本素质和其内部各要素

及要素因子在其组合上应努力建构个人的独特性。“全面发展”主要是就人的发展的完整性、统一性和和谐性而言的,“自由发展”主要是就人的发展的自主性、独特性和个别性而言的。自由全面发展是青少年发展的理想与追求。

“人的全面发展”也是一个不断发展的概念,在不同时代、不同社会,对人的全面发展的内涵有着不同的认识和理解。“人的全面发展”在本质上是一种理想、追求和信念。不断追求人的完善、和谐、丰富,一方面是人性的内在向往和本能的自然追求;另一方面,也是社会进步和发展的外在要求,它是个人需要与社会要求的内在统一。在主观上,人总是倾向于不断追求尽可能的全面发展;在客观上,随着社会的进步,社会也不断要求人的全面发展。这既是应然的,也是必然的。相应地,“人的全面发展”的动力来自两个方面,即内在动力和外在动力,前者是主观的,后者是客观的。内在动力来自人自我发展的内在需求,外在动力来自社会发展的要求。“人的全面发展”在不同的历史时期和不同的社会条件下有着不尽相同的内涵和层次,然而,无论是不同历史时期的人还是同一历史时期的人对“全面发展”的理解和追求有多么不同,其实质却是相同的,即不断地追求自身的完善和发展。

随着“互联网+”时代的发展,网络正用另一种完全不同的方式诠释生活,人类在不断地改变网络,网络也正在不断地改变着现实世界。网络社会对青少年的全面发展提出了新的要求,不仅要求青少年在现实生活中自由和谐地发展,而且要求青少年具备相应的网络素养以适应网络社会的要求,在网络空间中获得自由和谐地发展。

青少年的全面发展是建立在生活的全面性与丰富性基础之上的。随着网络社会的发展,青少年生活在网络世界与现实世界的二维世界中,丰富的网络生活与现实生活,在互动融合中为青少年成长提供了广阔的视域与环境条件,青少年需要具备在网络世界与现实世界的二维(重)空间中生存与发展的能力与素养,具备在网络空间中的自我发展能力。网络社会的发展要求青少年要有良好的网络素养,具备认识和改造网络世界的能力。同时,青少年在网络生活中具有提升自身素养,适应“互联网+”时代发展的内在需求,在与网络的互动中全面发展自己,使自己获得和谐健康的发展,这是“互联网+”时代青少年发展的内在需要。

三、青少年全面发展视野中的网络素养:一种整体观

青少年全面发展需要具备多种素养,如人文素养、科学素养、技术素养等,素养是青少年全面发展的前提条件,它的缺失直接影响青少年在某些方面的发展。网络素养

是青少年全面发展素养的重要组成部分，是青少年全面发展的重要条件。网络素养对“互联网＋”时代青少年的全面发展具有直接的影响。

1. 网络素养是青少年全面发展的重要组成部分

网络素养是“互联网＋”时代的青少年必备的素养，同文化素养一样，网络素养是青少年全面发展整体素养的重要组成部分。青少年的全面发展一方面是指青少年各种素养能力的协调发展，另一方面是指青少年身心健康获得和谐发展。青少年的全面发展是建立在自我完善与自我发展基础之上的。网络素养可以促进青少年在网络空间的自我发展能力，促进青少年在网络实践活动中多种核心能力的发展，如批判性思维能力、问题解决能力、创造能力、意义建构能力等，使青少年在网络空间中获得身心健康和谐的发展。具体而言，网络素养可以帮助青少年增强对网络本质的理解，促进青少年对网络世界与现实世界、网络与自我、自我与他人关系的理解与认识，帮助青少年理解网络与生活、网络与学习的关系，进而有意识地调节控制自身的网络行为，与网络形成和谐的关系。网络素养使青少年的网络行为建立在理智的思考、自我约束与自我调控基础之上，使自身的网络行为具有目的性，不致在多重链接与选择中迷失方向。同时，网络素养核心能力有助于青少年在网络空间的选择、决策与问题解决，促进青少年在网络实践活动中的意义生成与建构过程，在网络实践活动中形成自身的理解，产生新的思想观念。网络素养也会促进青少年在网络实践活动中形成积极的情感体验，提升青少年对自身网络实践活动内在价值的理解，增强实践参与的积极性与建构性。网络素养可以增强青少年的网络伦理道德与责任意识，让青少年追求“真、善、美”的内在统一，负责任地参与网络实践活动。网络素养作为青少年全面发展整体素养的内在组成部分，是促进青少年在网络世界中健康和谐发展的基石，是网络社会的青少年全面发展不可或缺的内容。

随着网络技术的迅猛发展，互联网在各个领域中得到广泛应用，逐步改变着青少年的学习和生活方式。网络素养作为生活在网络社会中的公民所必须具备的基本素养，越来越受到世界各国的关注和重视，已被置于与读、写、算同等重要的地位，作为青少年全面发展不可或缺的组成部分。美国21世纪技能开发委员会，从青少年学习、生活与发展一体化视野开发了21世纪学习框架，在该框架中再次凸显了网络素养在人的全面发展中的重要地位，体现了网络素养对青少年全面发展的支持作用。该报告中明确提出：“互联网＋”时代的到来，拓展了素养的内涵，由原来的“3R（读、写、算）”变为“4C”（批判性思维和问题解决技能、创新技能、交流技能、合作技能）。以“4C”为核心的素养能力的发展成为21世纪青少年全面发展的核心，而这正是网络素养核心能力的重要组成部分。在21世纪技能框架图中，将信息素养、技术素养、媒体素养三大素养技能作为与学习创新技能、生活工作技能并列的三大模块，置于青少年发展技能非常核心的地位。报告明确指出：学校应通过标准、课程与教学、专业发展、学习环境等多方面的支持，确保让青少年投入到这些技能的学习过程中，从而为21世纪的青少年成长与发展奠定基础。

关于人的全面发展，马克思经常用的表述是“全面地发展自己的一切能力”、“发挥他的全部才能和力量”、“人类全部力量的全面发展”。恩格斯说这是“各方面都有能力的人”。而网络素养的核心能力，如：青少年在网络空间的批判性思维能力、反思能力、问题解决能力、创造能力、意义建构能力等，自然应属于青少年全面发展的内容。

马克思说：“人通过劳动改变身外的世界，同时也在改变他自身的自然。他使自身的自然中沉睡着的潜力发挥出来。”[①]青少年在网络实践活动过程中，自身素养结构也在不断调整、提高和发展，自身潜在的能力也得到发展。青少年在网络实践活动中既不是与网络环境的简单联结，也不是被动接收信息的单一过程和只依赖于个人的主观思考，而是在社会性互动中，通过创造和发展而改造着自身，形成新的力量、新的观念、新的交往方式、新的需要和新的语言，从而使自身的潜力得到充分发展。青少年能力的全面发展意味着全面发展自己的一切能力，即全面发展自己的潜力和实际的能力，并在实践活动中发挥全部的才能和力量，将潜在能力转变为实际能力。网络为青少年提供了广阔的实践空间，网络素养为青少年潜在能力与实际能力的转化、联接、发展奠定了基础，从而促进青少年的全面发展。

2. *网络素养可以促进青少年的全面发展*

网络素养是“互联网＋”时代对青少年发展提出的要求，它不仅提升青少年在网络空间的自我发展能力，也会直接影响青少年的现实生活。网络素养对提高青少年的批判性思维能力、问题解决能力、反思能力等起着很大的作用，进而促进青少年在生活、学习上的发展能力。尽管不同时代的学者对青少年全面发展有不同的诠释，但就促进青少年发展而言，在本质上是一致的。

提高青少年的网络素养是促进青少年全面发展的重要内容。青少年全面发展有

---

① 马克思，恩格斯著．马克思恩格斯全集(第23卷)[M]．中共中央马克思恩格斯列宁斯大林著作编译局，编译．北京：人民出版社，1972：202.

着丰富的内涵，包括整体素养的发展，网络素养作为青少年“互联网＋”时代的必备素养，理应作为全面发展的重要内容与组成部分。青少年网络素养的发展直接影响其全面发展，网络素养是“互联网＋”时代青少年全面发展不可或缺的重要组成部分，提高网络素养是促进青少年全面发展的重要内容。如果缺失网络素养，青少年在网络实践活动中无法促进自身的发展，其全面发展也得不到保障。

网络素养有助于提升青少年对网络社会的理解，包括对网络本质的认识与理解，对参与网络活动的理解，对网络与社会关系的理解，其核心是通过对网络文化及“互联网＋”时代精神的理解，以调节青少年在参与网络实践活动中所呈现的行为方式与提高其能力水平。

总之，网络素养作为青少年全面发展的重要内容，是一个具有时代意义的考量指标，随着“互联网＋”时代的发展，网络素养将对人的全面发展的影响越来越大。同时，人的全面发展也越来越需要从网络素养这个视角来思考，如何在“互联网＋”时代健康地生存、全面发展。网络素养这个指标将成为人的全面发展，特别是网络社会中人的全面发展的一个重要方面。

第四章　青少年网络素养现状调查与多视角考察

了解现状有助于改变现状，为今后的发展指明方向。"互联网+"时代的网络已融入青少年的学习与生活，成为青少年的一种重要生活方式，高质量的网络生活需要青少年具备较高的网络素养。对青少年网络素养的现状考察，是进一步认识青少年网络素养的本质及要义，是提升青少年网络生存质量的关键。对青少年网络素养的现状考察有助于理解青少年当前的网络行为，探求青少年内心世界与现实世界和网络世界之间的互动关系，发现青少年网络生活中存在的问题，揭示当前青少年网络素养缺失的内在原因，为寻求青少年网络素养发展的路径、策略与方法提供支撑，为青少年在网络世界中的意义建构与知识生成提供有力支持。对青少年网络素养的现状考察是了解其网络素养现状、探求其网络素养发展对策，以及促进其网络素养发展的基础与前提。

第一节　国际视野：国外青少年网络素养现状考察

随着互联网的迅速发展与应用普及，青少年已成为重要的网络用户群体，对青少年网络素养的研究受到世界各国的普遍关注，如英国、加拿大、美国等，已经开展了青少年网络素养现状的大型调查研究，比较有代表性的有英国伦敦大学于 2003 年至 2005 年实施的"儿童网上行"(Children Going online)研究项目，加拿大依维民意调查研究小组(Environics Research Group)和媒介意识网(Media Awareness Network)合作于 2001 至 2006 年期间开展的调查研究，美国网络素养非盈利组织(Netliteracy)开展的青少年网络素养教育的实践行动以及迈克菲公司(McAfee)青少年教育研究项目组于 2010 年实施的青少年网络行为调查研究，等等。下面基于国际视野，就国外青少年网络素养现状进行考察。

一、来自加拿大的调查研究分析

为了解加拿大青少年网络素养现状，2001年3月至2006年5月，由加拿大依维研究小组和媒介意识网合作，针对加拿大6—16岁的5200多名青少年开展了网络素养现状调查，主要围绕青少年对网络本质的认识、网络行为活动内容、网络体验、网络规则、隐私与在线身份认同、家长/教师的引导与干预等维度所体现的网络素养内容要素（知、情、意、行）进行了调查。同时，以焦点小组访谈的方式，对这些青少年及部分家长进行了访谈。其目的是为教育者、家长、政策制定者提供理解青少年使用网络的理论框架，了解青少年当前的网络素养现状，为促进青少年网络素养的发展提供建议与帮助。

调查共分为两个阶段：第一阶段于2001年7月开始，由媒介意识网负责实施研究，主要围绕青少年对网络本质和网络安全的认识、青少年网络活动的主要内容等，调查方法主要采用焦点小组、电话访谈、网络日志、内容分析等质性研究方法，调查对象为9—16岁的5682名4至11年级的青少年，首先对他们进行了问卷调查，并选择了其中1080位青少年的家长进行了电话采访，和对居住在多伦多和蒙特利尔两个城市的青少年及家长进行了焦点小组访谈，同时抽取部分青少年6个月内的网络活动情况，包括访问的网站与具体内容，作为重点分析的对象。调查结果反映了青少年在使用网络过程中因缺失网络素养而存在的一些问题。①

第二阶段于2005年开始，由依维民意调查研究小组负责实施，主要围绕青少年在线活动的范围、喜欢的网站、网络体验、个人隐私、在线身份，以及上网规则对青少年网络行为的影响、父母引导与干预的影响、网络对青少年学习与研究的作用等内容进行了调查研究。此次，共有5272名青少年参加了调查，调查对象为来自不同州、不同学校的青少年，有的住在城市，也有的住在边远郊区，并且有相当一部分青少年参加了2001年的调查。

时隔四年，两个阶段的调查结果出现了很大的不同，也正是这些差异促使加拿大媒介意识网进一步探究变化的原因与意义，重新审视青少年在网络探究中的一些问题，如：网络对青少年意味着什么？网络如何影响青少年的社会关系发展？青少年如

---

① George Spears, Cathy Wing. Young Canadians in a Wired world-student Survey [R]. Media Awareness Network, 2005: 3-60.

何理解个人隐私？网络如何改变青少年的学习方式、交往方式？青少年如何解读网络文化？青少年如何成为在线革新者与创造者？等等。下面根据调查结果，围绕网络素养的“知”、“情”、“意”、“行”四个维面，具体分析调查结果：

（一）对网络本质的认识：家长与青少年对网络本质的认识经历了从分歧走向融合的变化过程

在第一个阶段的调查中，青少年与家长存在许多分歧，这些分歧主要体现在对网络本质的认识、网络对人际关系的影响、对青少年网络技能的认识等方面。

关于网络的本质，被调查的青少年认为：网络已融入他们的生活，网络生活带来新的景观，成为日常生活中不可缺少的一部分。真实生活与网络虚拟生活、在线与离线之间已无缝联接。被调查的家长根据自身的经验认为网络是用于工作的工具，而对于青少年来说，网络是学习工具，青少年常用它来休闲、娱乐和进行社会交往，甚至作为玩游戏的玩具。父母常局限于负面影响的角度来看待网络技术，甚至有些父母认为网络像“魔法”，浪费了青少年很多时间，而没有意识到网络为青少年带来的机会及其积极的一面，这使青少年与父母对网络本质的认识出现了很大的分歧。

在网络对人际关系的影响方面，青少年对于“网络影响了人与人之间的关系”的看法感到难以理解与想象，他们认为，网络只不过是日常生活的一部分，他们感到最大的变化是网络使现实世界变小了，与家人、远方的亲朋好友的沟通联系方便容易了，人际关系没有发生任何本质性变化。但有些父母被其与子女所形成的关系所困扰，也感到难以想象，这些父母特别关注与孩子之间的关系，网络的存在使青少年在现实生活中与他们的互动交往变少了，且很多时候青少年并非按照父母所设想的方式生活，他们对青少年的某些行为感到不解，因此，有些父母认为网络影响了青少年的生活方式，也影响了青少年与父母的亲子关系。在参加调查的青少年中，尤其是年龄在13—14岁的青少年的网络技能水平很高，他们在调查中真实表达了自己的内心想法，即随着年龄的增长，他们想突破家庭的藩篱，去翱翔和施展自己的才干，即便没有网络，他们也不想以父母的社会生活为中心，因为父母不理解他们自身对生活探索的渴望。许多青少年认为长大了就应该脱离家庭生活的范围去探究新的世界，他们开始利用网络探究成长的秘密及生活的意义。

在父母对青少年网络技能的认识方面，尽管许多青少年的网络技能已超过父母，但有些父母仍试图去控制青少年的网络活动，限制其网络技能的发展，原因在于有些父母一方面担心青少年的网络技能提高后，自己无法控制；另一方面也担心青少年受到网上不良信息的影响。这使青少年感到非常不解，他们认为自身网络技能的提高很多时候是在使用网络的过程中发生的，他们不明白父母控制他们的用意何在，他们认为网络世界不是以设置控制与审查制度而奏效的，而是要让他们学会如何决策来承担责任与风险。

在第二阶段的调查中，父母与青少年对网络本质的认识分歧已经减少，并逐步走向融合，主要体现在父母对网络促进青少年发展的正面影响已经认可与接受。父母深信使用网络给青少年的长远发展带来很大的好处，网络成了青少年联接家庭生活与社会生活的纽带。青少年也认为网络不是一个独立的实体，只不过是使他们的生活多了一个空间，让他们得以与朋友联系、发展兴趣、追求个性，让他们懂得了长大意味着什么。对青少年来说，网络生活与日常生活的密切联系已使他们无法将二者区分开来，他们认为网络融合了社会空间与生活空间，网络生活已与日常生活无缝联接，网络为他们打开了认识现实世界的窗口，影响了他们的学习、生活及社会交往，丰富了他们的成长经验。许多青少年将网络整合到日常生活中，丰富了他们的社会交往活动。青少年有时会在网上遇到一些威胁或不适合的内容，他们迫切需要引导与帮助以安全地使用网络，在这种情况下，家长为了给青少年提供所需要的帮助，从青少年的视角出发，开始对青少年利用网络探究世界、探究自己寻求新的理解。

（二）青少年参与网络实践活动的情况

通过对青少年参与网络实践活动内容与范围的调查，我们对青少年真实的网络生活有了进一步的了解，了解了青少年网络行为的特征，也进一步发现了青少年在网络生活中的创造性。网络为青少年提供了自由创作与发展的空间，使青少年突破物理空间与现实社会生活的限制和束缚，创造性地参与网络实践活动，青少年可以在网上尝试体验不同的身份与角色，重塑自我形象。

调查主要通过四个问题了解青少年的网络活动情况，第一个问题是：如果你有1—2个小时的空闲时间可以用于上网，你会做什么？第二个问题是：你经常在网上做什么？第三个问题是：你每天在各项网络活动上平均花多长时间？第四个问题是：你喜欢的网站有？写下三个你喜爱的网站。

调查结果显示，青少年经常进行的网络活动包括：用即时通信工具与朋友交谈、下载或听音乐、使用邮件、利用网络做家庭作业、做与发展兴趣有关的事、玩游戏、浏览新闻、看天气预报和体育赛事、下载电影或电视节目、购物或获取产品信息、进聊天室、建设自己的网站、用Blog写博客或在线写日记等。

上述前两个问题呈现了类似的结果，用即时交流工具与朋友交流（62％的女生，43％的男生）、听/下载音乐、玩游戏三种活动是最常见的青少年的网络活动，两个问题的调查结果不同的地方在于：在前一个问题的调查中，其中玩游戏从四年级的青少年开始，随着年龄的递增呈下降趋势，取而代之的是与朋友交流、听/下载音乐等；而在后一个问题中，做家庭作业从四年级开始呈递增趋势，玩游戏（72％）、做家庭作业（72％）、用即时工具与朋友交流（66％）、下载/听音乐（65％）成为排在前四项的活动。还有一些活动在休闲时间中的排名较低，但在日常网络活动中排名较高，如：收发邮件、浏览感兴趣的信息（如新闻、天气预报、体育赛事网站等），并且这些网络活动在各年级之间的差异性较小。

对青少年在不同网络活动上所花费时间的调查结果为：用于与朋友交流的时间呈递增趋势，四年级的青少年平均每天花费 26 分钟，而十一年级的青少年平均每天花费 68 分钟用即时工具与朋友交流。这也说明了随着年龄的递增，不仅有更多的青少年与朋友进行网络交流活动，而且花费的时间也呈递增趋势；下载/听音乐、利用网络做家庭作业、做与兴趣有关的事情、写博客或日记这四项网络活动随着年龄的递增，花费时间呈递增趋势；玩游戏的青少年随着年龄的递增，呈递减趋势，但这些青少年平均用于玩游戏的时间呈稳定状态。需要指出的是，有些网络活动可以同时进行，如青少年在线听音乐时可以同时进行其他网络活动，这些结果反映了青少年参与在线活动的总体情况。

在调查中，让青少年写下三个他们喜欢的网站，不包括搜索引擎或邮件网站，其意图是通过这些网站进一步判断青少年的网络活动。调查中，青少年共列出了 2800 个不同的网站，但分析发现：毫无例外，青少年最喜欢的网站中排在前面的是娱乐类、游戏类。在低年级，青少年最喜欢的网站很多是娱乐、游戏类网站，随着年龄的增长，他们喜欢的网站更多样化和个性化。同时，调查人员对排在最前面的网站特征及内容进行了分析，他们发现尽管受青少年喜欢的网站在内容方面有很大不同，但大部分以提供娱乐、游戏类的内容为主，这些网站往往有角色扮演与社会交往的内容，以让青少年模拟生活、体验生活为主，如：有 18.2％的青少年选择了 Neopets 网站，该网站是一个需要注册的在线游戏，青少年可以创建虚拟宠物、喂养宠物、与宠物进行互动等，还有一类网站是以产品为中心的网站，如：Miniclip（有 16.3％的青少年列出了该网站），青少年可以在该网站中生产经营自己的产品、创建品牌、做广告向他人推销、换取产品经营的利润等。青少年通过引入不同的身份，体验不同的成人社会角色。

1. 青少年获得的网络体验情况

让青少年描述自己可回忆的网络体验，这种体验可以是难忘的或重要的，该问题以开放性问题的形式呈现。在被调查的青少年中，有 56%的青少年认为获得的是正面的、良好的网络体验，有 27%的青少年认为获得的是负面的、不好的网络体验，有 17%的青少年选择的是中性的网络体验。与朋友交流、玩游戏、做与作业或研究相关的事情，以及查找信息等获得的体验大都是正面、积极的。垃圾、病毒、无意的弹出窗口迫使进入攻击性网站是获得不好体验的主要来源。良好的体验一般都有较高的参与度，并且与下列因素有关，如有趣、令人振奋、感觉良好等，良好的体验一般是通过完成具有挑战性的任务获得的，青少年认为尽管在完成任务的过程中有难度，但可以学到东西。在进一步询问青少年是否有意访问过攻击性网站时，调查人员发现有 16%的青少年曾访问过色情网站，有 18%的青少年访问过暴力网站，有 12%的青少年访问过赌博网站，有 9%的青少年进入过成人聊天室，其中，34%的青少年至少访问过上述网站之一。

大部分青少年在社会交往活动中所获得的体验是积极正面的，当在问卷中让青少年描述一次值得还念的网络经历时，许多青少年谈到与朋友交往或交结新朋友。其中 80%的青少年都有较好的经历与体验，这种良好的体验包括觉得有趣或高兴，或双方彼此感觉良好。也有些青少年在网络交往中遇到危险或有过不好的体验和经历，主要包括受到威胁或攻击等。

2. 青少年利用网络进行社会交往及自我身份与角色的探究

当今的青少年是网络化的一代，越来越多的青少年愿意利用网络与他人交往。调查发现，青少年平均一天花费近一小时的时间与朋友交流，有些青少年认为每天在网上花的时间越长，就越感到自信，并认为自己社会交往能力越强。尽管青少年利用网络拓展了现实生活中的社会网络，但学校、活动、聚会仍是他们交结朋友的主要渠道。他们在网上交往的朋友一般是现实生活中的亲朋好友，许多青少年说他们喜欢用 MSN 与朋友交流，而不喜欢聊天室，因为在 MSN 中他们能辨识对方是谁，通过联系人列表的增删，可以确定是否与对方交往，也知道是和谁在交流。在焦点小组访谈时，有的青少年说："长长的联系人列表是社会交往广泛的标志。"他们对在聊天室中与陌生人交往既好奇又充满疑虑。

网络给青少年提供了尝试不同性格特征、探究不同性别与不同角色的自由，而不受父母或老师的监控与限制。对性别及自我社会角色的探究是青少年在成长中进行自我探究的重要内容，网络为青少年的探究提供了空间。网络的社会性体现在青少年可以利用网络进行身份转化，体验和尝试不同的社会角色。调查发现，60%的青少年曾扮演过生活中的其他社会角色，他们这样做是因为想体验扮演成大人，以及体验与成人交谈或与他人调情的感受。52%的青少年扮演过不同年龄的人，26%的青少年扮演过不同个性特征的人，24%的青少年假装过拥有实际上不具备的能力，23%的青少年扮演过与现实生活不同的角色。在不同的年龄、不同的性别及不同地区的青少年中，这一情况基本趋同。

3. 上网规则与父母参与对青少年有什么影响?

调查显示，青少年在网络实践活动中缺乏自控力，不能完全对自己的上网行为进行自主调节。一方面表现在青少年缺乏对自我网络行为的调控与安全意识，如：有时禁不住诱惑，访问不该访问的内容，或泄漏自己的信息，或在上网过程中出现一些意外(如遭受攻击等)；另一方面表现在青少年上网时不能控制上网时长。因此，父母对青少年进行引导是至关重要的，让青少年理解网络对他们来说意味着什么。自由与责任是分不开的，培养青少年的责任意识是关键。研究发现，父母的参与逐步增多，家庭中制定的上网规则对青少年的行为有积极的影响，尤其是在不允许访问的网站、不准泄露个人隐私方面的规定，而关于不允许与网络中交往的陌生人在现实生活中见面的规定，有一半以上的青少年能做到。尽管随着年龄的增长，青少年会打破规则，但事实证明这些规则确定影响了青少年的行为。家庭上网规则的制定与父母付出一定的时间监护、引导青少年的网络行为起着重要的作用。

调查发现，随着年龄的递增，上网活动规则减少了很多，如8—9年级青少年的网上活动规则数量只有低年级的三分之一。但也正是在这个时候，出于社会性发展需要，青少年最有可能在网上结交朋友、访问攻击性网站，并且许多青少年不愿意和家长谈论在线活动。因此，鉴于互联网在青少年的生活中扮演着重要的角色，家长观照子女的在线活动并对其进行指导，帮助他们处理在上网中遇到的一些问题，如隐私问题、暴力问题等，将对青少年网络素养的发展起着积极的作用。

4. 青少年有提升网络素养的需求，其网络素养发展有很大的教育空间

调查发现，青少年自身具有提升网络素养的实际需求。在焦点小组访谈中，青少年强烈地表达了他们需要向成人学习如何查找有价值的网络信息，这样他们可以做出明智的选择。有三分之二的青少年表示有兴趣学习如何判断网上的信息是否真实，以及如何保护他们的上网隐私等方面的内容。对学习这些内容兴趣最高的是4—6年级

的青少年，占75%，因为这些青少年很喜欢在网上玩游戏，而游戏网站常需要注册个人信息后才能开始游戏，他们很想学习如何兼顾保护个人上网隐私、网络安全与正常进行网络游戏活动。同时，研究表明网络是青少年在做学校作业或项目研究时常用的资源，他们用网络与图书馆资源的比例为10∶1，有36%的青少年喜欢利用网络查找信息进行学习或完成学校的作业。但进一步追问如何利用网络资源进行学习或开展研究时，有56%的青少年并不是很清楚，有近一半的青少年只知道网络资源的查找，却不知道如何有效利用查找到的资源，"下载"、"复制"、"粘贴"是他们利用资源的主要方式，因此在意义的生成与知识深度建构方面做得很不够，青少年在这方面少有引导。因此，青少年有提升网络素养的需求，其网络素养的发展有很大的教育空间。

研究发现，父母的引导与教育有助于青少年获得成功的网络体验，在调查中青少年表示他们对在线隐私保护、如何鉴别网上内容的真实性等有很高的学习兴趣，并且需要家长与教师的引导。使用技术手段，如软件过滤，跟踪青少年访问的站点，并不能代替教师与父母的引导，而且这些方法违背青少年的意愿，没有考虑他们的需要和隐私。与依靠技术手段相反，父母和教师需要与青少年多交流上网体验，对他们进行引导，帮助青少年了解网络行为后果、批判性审查网络内容，以及引导青少年建构意义等，父母和教师在以上方面扮演着重要角色，起着积极的引导作用。他们也需要学习和了解青少年通常访问的网站的内容，以便帮助青少年学习如何选择和决策，促进他们的成长。教师应利用青少年熟悉网络世界的优势，给他们一定的探究任务或作业，以让他们更好地发挥所拥有的网络技能，进行网络探究活动。此外，父母和教师要携手合作，尊重青少年发展的需要，加强对青少年网络行为活动的研究，促进青少年意义建构的质量与深度，这是帮助青少年提升网络素养的关键。

来自于加拿大的调查研究充分说明，网络已融入青少年的学习与生活，成为青少年认识世界的窗口。网络世界与现实世界的融合，为青少年的生活带来新的景观，网络成为青少年探究世界、探究自我、探究生活的重要方式，满足了青少年社会化、多样化成长的需要，为青少年的发展带来新的机遇。网络成为青少年学习与生活不可或缺的部分，对于青少年来说，网络世界为其提供了新的探索和成长空间，他们在网络空间学习、交往、娱乐、创造，网络活动呈现多种样态，同时为青少年带来了多样化的体验。但由于网络空间的开放性、复杂性、多元化，以及青少年的辨别能力、自控能力、批判性思维能力、意义建构能力不足，使得他们面临着网络化生存带来的挑战，无法从自身的网络实践活动中建构意义与价值，为其带来负面影响与潜在的危险，因此，青少年有提升网络素养的实际需求。提升与发展青少年的网络素养是青少年自我发展与时代发展的双重需要。

网络素养是关涉青少年网络生活与生存质量的重要命题，当前青少年的网络素养还有很大的发展空间。除了青少年自身，成人的引导也对其网络素养的发展起着积极的作用，父母与教师应携手合作。一方面，要尊重青少年网络素养发展的需求，了解青少年网络实践活动的特点，多与青少年交流上网需要、上网体验等，引导青少年在丰富多彩的网络实践活动中建构意义，帮助他们寻求网络活动对于自身发展的内在意义与价值；另一方面，需要进一步认识青少年是如何将网络融入日常学习与生活之中的？如何从现实世界进入网络世界，并融合、联接、拓展他们与现实世界的联结的？如何利用网络进行创造、学习、交往？如何发展个人兴趣？如何探究自我成长、尝试新的社会角色？同时，也需要研究青少年在"互联网＋"时代的成长需要与网络素养的实际需求，在青少年发展的不同阶段有针对性地培养和发展其网络素养，以提高青少年在网络空间的生存能力与自我发展能力。

二、来自英国"儿童网上行"项目的研究分析

由英国伦敦大学发起实施的"儿童网上行"研究项目，[①]是一个具有国际影响力的针对青少年网络素养现状调查的研究项目，为了全面调查和了解青少年的网络素养情况，英国伦敦大学以利文斯通教授为代表的项目研究小组分三个阶段进行了研究，研究方法包括质性研究与量化研究，采用了焦点小组访谈、问卷调查、青少年上网记录分析等方法，第一个阶段主要以焦点小组访谈等质性研究为主，第二个阶段对 9—19 岁的 1511 名青少年与 906 名青少年家长进行了问卷调查，第三个阶段基于前期的调查结果，进行了回访与观察。

为了了解青少年网络素养的现状，研究者从与网络素养相关的四个维度设计了问题，包括对网络本质的认识、网络行为活动、网络创造与意义建构，以及青少年自身的网络素养效能感，围绕青少年对网络本质的认识、青少年网络行为活动的内容、青少年在网络空间的创造性、青少年在网络世界与现实世界的联接中如何构建意义、网络为青少年带来哪些发展机遇与挑战？如何增加青少年在线发展的机会和降低青少年使

---

① Sonia Livingstone. A research final report from the UK Children Go Online project [EB/OL]. (2005-10-26)[2011-12-17]. http://www.children-go-online.net.

用网络的风险，以及如何通过教育或非正规教育提升青少年网络素养等方面的内容进行了调研。

自2003年4月至2005年4月，“儿童网上行”研究共包括以下三个阶段：

第一阶段为质性研究：以焦点小组访谈为主，项目组首先在2003年4月对9个家庭进行了采访，并对9位青少年的上网记录进行在线观察。然后在2003年7月开展了14个由9—19岁的青少年组成的焦点小组访谈，访谈主题是网络对青少年成长与发展带来的机会与影响，包括网络对青少年学习(包括正式教育、非正式学习)、对青少年整体素养发展、对青少年社会交往(包括社会性网络、自我身份认同)的影响，以及网络安全(包括内容安全与交流安全)。

第二阶段为量化研究：在2004年1—3月期间，采用随机取样的方式，对英国不同地区的1511名9—19岁的青少年，和906名青少年家长进行了问卷调查。在此过程中，对参加调查的部分青少年进行了深入访谈。调查的内容主要为：(1)青少年上网特征及网络活动范围；(2)青少年对使用网络的本质认识；(3)在线机会，包括网络学习、网络交往；(4)在线危险；(5)父母的引导与干预，包括父母与青少年分别对上述问题的看法与认识；(6)青少年的网络素养需求与自我效能感等。

第三个阶段为质性研究：对前两个阶段的研究结果进行进一步循环验证，在2004年8月对13个焦点小组进行了回访与观察，并召开了相关小组会议。调查的内容为：青少年在网络中的创造性活动和青少年深度参与网络互动时的批判性评价能力、自我调节与监控能力、问题解决能力，以及青少年在网络活动中的意义建构等。

调查样本：在该研究中，充分考虑了调查对象的年龄、性别、种族等因素，在第一阶段的焦点小组访谈中，共选取10所学校，设计了14个焦点小组访谈，共有88名青少年参加了访谈。

第二阶段的问卷调查样本特征(1510例)如下：

年龄	9—11岁(N=380)，12—15岁(N=605)，16—17岁(N=274)，18—19岁(N=251)
性别	男(N=668)，女(N=842)
地区	英格兰(N=1232)，威尔士 (N=69)，苏格兰 (N=161)，北爱尔兰 (N=48)
种族	白种人 (N=1333)，非白种人(N=177)

第三阶段的回访是在第一阶段的14个焦点小组中选取了13个小组，共有80名

青少年参加了回访。

研究视角：该研究以青少年为中心，将青少年与网络的互动与意义建构过程作为研究重点，聚焦青少年在网络实践活动中的所知、所为、所思、所感、所想，将青少年视为积极的意义建构者，强调青少年在与网络互动时的意义建构与价值生成过程。网络技术如何融入生活，取决于使用者的信念、行为以及所赋予的意义和价值。为此，通过观察跟踪青少年的网络行为、创造性表现，以及日常网络实践，来了解青少年的信念、分析青少年的角色，考察青少年在网络实践中是以何种方式建构意义，以及倾听青少年的心声等。通过多种途径了解他们的网络素养情况及具体网络素养发展需求。

调查内容及结果分析：

1. 青少年对网络本质的认识

对于网络是什么的问题，是青少年对网络本质的认识问题。青少年对网络本质的认识主要源于他们在网络实践中所获得的体验与认识，青少年普遍认为网络已经与他们的学习、交往和生活融为一体，在享受网络为学习和生活带来便利的同时，也遇到许多困惑与烦恼。在第一个阶段的焦点小组访谈中，青少年认为网络开拓了视野，加强了社会沟通和联系。有些青少年将网络作为学习与交流的重要工具，13 岁的 Linda 说："我使用网络帮助做家庭作业或完成项目研究，并通过邮件和同学分享经验，向老师咨询不清楚的问题，利用网络学习成为我学习生活中不可或缺的一部分。"17 岁的 Mark 说："尽管在学校里刚和同学或朋友见面，也会在放学后再通过 MSN 用文本或语音方式进行交流，因为在学校里没有太多的交流时间，有些问题来不及交流，利用网络交流可以不受时间、地点的限制，并且可以畅所欲言，想说什么就说什么。"由此可见，青少年将网络作为与朋友交流或与他人联系的重要渠道，他们喜欢利用邮件、即时通信工具等与同学或亲朋好友交流联系。还有些青少年将网络作为娱乐工具，利用网络下载和欣赏音乐、分享创作作品、发展个人兴趣，17 岁的 Abdul 说："网络可用来发展个人兴趣，我喜欢音乐，所以我经常利用网络下载音乐、发表自己创作的歌曲、与音乐爱好者交流等，网络对我个人兴趣的发展起了积极的作用。"

同时，青少年也认识到了网络给个人发展带来机遇的同时，也存在潜在危险。15 岁的 Amir 说："上网也浪费了很多时间，有时没有明确的上网目的，这里逛逛那里看看，很快半天时间就过去了。也有时禁不住好奇与诱惑，被网上有趣的内容所吸引，控制不住自己的网络行为，而浪费了大量的时间。"17 岁的 Heather 说："在网上可以发现很多可做的事情，但有时也很困惑，花了很多时间却不知道做什么对自己的发展有用，或应该怎么做才更有意义？网上也会有很多危险，包括内容危险与交往危险，有一些网站在访问后会产生病毒，还有一些网站的内容不适合我们看，无意中访问后很难过，在聊天室中与陌生人交往，有时他们的污言秽语也会令人感到很不安全。”

在采访中发现，大部分父母希望通过网络开阔青少年的视野，拓展青少年的学习视域，尽管许多家长不知道如何引导青少年，甚至还担心网络安全，但他们仍深信，网络会为青少年的发展带来新的机会，同时他们也对青少年在网络空间的发展充满期待。

2. 网络对青少年学习的影响

网络为青少年提供了学习机会，很多时候青少年在网络空间将娱乐、学习融为一体（'Learning through Play' or 'Learning by Doing'）。网络使青少年成为专家，尽管许多父母具备一定的网络素养，青少年认为自己在网络使用方面更像专家。青少年利用网络获得了丰富的知识与技能，在某些方面已超过了父母，正因为如此，青少年在家中获得了较高的地位，父母不知道的，他们可能知道，父母解决不了的问题，他们可能能够解决，青少年能够平等地与父母参与家庭重大事情的决策，解决生活中的问题。网络改变了青少年的学习方式，“做中学”、“社会性学习”成为青少年的重要学习方式，他们不仅在自我探究中进行学习，而且在互动参与中向他人学习，青少年网络技能的提高是在网络实践中学习的结果，15 岁的 Kim 说，“我利用网络查找信息时，开始总找到无用的信息，甚至是垃圾信息，于是我尝试一些新的方式，尝试一些查找策略，在错误与失败中，我学会了如何精确查找有价值的信息资源。正是因为“做中学”，提高了我的信息查找技能。”网络改变了青少年的学习方式与知识获取方式，知识的获得已不仅限于书本、教师、家长等，网络为青少年获取知识打开了新的窗口与视野，成为青少年认识世界、获取知识的重要渠道，也模糊了青少年正式学习与非正式学习的界限，使二者融为一体。正因为如此，青少年通过网络探究实践成了网络专家，在某些网络应用方面的能力超过了父母。

在访谈中，当问到青少年：“网络、百科全书（Encarta）、书三者中，你更喜欢使用哪一种作为资源的获取渠道？如果你做一个研究项目，第一步先做什么？”许多青少年的回答是“网络”、“利用网络查找资料”，Amir 将资源获取渠道做出了如下排名：网络、百科全书、书籍、向他人请教等。与书相比，青少年更热衷于网络，Prince 指出：“百科全书实际上很难使用，因为内容量很大，有时很难找到需要的信息，除非有很长的时间，否则不知道哪个更有用，如何能获得所需要的内容？”Faruq 说：“尽管网络上也有海量信息，但借助搜索引擎很容易查找。”Amir 说：“我发现学习使用网络不困难，因为它很有趣，所以学起来很快。”

调查发现，网络改变了青少年的阅读方式与阅读习惯，传统的基于纸质文本的阅读被多媒体形式的电子化阅读所代替，如何在网络环境下进行电子化阅读，并能解读多元文本的意义成为青少年面临的挑战。网络超链接结构改变了文本的组织方式，使青少年能自主选择阅读内容，并自己组织阅读材料，按照什么顺序阅读、如何阅读由青少年自主选择。然而，因网络信息的高度流动性与信息量的超载，青少年难以做到深度阅读，不能读出自我，不能在多元文本的解读中生成意义，这成为困扰青少年的问题。如 Prince 说：“网络信息虽然很丰富，但是信息量太大，我无法与自己的经验建立联系，信息流动快速，还来不及深入思考，就一闪而过了。”

青少年在访谈中也反映了在使用网络时遇到的一些问题，如：尽管知道不同的搜索策略，他们在利用网络查找时并不总能找到有价值的信息资料；尽管被大量的信息所包围，但获取有价值的信息或选择所需要的信息仍然很困难；当信息与自身的需要或经验不能建立关联时，就无法生成意义。他们也反映，在使用网络时，不仅是查找信息，对信息来源的评估也很重要，包括对信息的可靠性、真实性的评价，这对青少年发展也是很重要的。在进一步追问“你通常如何使用找到的网络资源?”，青少年的回答中，“复制”、“粘贴”成为出现频率较多的关键词。

3. 网络对青少年交往与社会性发展的影响

调查发现，青少年的在线交流与现实生活中的人际交往是融为一体、不可分离的。不管是虚拟情境下的网络交往，还是现实生活中的真实交往，不管是在线交流，还是离线交流，不同形式的交往都会促进青少年的社会性发展，并且二者存在着密切的联系。平时见面交流越多的朋友，也越容易在网上交流，反之网络交往也会促进现实生活中人际关系的发展，促进平时的互动交往。网络交往会促进而不是弱化青少年现存人际关系的发展。网络拓展、加强了他们已有的人际关系，方便其与远方的亲朋好友保持联系，从而满足他们社会化成长的需要。在访谈中，有些青少年说他们利用网络建立了很大的朋友圈，许多朋友是来自学校或朋友的朋友，他们在 MSN 的联系人列表中记录着朋友的联系方式。由于网络交流的匿名性、符号化等特征，在交流的内容方面，青少年认为网络交往言行更加自由，交流的内容不受情境、时空限制，想说什么就说什么，网络成为青少年重要的交流平台。

对于利用网络交结新朋友的问题，不同的青少年有不同的看法，许多青少年对在网上与陌生人交往不感兴趣，而与朋友或熟悉的人交往感到舒服，主要原因是与陌生人交往时信任的建立与维系存在困难。Mark说："如果在网上与朋友交往，彼此知道对方身份与互相了解，感觉像真实面对面交流一样，因为能判断对方是如何想的、会说什么，以及推出对方对我所说的会有什么反应，二人交流很容易达成共识，获得彼此的理解与认同。而与陌生人交流，因为不熟悉对方的情况，对方所讲的是否真实就很值得质疑，信任感的建立很困难，缺乏信任感的交往是没有意义的。"而有些青少年却持有不同的观点，他们在网络社区中结识了一些兴趣相投的人，后来成了真正的朋友，平时也会见面。还有一些青少年对与网上交流认识的人在现实中见面感兴趣，也有过真实见面的经历。此外，有些青少年也扮演过不同的角色，如尝试成人的角色。有些青少年因对进入聊天室交流感到好奇，在其中尝试扮演不同的身份与角色，探究新的自我，体验与陌生人交流的感受，在进行自我探究以及体验不同身份中重新认识自己，也有青少年一开始对此比较感兴趣，但有了几次体验后，便不再感兴趣。

青少年交流方式的选择，与其交流需要和交流方式的便捷性、复杂性、即时性，以及交流内容的长度、保密性、安全性等因素有关。网络为青少年提供了多种可选择的交流方式，如电子邮件、即时通信MSN、聊天室、语音Skype、SMS等，但青少年对交流方式的选择和评价有自己的标准，如在访谈中问青少年"你什么时候使用电话交流？什么时候使用邮件或文本方式交流？"Stuart说："如果需要对方较快的响应，需要尽快与对方交流，一般用电话交流，如遇到紧急情况。而使用邮件或其他方式，只有对方在网上才能交流。利用邮件交流，必须通过文字方式输入，需要花费时间，并且有时如何表达交流的内容，才能使对方理解，需要进行文字上的推敲斟酌，因此，交流方式的选择，一般根据交流的方便性及内容、时间可行性等确定。一般提问问题，内容不是很长，我习惯于用邮件交流。"用文本或语音在MSN上交流也是青少年交流的重要方式，如Pyan指出："如果对方同时在线，用MSN交流很方便，你利用键盘输入交流的内容，点击发送，信息就发出去了，对方可以及时给你回复。"利用网络交流的另一个好处就是可以说出自己真实的想法，Beatrice说："当面对面交流时，因为旁边有人，不能真正说出心中所想的，但利用MSN就可以，因为交流时是一对一的。利用网络交流可以不受周围环境影响，畅所欲言说出心中的想法和观点。"

调查发现，就交流的手段而言，青少年更喜欢用实时交流工具，如MSN，而不喜欢用聊天室，因为在MSN中知道交流的对方是谁，可以放心地交往，这样的交流很安全。青少年参与网络交流，有时是利用网络寻求建议，他们认为网络是寻求建议、解决问题的有效途径，可以利用专门的讨论平台或互动性网络向专家或他人寻求建议，网络成为青少年寻求建议与解决问题策略的重要途径。

4. 青少年的网络行为活动特征

在调查研究的第二个阶段，对青少年的触网行为及特征进行了调研。调查发现，青少年在家上网的比例增加，有75%的9—19岁的青少年在家中使用网络。在学校使用网络已很普遍，有92%的青少年有机会在学校使用网络。另外，上网的途径也多样化，有71%的青少年通过计算机上网，38%的青少年利用移动手机上网，17%的青少年使用数字互动电视上网，8%的青少年使用游戏设备上网。

在上网时间方面，大部分青少年每天或每周使用网络，有41%的青少年每天使用网络，有43%的青少年每周使用网络；有19%的青少年每天花10分钟，有48%的青少年每天花半个小时至1个小时的时间。

在上网需求方面，青少年的网络需求呈现多样化特征，学习、交往、娱乐、发展个人兴趣是主要需求，有45%的青少年上网是为了学习需要，如完成学校作业或研究任务；有50%的青少年上网是为了交往需要；有56%的青少年上网是游戏或娱乐需要；有38%的青少年上网是为了发展个人兴趣；有20%的青少年上网是为了展示自我、发表个人作品或创造需要，有许多青少年选择了多种需要。

在网络行为活动特征方面，青少年的网络活动呈现了明显的个性化特征，与青少年的网络需要、兴趣爱好、网络行为习惯等密切相关，青少年网络行为活动存在着较大的差异。在网络使用方面，不同的青少年有着不同的目的与使用方式，如：有些青少年经常使用网络来递交作业、查找资料、帮助完成作业；有些青少年利用网络与他人交流，进行社会性交往活动；也有些青少年主要利用网络进行娱乐聊天。许多青少年同时在线进行多项活动，如：有29%的青少年说经常在利用网络交流时也会浏览网页、查找信息，有38%的青少年边听音乐边做其他事情等。调查发现，青少年在网络中的创造性活动不足，有21%的青少年承认在利用网络完成学校的项目时，直接拷贝了网上的内容。在许多网络活动中青少年并没有真正深入思考“为何”与“如何”等问题，不能对其价值与意义做出正面回答。

网络为青少年提供了创造性空间，允许青少年在接收信息的同时，创造性地参与网络实践活动，自由发表个人观点，发挥自身的创造潜能。但调查也发现，青少年并不能在网络空间充分发挥其创造性，其网络实践活动仍以接受、参与互动为主，创造性的网络实践活动不足。

此外，调查也发现青少年并非对所有的网络活动都感兴趣，有些青少年只是访问感兴趣的有限个网站，许多青少年对某些网络活动并不是很感兴趣，很少参与如下活动，如参与公共事务活动、参与时事评论、政治选举投票等。

5. 青少年在网络空间面临危险，有发展网络素养的实际需求

青少年在网络空间通过网络实践获得了发展机会，同时也面临着一定的危险，包括内容危险、交流危险，具体指偶遇网上的色情或暴力内容、个人隐私泄露或受到侵犯、与陌生人交流的风险，以及过度使用网络而产生的负面影响等，在内容危险方面，有57%的青少年说遇到过网络色情或不适合的内容，这些内容出现的方式多样，有38%的青少年是在做其他事情时，被弹出的窗口或广告引诱进入，有36%的青少年是在查找相关内容时不小心进入的，有25%的青少年是收到了色情垃圾邮件，有31%的青少年收到过意想不到的性内容，有33%的青少年收到过秽言秽语的评论，有6%的青少年在网上受过欺侮。当青少年遇到网络威胁时，有24%的青少年说不会受到干扰，知道如何去处理，有54%的青少年说不知道如何去处理。有45%的青少年说出于好奇曾经看过网络色情内容，但看过后才知道内容不适合自己，带来的都是不好的体验。在个人信息以及隐私安全方面，有46%的青少年说曾在网上透露过个人信息，30%的青少年说在网上认识的人中，与其中8%的网友见过面。此外，有11%的青少年因过度使用网络而影响了正常的学习与生活，正面临来自家庭与学校等多方面的压力。

6. 青少年对网络素养的实际需求与自我效能感

调查显示，青少年有提升网络素养的实际需求，青少年对自身网络素养的自我效能感(Self-Efficacy)存在较大的个体差距，有56%的青少年认为自身的网络素养一般，有32%的青少年认为自身网络素养水平较高。在对青少年网络实践活动所需要的具体网络素养进一步调查时，发现其所具备的网络素养与其所需要的网络素养还有一定的差距。如：对于信息搜索技能，在被调查的青少年中，尽管有71%的青少年每周都用搜索引擎，但只有22%的青少年说总能找到所需要的内容，有68%的青少年说有时能找到所需要的内容，有9%的青少年说总是不能找到所需要的内容，1%的青少年说不会找与需要相关的内容。在问到“你是如何评价所找到的信息的?”有38%的青少年说他完全相信网上的信息，49%的青少年说部分相信网上信息，10%的青少年说对网上大部分信息表示怀疑。青少年对网络信息的信任依赖于他们的批判性思维，同时也依赖于他们的经验，当青少年熟悉了上网策略，并通过相关网站信息的分析

比较后，他们便知道如何判断网络信息的可靠性。青少年对其网络素养的认识与实际的水平有差距，研究发现大部分青少年认为自身有较高的网络素养，在网络素养自我效能感方面自我感觉良好；但事实上，青少年有较高的网络应用技能，但网络技能不等于网络素养，网络素养不只是简单地进行网络搜索，批判意识、评价能力、鉴别能力、反思能力、问题解决能力等都是网络素养的核心，而这些核心素养正是青少年所缺乏的。

7. 青少年网络素养的发展是在网络实践活动中获得的，是青少年自身探究与外部教育引导合力的结果

网络素养是使青少年获得发展机会的前提，但青少年并非一开始就具备网络素养中的某种核心能力，而是在参与网络实践活动的过程中逐步形成与发展起来的，如：批判性思维能力，是青少年在参与网络实践活动的过程中，通过探究实践，在鉴别、比较、验证、反思的过程中发展的。另外，父母的引导与干预对青少年网络素养的形成有直接的影响。在父母引导与干预方面，主要有两种类型：一是保护青少年的隐私，二是限制青少年参与某种网络活动，第一种尤为普遍。父母主要运用两种类型的监视手段，支持性的指导活动和隐蔽性的检查，前者更普遍些。父母在引导与鼓励青少年增加网络使用的广度与深度方面尚有很大努力的空间。为了青少年安全，父母对青少年采用保护主义，简单地限制青少年使用网络在某种程度上也限制了青少年的发展；相反，有针对性的耐心指导可以提升青少年的网络素养，不仅使青少年免于危险，而且会促进青少年的发展。父母不同的引导方式，对青少年的网络素养发展有着不同的影响，耐心引导比粗暴干预往往更为有效。父母根据青少年网络素养的实际需求进行有针对性的指导和帮助，对青少年网络素养的提升以及在网络空间的发展具有重要的促进作用。

调查显示青少年与父母之间存在一定的隔阂，如：有69%的青少年说在使用网络时不愿受到父母的限制或监控，63%的青少年在家使用网络时会在父母面前隐藏自己的网络行为。尽管父母与青少年在使用网络方面存在一定的代沟，但父母仍需要付出一定的努力，一方面多与青少年沟通，了解青少年的网络需要、交流网络使用体验，了解他们在网络实践过程中存在的问题，需要哪方面的帮助，以加强引导的针对性；另一方面父母也要提升自身的网络素养水平，以期能够与青少年共享网络时光，从而胜任对青少年的引导。

当今的青少年是伴随网络而成长的，是“网络世代”(the Internet Generation)，但

网络素养的缺失与局限，实际制约了青少年的发展。调查显示，有65%的青少年在学校学过如何使用网络方面的课程，但与青少年网络素养发展需求尚有距离，青少年的网络素养教育还有很大的发展空间。调查发现，青少年承认在使用网络的过程中遇到一些困难或困惑性的问题时，希望通过成人(如家长或教师)的帮助以提升在网络空间的生存质量与生存能力。尤其是在如何利用网络创造性地解决问题，如何建立现实世界与网络世界的联系，如何在网络实践活动中建构意义，如何促进网络素养核心能力的发展等方面，需要家长的引导与教师的指导。对于成人而言，依靠自学、向他人请教、经验积累可以提高自身的网络素养，但对于青少年而言，除了在网络探究中自我学习外，教师、家长的引导与帮助是较为有效的方式，开展网络素养教育是提升青少年网络素养的重要途径，父母及教师的引导与干预对提升青少年网络实践活动的质量，及促进青少年网络素养的发展具有积极的作用。

总之，英国"儿童网上行"研究项目通过对青少年网络素养现状的调查，探索了青少年在网络空间面临的机遇与挑战。研究表明，网络风险的高低与青少年的网络素养有直接的关系，网络素养不只是意味着提升青少年的网络技能，网络技能并不能规避风险，批判意识、评价能力、鉴别能力、反思能力、问题解决能力等都是网络素养的核心。无法在自身的网络实践活动中建构意义及意义感缺失，成为制约青少年在网络空间发展的关键。他们在网络空间缺乏创造性活动，在网络学习活动中以"复制"、"拷贝"为主要方式，在"娱乐"、"交往"活动中缺乏深度思维，不能主动建构意义。但青少年有发展网络素养的实际需求，其网络素养的发展依赖于青少年在网络探究中自我发展与外部引导合力的结果，因此，家长与教师起着很重要的作用。

三、来自美国的调查研究报告分析

作为网络的发源地，也是世界上最早提出信息素养的国家——美国，对信息素养的关注由来已久，但对网络素养的研究相对滞后。早在1974年，美国信息业协会主席保罗·泽考斯基在全国图书馆与情报科学委员会上提出"信息素养"，他指出信息素养是"利用大量的信息工具及主要信息源使问题得到解答的技术与技能"。1989年，美国图书馆协会下属的"信息素养总统委员会"正式给信息素养下了定义："要成为一个具有信息素养的人，他必须能够确定何时需要信息，并具有进行检索、评价和有效使用信息的能力。"之后，美国将信息素养纳入人的全面发展与教育目标之中，并通过多条实践途径积极推进青少年信息素养的培养与发展。与信息素养相比，美国的网络素养较晚才进入研究视野，源于素养的“读、写”功能，最早发起网络素养研究的是美国国际阅读协会（the International Reading Association），由于网络改变了青少年的读写方式，该组织呼吁要拓展素养教育的内涵，将网络素养纳入到学校课程中，让青少年学会在线阅读与写作是素养的应有之义，将网络素养作为青少年整体素养的重要组成部分①。同时，该组织的相关研究人员发表了5篇关于网络素养研究方面的论文，重新界定青少年的素养内涵，并研究了如何提高在线阅读、写作中的意义建构过程，并将此作为青少年网络素养的重要内容。这些研究对目前美国中小学的网络素养教育实践有着重要的影响，将在线阅读、写作纳入网络素养教育课程是美国网络素养教育的重要内容。

美国针对青少年网络素养现状开展的调查相对较为分散，由不同机构组织发起了不同的调查，由于调查目的、调查内容不同，因此，也有着不同的调查结果。② 如：USC数字化未来研究中心在2006年对2754名12—17岁青少年的网络活动进行了调查，并对部分父母进行了访谈。调查结果显示，美国青少年与家长在对使用网络的认识上是一致的，他们一致认为：网络在某种程度上是青少年最重要的信息来源，对青少年完成作业或学校的研究是必要的，在某种程度上代替了图书馆。同时，他们认为青少年需要迫切提升网络素养，包括青少年的在线阅读与文化解读能力、批判性思维能力、知识生成与意义建构能力。③ 皮尤网络与美国生活项目（Pew Research on Internet & American Life Project）研究中心开展了关于青少年网络生活与学习的调查研究，2002年该中心的研究人员在对36所学校的1036名学生抽样调查的基础上，对青少年将网络应用于学习的情况进行了调研，研究发现青少年在学校教师指导下使用网络与在家中自主使用网络之间存在一定的关系，同时，网络素养水平的高低决定了青少年在使用网络时有着不同的期待、不同的技能，可以获得不同质量的资源。此外，调查也提出了一些令人深思的问题，如：青少年普遍认为借助网络获取资源来完成家庭作业是必需的，但发现青少年基于网络完成的作业质量却没有提升，教师应该如何调整或改变他们布置作业的内容与方法？网络改变和扩展了青少年素养的内涵，如何探究新的理

---

① Donna Alvermann. Effective Literacy Instruction for Adolescents Adolescents [J]. Journal of Literacy Research. 2002，34(2)：189 - 208.

② Donna E. Alvermann. Technology Use and Needed Research in Youth Literacies [J]. Handbook of Literacy and Technology：Transformations in a Post-typographic World. 1998，2：328.

③ Genevieve MarieJohnson. Young Children's Internet Use at Home and School：Patterns and profiles [J]. Journal of Early Childhood Research. 2010：283 - 287.

论与方法以提升青少年的网络素养？鉴于网络与青少年素养的互动关系，如何应用现有的工具及知识、策略来定位、评价和有效应用网络资源？此外，调查也发现，在美国能否接触使用网络的数字鸿沟基本消失，但因网络素养水平不同而影响网络使用质量的新数字鸿沟正在出现；网络上的隐私与安全问题对青少年仍具有很大挑战；网络的开放性、参与性，使信息资源的可信度不断降低，提高青少年的批判意识与鉴别能力成为关键。

由 McAfee 项目组的研究人员在 2010 年发布的青少年网络素养调查研究报告，代表了美国最新的青少年网络素养现状情况。该项目组先后发布了“青少年网络生活的秘密”、“青少年在线行为调查”、“教育与网络：美国青少年与网络学习研究报告”等多个研究报告，具有一定的代表性，在此重点就本研究中有关青少年网络素养的调查情况进行分析。①

为了更好地理解青少年与网络世界的关系，了解青少年网络生活以及青少年网络素养现状，由 McAfee 发起，在 2008 年、2010 年分别对美国 10—17 岁青少年的网络素养现状开展了调查，抽样调查的青少年数量为 2371 名，并将这些青少年划分为三个年龄阶段，即 Tweens（10—12 岁青少年）、Younger Teens（13—15 岁青少年）、Older Teens（16—17 岁青少年），进行了比较研究。调查内容包括：对网络本质的认识、青少年网络生活与网络实践活动内容、网络威胁与在线行为安全、上网规则与家长的引导、网络与学习及网络与生活等，同时将 2010 年与 2008 年的调查结果进行了比较。

在被调查的青少年中，有 772 名年龄在 10—12 岁的青少年，793 名年龄在 13—15 岁的青少年，803 名年龄在 16—17 岁的青少年。其中男生有 1201 人，女生有 1167 人。除了对调查对象进行问卷调查外，还抽取了部分青少年及家长进行了访谈。同时，充分考虑了调查对象的种族、父母受教育程度以及地区差异等。调查结果情况分析如下：

1. 对网络的本质认识

调查发现美国青少年对使用网络的态度是积极的，他们认为网络就像空气一样无处不在，渗透于学习、生活的方方面面。超过 85％以上的青少年对网络的本质认识具有积极的评价，他们认为网络开阔了眼界，拓展了他们活动的时空界域，网络空间给了

① Andrea Pieters and Christine Krupin. Youth Online Behavior [R]. Santa Clara, CA: Harris Interactive, 2010,7(1): 11.

他们展示自我、发展个人兴趣、发挥个人想象力与创造性的机会。网络为学习和研究提供了便利，他们可以接触到最新的研究数据，可以与专家进行交流。同时，网络也加强了同伴之间的交流与来往。但是他们也遇到了网络安全威胁，如：自动弹出窗口出现不适合的内容、网络广告的干扰，因使用网络浪费了很多时间等，但是他们深信这些不良影响通过自身的努力可以克服。

进一步对这些青少年的教师、家长进行访谈发现，教师、家长与青少年在对网络的本质认识方面是一致的。教师认为，网络具有两面性，不能因噎废食，关键是让青少年学会如何呼吸新鲜空气。一方面提升青少年利用网络的自我发展能力，让青少年知道应该如何使用网络，如何建构网络与自我的关联，理解网络与自我、与社会、与文化的联系，而不仅仅是控制使用网络；另一方面是如何净化空气，营造安全健康的网络环境，建设适合青少年的网络文化。多数家长对青少年使用网络持有积极的态度，他们认为网络对促进青少年成长具有积极的作用。除了学校为青少年网络素养的提升提供引导与帮助，在家中，父母也应通过多种途径对青少年进行有针对性的引导和帮助，调查中参加访谈的家长认为，网络对人的影响关键在于人，青少年如何使用网络？青少年用网络做什么？如何提升网络对青少年发展的意义与价值？这些都是影响青少年与网络关系的关键所在。在美国青少年与家长对使用网络持积极态度，但网络本身的复杂性，也为青少年带来一定的挑战与困惑，提升青少年的网络素养至关重要。

2. 社会性网络的发展对青少年的网络实践活动产生了较大的影响

社会性网络是基于美国心理学家提出的“六度空间理论”，社会性网络关注社会朋友间直接关系的建立，是基于一定的信任关系而建立的社群，朋友之间进行资源分享，有直接的应用目的指向性，在建立社会关系的过程中完成或解决具体的应用问题。在美国由于社会性网络的发展，对青少年的网络行为产生了直接的影响，社会性网络的应用成为青少年最常见的网络活动，也成为增长速度最快、排在最前面的网络活动。调查发现，Facebook 是最受美国青少年欢迎的网站，60%的青少年在 Facebook 上注册了账号，30%的青少年在 MySpace、Twitter 或其他网站上建立了账号。青少年随着年龄的增长对社会性网络越感兴趣，他们的网络空间状态更新愈加频繁。

针对“为什么青少年如此多的使用网络?”这一问题，青少年给出的回答是“交流”，有 85%的青少年喜欢使用网络进行交流，有 66%的青少年利用邮件与家人或朋友交流，有 61%的青少年参与社会性网络活动。不同年龄阶段的青少年在使用网络交流工具与方式时有一定的差异性，Teens 与 Tweens 相比，更喜欢使用邮件，二者之间的比例为71%与57%，在使用社会性网络方面，各年龄阶段的情况为：16—17岁的青少年中占81%，13—15岁的青少年占67%，10—12岁的青少年中占40%。也有青少年利用其他交流方式进行社会交往，如用聊天室（Teens与Tweens分别为12%与4%）、即时通信（Teens与Tweens分别为45%与21%）、Blog（Teens与Tweens分别为14%与7%）。社会性网络的出现对青少年的网络行为产生了很大的影响，青少年利用社会性网络寻找朋友，与朋友建立联系。2008年与2010年相比，青少年使用社会性网络交往增加了15%，而使用即时通信的比例在13—17岁的青少年中下降了45%。

尽管网络交流是青少年主要的网络行为活动，实际的网络实践活动的内容是多样化的，有近50%的青少年利用网络下载或在线观看视频，有43%的青少年利用网络做研究或学校作业，有90%的Teens经常利用网络做作业。在线游戏也是青少年主要的网络活动，有75%的Tweens经常玩在线游戏，有58%的Teens喜欢网络游戏。调查结果显示，青少年最常见的网络活动为：社会性网络、在线游戏、在线观看视频、用实时或非实时工具进行社会交往、访问虚拟世界（如Second Life）、阅读、写博客、网络学习等。

3. 青少年面临的网络威胁与在线行为危险

青少年的网络行为仍面临安全威胁，在2010年的调查中，95%的青少年深信凭借其目前的网络素养，可以确保上网安全。然而，报告显示，青少年的网络行为仍面临着潜在的威胁。主要包括个人信息泄露、计算机安全、网络欺侮等。被调查的对象中，有27%的青少年称他们的计算机会遭到病毒或黑客的攻击，14%的青少年说他们曾与朋友分享密码，46%的青少年称自己在网上透漏过个人信息，29%的青少年称遭受过网络欺凌。

青少年的自我效能感与实际能力存在差距，在调查中发现，青少年深信自己的网络素养能力，包括网络安全意识与责任感，94%的青少年说知道如何安全地使用网络，但仍有25%的青少年说当遇到网上受欺侮或危险时，不知道该怎么做；有46%的10—13岁的青少年说在网上向不认识的人透露过个人信息，有48%的13—15岁青少年愿意泄露个人信息，56%的16—17岁的青少年曾泄露过个人信息。当追问青少年经常在网上泄露哪方面的信息时，36%的青少年经常说出自己的名字、28%的青少年说出父母的姓名、20%的青少年说出真实的邮件地址、14%的青少年说出家庭电话、10%的青少年说出家庭住址等。

关于网络欺凌的调查结果显示，有超过一半的青少年（52%）说他们知道什么是网络欺凌，有29%的人说他们自己经历过，有四分之一的青少年（25%）说不知道应该如何应对网络欺凌或伤害。由于女孩更愿意交流，她们与陌生人交流中承担更多的风险，尤其是她们与陌生人的聊天交往行为，更容易在网上受到伤害或欺侮。

青少年在网上也有一些破坏性行为或不负责任的行为，如：下载不允许下载的程序、与陌生人聊天时使用不文明的语言、盗用他人账号与密码、在网上发布不健康的言论、窃用他人成果等。

4. 父母的引导与干预

研究针对父母对青少年的引导与干预情况进行了调查，有91%的青少年认为父母对他们的网络行为表示信任与满意，56%的青少年说父母了解他们在网上做些什么，但并不了解所有行为，有26%的青少年称父母没有时间检查他们在网上所做的事情，32%的青少年说他们不会告诉父母自己在网上做什么，31%的青少年说如果父母在旁边，他们会临时调整改变自己的网络行为，使其更符合父母的意愿或更有意义。受到父母监控或检查网络行为的青少年中，Tweens 占 94%，Younger Teens 占 80%，Older Teens 占 55%。父母最常用的监控方法包括：经常询问青少年在网上做什么（占 50%），将家中的计算机置于公共地方（占 47%），知道孩子的密码，用孩子的账号进入查看（占 41%），限制青少年使用网络，只允许青少年访问有限站点（占 36%），通过检查历史记录（30%），在社交网站上通过加青少年好友而查看他们的活动记录（29%），通过使用软件监控青少年的在线行为（12%）。

在2008年的调查中，有34%的青少年（13—17岁）说父母经常检查并询问他们的网络活动，而2010年的调查中，有42%的青少年说父母经常这样做，且有30%的青少年（10—12岁）说父母通过社会性网站加其好友来查看他们的网络活动，这种情况在2008年仅为10%。青少年长大后，不再愿意受父母的监视，通常对父母隐藏他们的在线行为，频率随着年龄的增长而增加（不同年龄阶段的情况为：10—12岁的青少年占27%，13—15岁的青少年占54%，16—17岁的青少年占56%）。青少年隐藏网络行为的主要方式包括当父母走近时最小化窗口（占 29%）、清空浏览器历史记录（占 21%）、隐藏或删除交流的文本信息（占 20%）。

尽管青少年不愿意父母干涉自己的网络行为，但进一步询问青少年，在遇到不适合的内容，或明知不应该做的事情，是否能对自己的网络行为进行反思与调整时？35%的青少年给出了肯定的回答，44%的青少年给出了否定的回答，18%的青少年做出了不确定的回答。另外，在询问青少年是否每次上网都能围绕既定目的进行网络活动时？有56%的青少年称每次上网目的不是很确定，23%的青少年称能按照目的行动，有21%的青少年称不能按照既定目的行动。以上结果充分说明多数青少年的网络行为活动缺乏一定的目的性，不能对自身的网络行为进行自控与自制，受外界环境影响较大。

总之，上网已成为当今美国青少年生活中不可或缺的一部分，他们在全面接触网络的过程中，在享受网络生活的同时，也面临着网络带来的挑战与威胁。在被调查的青少年中，大部分青少年认为在网络实践活动中获得了丰富的体验，网络不仅为学习提供了方便，而且给生活增添了乐趣。有58%的青少年认为网络获得的正面体验大于负面体验，正面体验主要体现在自我实现、与朋友取得联系、开阔视野、获得知识等，负面体验主要为遭遇网络欺凌、查看了不适合的内容、在网上花费了很多时间却没有任何收获等。随着青少年年龄的增长，网络实践活动的内容不断丰富，其参与社会交往的行为明显增强，对网络素养的发展需求愈加强烈。很多时候，青少年并不能建构对自身网络行为意义的理解，不能对网络行为的目的与结果建立联系，不能判断、反思、调整自身网络行为的意义与内在价值。面对网络欺凌与危险，他们尤为困惑，渴望摆脱威胁与危险，提升网络生活的质量与价值成为青少年的渴望与诉求。

四、国外青少年网络素养水平现状整体分析

通过对加拿大、英国、美国青少年网络素养调查报告的分析发现，网络已融入青少年的学习、生活、交往之中，网络素养已成为"互联网+"时代关涉青少年发展的重要命题，青少年现有的网络素养水平远远不能满足其网络实践活动的需要，青少年具有发展网络素养的实际需求，面对自身网络实践活动中的困惑与问题，青少年渴望得到成人的帮助与指导。提升青少年网络素养是时代发展与青少年个人发展的双重诉求，因此，网络素养教育具有很大的发展空间。通过以上分析发现，国外青少年网络素养水平现状如下：

1. "知"(认知层面)

青少年的网络素养知识源于其网络实践和体验，尽管青少年在多样化的网络实践活动中形成了对网络本质的认识，但这种认识多停留在事实性认知层面，即主要是对网络是什么、利用网络做什么的认识，而对价值性认识与关系性认知方面还有很大的局限性与片面性，即青少年对于自己为什么使用网络、在与网络的互动中形成了什么关系、使用网络对自身发展带来什么价值等价值层面的问题缺乏深度思考与全面理解。对于网络的本质理解与认识，青少年还不能从多重视角下了解网络与社会、文化、

自身发展之间的关系，不能全面理解网络世界与现实世界、真实生活与网络生活的关系，不能全面深度解读网络技术对社会、文化带来的影响，尤其是在网络伦理道德方面的知识比较匮乏。许多青少年过高地估计网络的价值，对网络世界的复杂性、关系性与负面影响认识不够，从而造成对发展网络素养的自我效能感偏高，网络素养的自我发展意识弱化，缺乏有效的网络素养自我发展意识与发展路径。

2. “行”(网络行为方面)

网络行为是网络素养的外在表现，娱乐、游戏、交往聊天等是青少年主要的网络行为，反映了青少年的游戏精神和社会性发展的内在需求。但网络空间的虚拟情境与现实生活情景是不完全一样的，网络空间具有符号化、虚拟化、复杂性。青少年缺乏将自身的内在发展需要与当前的网络情景建立联结的思维与机制，缺乏深度思考，不能将目的与行为建立联系，不能将当前的行为与内在经验建立联结。若不能生成意义，当前的网络行为就没有价值，也无法建立有效的促进青少年内在发展的活动机制。青少年缺乏探究性的网络实践活动，在娱乐、游戏、交往中缺乏主动思考与深层次的意义建构，其价值有时不能得到体现。同时，尽管青少年在网络活动中伴随一定的学习行为，但常常是为了完成学校作业或研究任务，需要外在引导与干预驱动青少年网络学习行为的发生力。青少年自身网络探究学习的习惯尚未养成，有效利用网络进行自主学习与知识建构的能力也尚未形成。但网络模糊了青少年正式学习与非正式学习的界限，培养了青少年的学习意识，有助于青少年养成良好的学习探究行为习惯及意义建构思维，发展青少年的网络素养。

3. “能”(能力层面)

在技能方面，青少年一般具有熟练的网络应用技能，能选择恰当的工具，进行多种网络实践活动，但由于缺乏自我调控与反思能力，在选择判断与决策方面，还不能付诸意志力，如：有时“玩物丧志”，因过于迷恋网络游戏，而丧失了自制力；遇到信息干扰或网络危险时，受阻与抗干扰能力较差；容易出现焦点转移、不知所措，不能围绕目标进行网络活动，网络行为与网络目的出现偏差；自主调节与自控能力不强。因此，一定的网络规范、教师和家长的引导与参与是必要的。

青少年在网络实践活动中的意义建构能力偏低，在使用网络的过程中，不能对当前的网络行为及其价值形成深层次的理解，对自身网络行为活动缺乏深度思考，不能形成自身的理解并建构意义，难以形成内在的价值。另外，青少年在网络实践活动中不能主动地联系自身现实生活中的经验，不能深层次地解读网络多元文本所蕴藏的意义，在内心世界、网络世界、现实世界之间无法形成对话，因此，其网络生活与现实生活不能很好地进行良性互动。提升青少年的网络素养，促进青少年内心世界与网络世界、现实世界之间的对话，增强对自身网络实践活动价值的理解，使青少年的网络实践活动建立在“意义”生成层面，让青少年能在自身的网络实践活动中建构意义，进而促进自身的发展，是青少年网络素养发展的目标。

4. “情”(情感态度与价值观)

伴随着网络实践活动，青少年产生了不同的情感体验，青少年所获得的情感体验进一步影响其使用网络的态度，积极的情感体验会产生积极的态度，消极的情感体验会产生消极的态度，进而影响其对网络素养本质的认识以及其网络素养的发展。而青少年对网络情感体验的认知与理解，也受网络素养认知水平的影响，由于青少年受网络素养认知水平所限，影响了其对网络体验及价值理解的深度，从而制约了青少年对网络情感体验价值的理解。

青少年的网络素养并非完全缺失，而是偏低，其网络素养的水平尚有很大的提升与发展空间。青少年网络素养的形成与发展是个合力过程，青少年自身、学校、家长对其网络素养的发展都起着积极的作用。寻求青少年网络素养的自我发展路径，学校教师、家长为青少年提供有针对性的指导和教育，是促进青少年网络素养发展的重要途径。由于青少年对网络本质的理解与家长的引导还存在着一定的分歧，合力效应尚未形成。

第二节　国内调查：我国青少年网络素养现状

为了了解当前我国青少年网络素养现状如何，我们通过质性研究与量化研究相结合的方式，对我国青少年的网络素养现状进行了考察。一方面，采用问卷调查方法，从“知”、“能”、“意”、“行”等维度，对青少年网络素养现状进行实证量化研究，另一方面，通过个案研究、焦点访谈等质性研究的方法，对青少年网络生活进行考察，透视青少年网络生活中折射出的网络素养要素。本节主要介绍通过问卷调查方法对青少年网络素养情况进行考察的过程。

一、研究背景及研究问题

网络素养已成为“互联网＋”时代青少年发展必备的素养。对于我国青少年网络素养水平的现状，需要了解这样一些情况：青少年的网络知识、网络素养核心能力处于何种水平？为了获得这些知能，青少年有过怎样的教育、指导或学习经历？青少年对网络素养的态度如何影响网络素养知能的获得与发展？青少年在网络实践活动中获得了怎样的情感体验？这些情感体验又是如何影响青少年网络素养知能发展的？青少年在网络实践活动中是如何建构意义的？网络素养要素“知”、“能”、“意”、“行”是如何体现在青少年的网络生活、学习、交往活动之中的？青少年网络素养的现有水平能否满足其网络生活需求？国外调查发现，青少年具有发展网络素养的实际需求，其网络素养具有很大的发展空间。我国的情况又如何呢？为了获得对上述问题的深刻认识，并为促进青少年网络素养发展提供证据与现实参照，本研究以上海地区为代表，对青少年网络素养状况进行了抽样调查，以此了解我国青少年网络素养的真实情况，分析其中存在的问题，了解青少年网络素养的现有水平与具体需求。与国外青少年网络素养调查研究的焦点不同，本调查除参照国外对青少年网络素养现状的调查内容外，更重要的是考察青少年在网络实践活动中的意义建构过程，青少年对网络探究性和对自身网络行为活动意义与价值的理解，青少年在网络实践活动中是如何发展个人思想观念、发挥主动性与创造性的，青少年的主体价值是如何体现与发展的？本研究从网络素养所涵盖的“知、能、意、行”等要素，以及网络素养核心能力在青少年的网络生活、学习、交往中的呈现维度展开设计。

二、研究对象及研究设计

研究采用量化研究与质性研究相结合的方式，首先对青少年网络素养所包含的知、能、意、行等要素以问卷调查的形式进行调查研究。同时，采用访谈、网络作品分析及上网记录跟踪、网络生活史个案研究等形式对青少年在网络生活、学习、交往中渗透的网络素养要素进行考察。

1. 调查问卷设计

问卷设计以本研究中划分的青少年网络素养结构为框架，同时参照、吸纳了加拿大与英国青少年网络素养问卷调查中的合理要素(见附录)。调查内容由四部分组成，题型由封闭式的单项选择题、多选题与半开放性题、开放性题相结合，背景部分为青少年的个人信息，涉及性别、年龄、年级、所在学校、网龄等内容。第一部分是知识维层面，是对青少年网络素养认知的调查；第二部分是能力维，调查青少年网络素养所涉及的核心能力情况；第三部分是行为维，调查青少年的外在网络行为表现；第四部分是情意维，调查青少年对网络的情感态度与价值观。

问卷设计尽可能把网络素养包含的知、能、意、行四方面都囊括进一张问卷里，充分考虑青少年的现实情况以及青少年与网络互动中关系的建立，以青少年能理解或读懂的方式来设置情景、陈述问题。问卷中的所有题目都经过了小范围（主要选择了上海市的三所学校）的前测与后测，并根据测试的结果对题目进行了调整。

2. 调查样本情况

本次调查的时间从 2016 年 1 月开始，到 2017 年 6 月结束，历时 18 个月。本次调查针对 10—18 岁的青少年学生共发出问卷 11 000 份，回收 10 568 份，回收率为 96.07%，其中有效问卷 10 560 份，有效率为 96.00%。本次调查具体的样本年龄及男、女分布情况见下表：

表 4　抽样调查对象情况表

年龄	男	女	总人数
10—12 岁	49.43%	50.57%	2920
13—15 岁	50.59%	49.41%	3978
16—18 岁	51.47%	48.53%	4102

3. 抽样方法和数据处理

本次调查是按学校随机分层抽样的方法选择样本，为了增强样本的代表性，使得对样本数据的分析能够科学地估计青少年网络素养的基本情况，尽量选择不同层次学校的样本进行调查，其中抽样到的学校，对其全部青少年进行调查收到的有效问卷中，各个年龄段的样本数与青少年人数比例见下图所示：

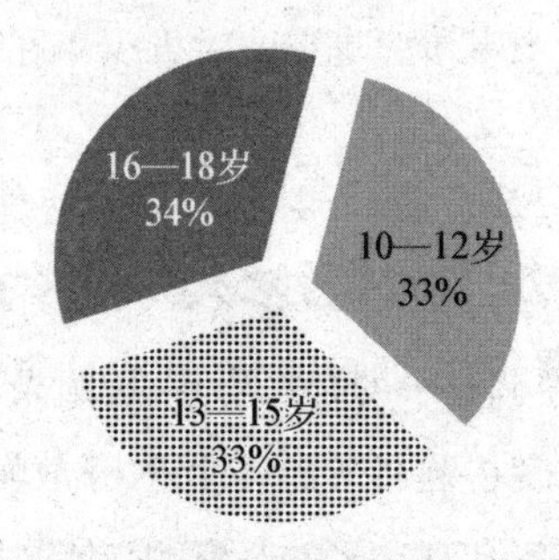

图 1　抽样调查对象年龄分布情况

此外，我们还从中抽取了 20 名青少年进行了访谈，这些青少年已经接受过前期的问卷调查，访谈的目的是想进一步了解青少年对所调查问题的看法与观点。

调查问卷不是借助教育行政部门的力量来发放与回收的，主要采用网上问卷与现场问卷相结合的方式，网上问卷通过家长或教师告诉青少年具体填写地址，由青少年在线完成问卷后直接递交，网上调查借助了问卷星在线调查系统，此外，同时也采用了现场发放问卷、限时作答的调查形式。采集的数据总体是真实、可靠的。在数据处理上，采用 SPSS13.0 进行统计分析。

三、青少年网络素养调查结果分析

1. 青少年喜欢上网，但面临诸多困惑与问题

在被调查的对象中，上网时间均超过 1 年以上的青少年占 96.11%，有 53.92%的青少年网龄超过了 3 年。具体网龄情况为：

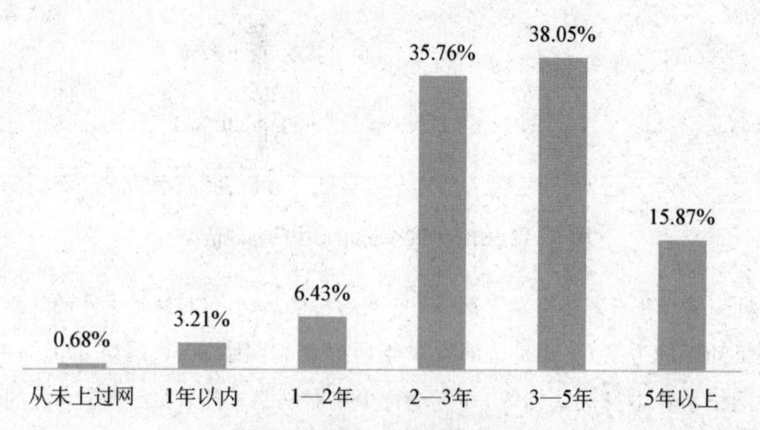

图 2　被调查对象的网龄情况

调查显示，在被调查的对象中，有 92.39%的青少年喜欢上网，青少年给出了喜欢上网的不同理由，如："开阔视野，增长知识"、"提供方便，获取信息"、"放松身心"、"好玩有趣"、"消除寂寞"、"游戏"、"与朋友聊天"、"不出家门，看遍天下事"等等，只有7.61%的青少年不喜欢上网，给出的理由是"没有时间"、"无聊"、"网络世界之大，无奇不有"、"鱼目混珠，难辨真假"、"对于网上的东西不能接受"、"浪费时间，怕影响学习"、"网络庸俗"等。这充分说明青少年对网络已经形成了不同的认识，喜欢上网的青少年充分肯定其正面价值，而与之相反，不喜欢上网的青少年，认为网络有负面影响。

尽管青少年喜欢上网，但在网络实践活动中也遇到许多困惑和问题，这些困惑和

问题主要表现在：46.73%的青少年认为网上适合自己的内容太少，很难找到有价值的内容；31.66%的青少年遇到问题后，不知道怎么解决；68.51%的青少年认为困惑来自于垃圾信息、网络病毒、黄色网站等带来的负面影响；21.44%的青少年不知道上网做什么才有意义，浪费了许多时间。

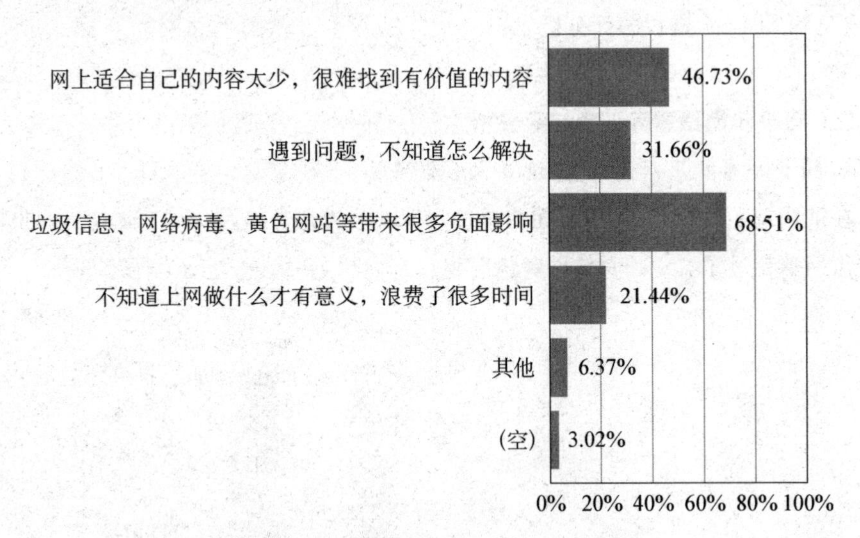

图3　青少年在网络实践活动中的问题情况

2. "知"：青少年在网络实践中获得了一定的网络知识，但对网络素养的认知度偏低

对网络知识的考察，主要是了解青少年所拥有的网络知识、网络知识的来源与储备以及对网络素养本身的认知等，并围绕青少年对网络本质、网络世界本质的认识，对网络与生活、网络与自我关系的认识以及青少年所拥有的安全与个人隐私、伦理道德方面的知识而展开。对于网络本质、网络世界本质的认识，主要通过第20题中的5个内容项来体现(见附录一)，青少年通过自身的网络实践建构了对网络与网络世界的认识，获得了许多网络知识，基本能客观地认识网络、网络世界以及自身与网络世界的关系，如：调查发现，对于网络的本质，有71.29%的青少年认为网络具有两面性，可以给学习和生活带来便利，如果把握不住自己，也会浪费许多时间或产生其他负面影响。81.2%的青少年认为应做网络世界的主人，使用网络时应保持清醒的头脑，用网络促进学习充实生活，过有意义的网络生活。

调查显示，92.13%的青少年认为网络对自身的学习与生活至关重要，网络是认识世界的重要窗口，是不可缺少的一部分。有88.27%的青少年能正确认识网络的本质以及网络世界与现实世界的关系，认为网络世界与现实世界是不可分离的，应负责任的参与网络实践活动。而网络版权、网络伦理道德方面的知识比较缺乏，主要表现在56.31%的青少年“不知道如何引用网上的内容”，73.49%的青少年认为“在网上说谎没关系”等。

另外，调查发现青少年对网络素养的重要性认知度偏低，只有26.12%的青少年认为网络素养对自身发展很重要，而43.18%的青少年认为网络素养对自身无关紧要。青少年对网络素养的认知度明显偏低，严重影响了其网络素养的发展，主要体现在青少年对网络素养的认识处在模糊与朦胧状态，不仅对网络素养的价值与重要性认识不够，甚至很多青少年不知道如何发展网络素养，不清楚自身的网络素养发展需求，例如，问卷的最后一道开放题“如果学校开设网络素养方面的相关指导课程，你最想学哪方面的内容？你最需要哪些方面的指导和帮助？”有青少年给出“要学习如何当黑客”的答案。

3. “行”：青少年的网络行为缺乏目的性、计划性，“娱乐行为”占主导，“知”与“行”存在不一致现象

对青少年网络行为的考察主要通过三方面进行，一是青少年网络行为的计划性、目的性，二是青少年所呈现的实际网络行为特征，三是青少年“知”与“行”的一致性。

青少年网络行为的计划性、目的性，主要是通过第8、9两个问题呈现(图4、5)。调查发现，青少年的网络行为缺乏计划性与目的性，上网时常常缺乏明确的目的和任务，43%的青少年上网时从来没有明确的目的或任务，19%的青少年从不制定上网计划，想到什么就做什么，42%的青少年偶尔制定上网计划，但不是很具体，经常去做与计划无关的其他事情。

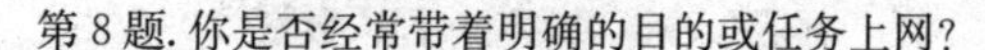

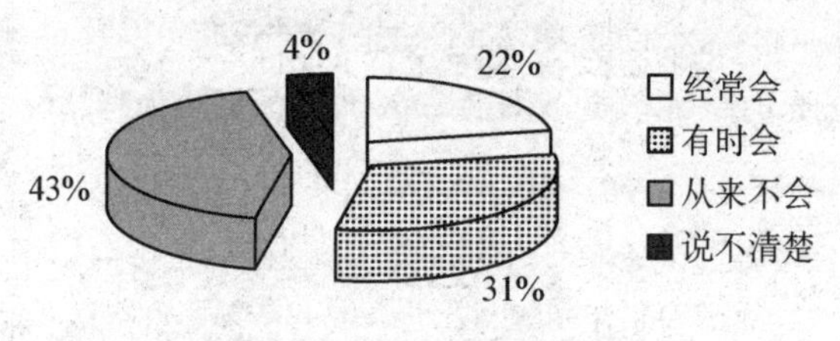

图4　青少年上网的目的性

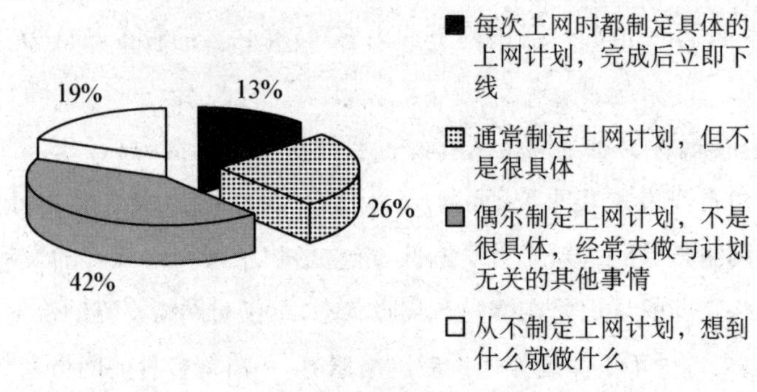

图5　青少年上网的计划性

为了进一步了解青少年的网络行为情况，以及网络行为的内容，问卷设置了“你认为网络主要可以用来做什么?”、“你经常进行的网络活动是?”、“如果你现在有1—2个小时的空闲时间可用于上网，你会做什么?”、“写下你喜爱的三个网站，在这些网站上你一般做什么?”四个问题。第一个问题是检查认识层面，即认为网络可以用来做的事，青少年给出的答案排在前三位的是“获取信息”、“休闲娱乐”、“解决学习或生活问题”;而第二个问题是青少年实际用网络做的事，青少年实际呈现出来的网络行为以“娱乐”、“交往”、“游戏”为主，排在前三位的是“看动画、视频”、“在线或下载听音乐”、“玩游戏”，此外，浏览网上信息、利用网络资源学习、解决问题等是继前三种活动之后的网络行为。对于第三个问题，青少年给出了多种回答：看黄网、玩魔兽世界、玩百度贴吧和学校贴吧、写博客、看美剧、QQ聊天、玩游戏等。对于第四个问题，排在前面的有百度、土豆、QQ、开心网等，而在这些网站上一般做的内容与第二个问题的结果有些趋同。

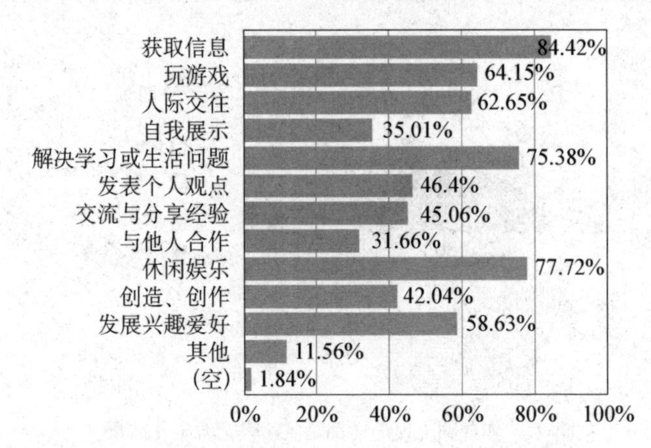

图6　“你认为网络可以用来做什么?”的统计结果

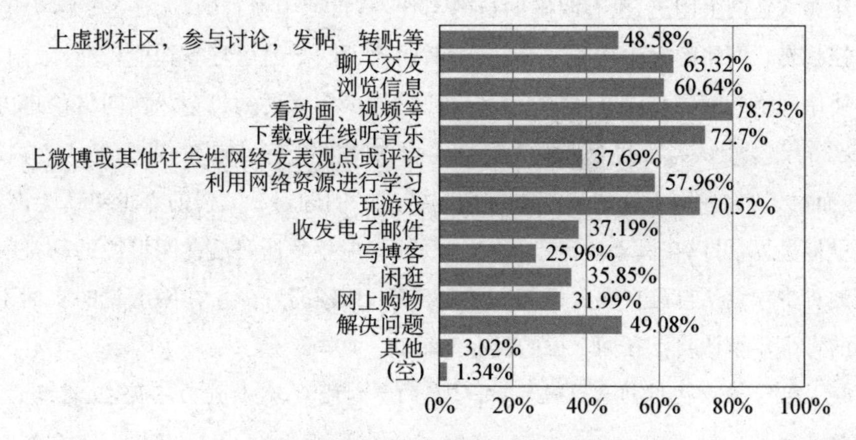

图 7 “你经常进行的网络活动是什么?”的统计结果

由调查结果可知，青少年的网络认知与网络行为存在一定偏差与错位，有着明显的“知”、“行”不一致现象。主要表现在：一方面，75.38%的青少年认可有意义的网络生活，利用网络来解决学习或生活中的问题，但青少年在网络空间的实际行为以“娱乐”占主导，在网络空间追求“享乐型”的生活方式与生活态度，主要用网络来消遣、娱乐、打发业余时间，其网络行为的内容主要为游戏、娱乐、聊天等；另一方面，35.85%的

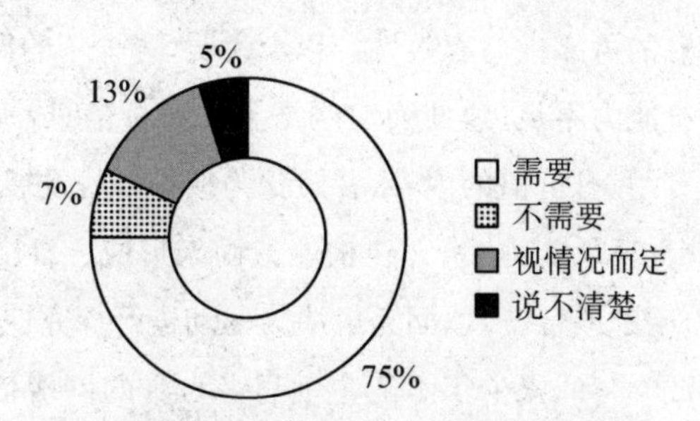

图 8 “在网上是否要讲文明礼貌?”的统计结果

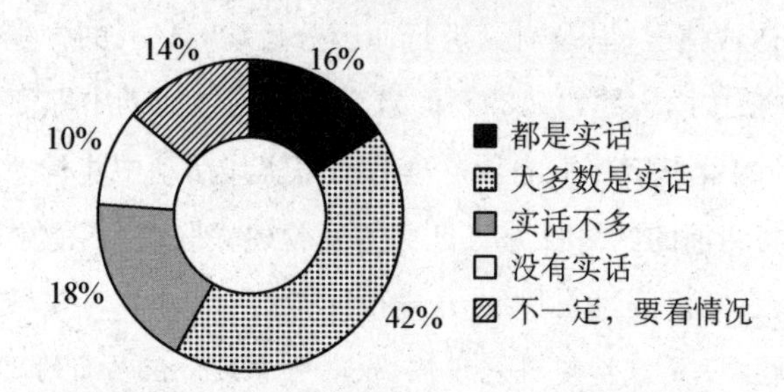

图 9 “你在网上说的话都是实话吗?”的统计结果

青少年经常在网上闲逛,没有明确的目的与任务,常处于无目的、无任务、无问题导向的失控状态。网络的娱乐功能过度发展,而弱化了网络的学习等其他功能,限制了青少年使用网络的范围与深度,影响了网络促进青少年发展的机会。在网络伦理方面,有75%的青少年认为在网上与他人交往需要讲文明礼貌,15%的青少年认为视情况而定,而对于"你在网上说的话都是实话吗?"这一问题,47.01%的青少年认为网络世界是虚拟世界,可以在网上说谎。只有16%的青少年承认自己在网上说的都是实话,42%的青少年承认自己在网上说的多数是实话,18%的青少年在网上说的实话不多,10%的青少年承认自己在网上说的没有实话。

4. "能":青少年批判意识缺乏,对信息的鉴别能力、评价能力不足,反思能力与意义建构能力尚未形成

网络素养核心能力包括鉴别能力、反思能力、意义建构能力、批判性思维能力、问题解决能力和网络探究能力,主要通过问卷的第25题的7个内容项,第24题的5个内容项进行考察。调查显示,一方面,青少年的批判意识、鉴别能力与评价能力不足,36.09%的青少年完全相信网上内容,对网上获得的内容从不表示质疑;54.18%的青少年从来不对网络内容进行考证。当青少年遇到不可靠信息或怀疑网上信息的真实性时,有43.21%的青少年持无所谓的态度,甚至对此置之不理;41.23%的青少年不知道如何判断网络信息的可靠性与有效性。以上说明,青少年的质疑精神与批判性思维能力、鉴别能力、评价能力不足,致使面对网络上的海量信息,不能及时有效地从大量信息中获取对自身有用、有价值的内容,并转化为促进自身发展的知识。另一方面,青少年的问题意识淡薄,反思能力、意义建构能力尚未形成。青少年在网络空间的问题意识淡薄,很少带着问题或任务,以问题解决为驱动进行探究性的网络实践活动,且在网络实践活动中,47.03%的青少年不能主动思考自身的网络行为及其与结果之间的联系,所以经常会偏离目标转向不相关的网络活动,61.92%的青少年从来不会反思上网过程、目标的达成情况,以及对其进行原因分析,36.13%的青少年不会利用网络解决日常学习和生活中的问题,45.29%的青少年在网络活动中即便遇到问题也不知如何处理,46.73%的青少年并不能从自身的网络实践活动中建构意义。青少年因缺乏问题意识,不能将当前的网络行为与自身的经验建立联结,不能主动地对当前的网络行为与其结果及意义价值建立联系,并进行反思。

5. "情意":青少年是非价值观念模糊,缺乏对意义价值层面的思考

在情感体验与价值观层面,主要通过2个开放性问题(第41、42题),考察青少年

对自身网络实践活动的意义建构以及网络生活意义与价值层面的理解，通过 3 个封闭性问题(第 15、18、25 题)了解青少年在网络空间的态度以及情感体验。调查发现，青少年在网络空间获得的情感体验有：积极的情感体验，表现为满足感、高兴愉悦感；消极的情感体验，表现为沮丧、失望。通过访谈，了解到青少年上网时常伴随的是愉悦感，尤其是通过网络发表了个人作品，又获得了他人的点评与认可时，有很强的满足与自我实现感。消极的情感体验，常发生在上网花费了很多时间而一无所获；遭遇病毒、黄色网站或不良信息的干扰等。青少年所获得的网络体验与其网络需求、自我认知以及所具备的网络知识、素养能力等密切联系在一起。调查发现青少年具有的是非价值观念模糊，如 43.02%的青少年对网上破坏性事件，如盗号、木马以及相互欺骗、辱骂等持无所谓的态度。

青少年对于自身网络实践活动的意义与价值思考不足，在开放性问题中，"你在网络实践活动中是否愿意主动思考，积极建构个人理解并形成独特的认识?"许多青少年给出的回答是"不愿意主动思考"、"不会思考"、"不知道如何思考"、"不知道思考什么"等等。对于"你是否觉得自己的网络生活很有意义? 为什么?"青少年给出的回答是："不知道，经常无目的漫游"、"我觉得我的网络生活有点浪费时间，总是开了电脑就关不掉"、"无意义，一般都玩游戏了"、"有意义，是因为和父母争吵时有时证明自己的实力"、"没有意义，影响了学习，也影响了和父母的关系"、"无意义，因为忍不住玩游戏"、"有意义，可以了解自己喜欢的明星的最近行程"等等；也有青少年给出了正面的回答，如"网络生活挺有意义，因为让我了解了更广阔的世界"、"有意义，因为网络丰富了我的知识面"、"帮我解决了学习上的困难"、"给生活带来方便"、"有意义，和同学经常探讨交流问题"等等。

从问卷调查结果统计看，我国青少年网络素养情况不容乐观。为了了解原因，在问卷中设计了 7 个问题项(即第 21、22、23、30、33、34、38 题)，对青少年网络素养现状的原因进行了考察，并通过访谈对这些问题进行了进一步追问。网络素养是青少年的网络实践与教育引导等合力作用的结果。但实际情况是，青少年的学习意识弱化、网络学习能力降低，影响到了青少年在网络实践中发展网络素养的机会，并直接影响了二者之间的互动关系。调查结果也显示，青少年在网络空间的学习意识弱化，很多青少年上网主要是为了有趣、好玩，娱乐游戏成为青少年网络实践活动的主导内容，从而使其学习意识弱化，学习动机和学习的主动性与积极性减弱，缺乏对学习意义及自我成长价值的思考与追求，最终影响其网络学习习惯与学习能力的养成。

很多时候青少年并不能将网络学习与网络生活融为一体,不能从网络生活中获得学习的价值与意义。杜威说:“学习即生长。”青少年学习意识的淡化与学习能力的缺失致使其在网络空间的成长受到制约与限制,主要体现为花费大量时间用于网络实践活动,却无法从中获得意义与成长价值。即便调查显示有47%的青少年经常利用网络学习,但学习能力的缺失致使青少年不能在网络空间获得发展,在这些青少年中,有70%的人在利用网络学习时直接复制了网上的内容,而缺乏个人深度思考与认知建构和重构的过程,有23%的青少年经常将学习中遇到的问题输入百度、Google等直接寻找答案。在对青少年的访谈中也了解到,他们有时会利用网络寻求帮助,但最常用的学习方式是将学习中遇到的问题输入搜索引擎,直接寻求答案。这种学习方式无法使青少年的思维能力、问题解决能力、意义建构能力以及学习能力得到提高,他们在学习的过程中并没有自觉运用学习策略,有意义地建构自身的理解与知识。调查发现,有75.12%的青少年承认不会利用网络进行学习,其中有38.2%的青少年不知道利用网络学习的方法,30.02%的青少年认为网上适合学习的内容太少,31.78%的青少年认为利用网络学习容易迷航,经常出现不知道自己到了哪里、要到哪里去的问题。显然,当青少年在网络学习或网络实践活动中遇到问题时,需要外部的引导与干预,对其进行有针对性的引导与教育。

青少年实际受到的引导与教育情况如何呢?调查发现,当前学校中的网络素养教育基本上处于空白时期,尽管在不同年级阶段,如在上海小学三年级、初中预备班、高中一年级开设信息技术课,但信息技术课程是以“提升信息素养为目标”,以信息的鉴别、处理、加工与使用为主要内容,远远不能满足青少年网络实践的需要,不能有效地指导青少年的网络生活,以及有效地解决青少年在网络实践活动中的很多问题。在访谈中,当向青少年问到“你在学校学习的信息技术课程是否对指导你的网络生活有帮助时?”多数青少年给出了否定的回答,给出肯定回答的青少年的答案主要集中在“对查找信息有帮助”。在问卷调查中,对青少年接受的网络素养教育与指导情况进行了调查,结果如图10所示,在“如何判断网上信息的安全性”、“有关网络礼仪”、“如何保护个人隐私或在网络空间进行自我保护”等方面,有半数以上的青少年从没有接受过任何指导。

在学校网络素养教育缺失的情况下,青少年在家庭中获得的帮助与指导情况如何呢?在“你在家中是否愿意与父母交流上网话题?”的问题上,有51.62%的青少年不愿意和父母交流上网话题,他们给出的理由是:“个人秘密、隐私”、“父母反对上网,不

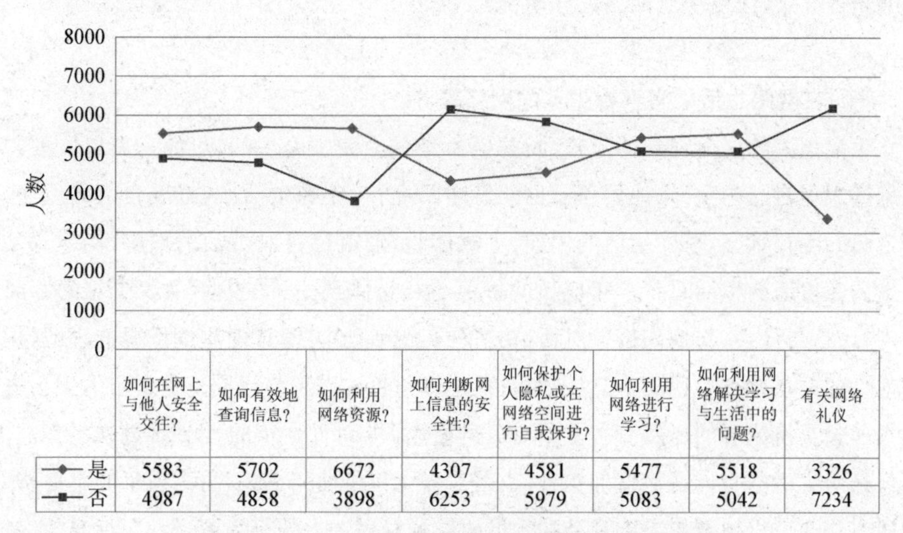

	如何在网上与他人安全交往?	如何有效地查询信息?	如何利用网络资源?	如何判断网上信息的安全性?	如何保护个人隐私或在网络空间进行自我保护?	如何利用网络进行学习?	如何利用网络解决学习与生活中的问题?	有关网络礼仪
是	5583	5702	6672	4307	4581	5477	5518	3326
否	4987	4858	3898	6253	5979	5083	5042	7234

图 10　青少年在实际的网络实践活动中接受指导情况

理解”、“没有共同语言，关心内容不同”、“容易发生冲突，父母见解不同”、“会吵，有代沟”、“父母常常不理解我而且很落后”等等。对“父母对于你上网的态度是?”有36.8%的青少年选择的是“父母对我上网持反对态度”，有51.3%的青少年选择的是“支持，父母限制我的上网时间，从来不关心我的上网内容”。因此，大部分青少年的网络素养发展呈自发状态，青少年在网络生活与学习中会遇到很多问题与困惑，但这些问题并不能有效地获得相关引导与教育，尽管青少年的网络素养源自于网络实践，但有针对性的引导教育也起着至关重要的作用。青少年的网络素养处于自发状态，还没有走向自觉与自为，在网络实践与网络素养之间还没有形成良性互动。若对青少年在网络实践活动中的困惑与问题实施有针对性的教育指导，将有助于满足其迫切发展网络素养的实际需求。

第三节　真实考察：青少年网络素养的多视角考察

网络素养内在于个体，体现在具体的网络实践活动之中，通过网络言行呈现出来，因此，考察青少年的网络生活，分析其网络实践活动的特征，包括网络语言、行为等，是了解青少年网络素养现状的重要途径。本节主要通过个案研究、焦点访谈等方式，利用质性研究方法进一步从青少年的网络生活、学习、交往等多维视角透视所折射出的网络素养要素，以反映其网络素养现状。

一、在网络生活中考察青少年的网络素养

生活是人的生命存在的形式，人的生命是在生活中展现的，正如马克思所说："个人怎样表现自己的生活，他们自己也就怎样。"[①]青少年在生活中，舒展自己的生命，体验自己的生存状态，享受生活的乐趣，生成体验，形成自身对生活的理解，构建意义并产生内在价值。生活对青少年成长的价值与意义体现为：在生活中青少年的心灵世界与自然、与社会、与他人进行对话，在多种实践活动中，形成对周围世界的理解，构建与他人的关系，形成自我意识以及对自我主体角色的理解与认同。青少年的生活方式与其成长及价值观的形成有着密不可分的联系，提高青少年的生活质量和生存能力，不仅是对生活本身内在价值的提升，也是对青少年生命的关爱，为青少年的生命奠基。生活方式通过思想意识与心理结构的形成影响着一个人的行为方式和对社会的态度，反映了一个人的价值观念，即世界观的基本倾向；同时，生活方式的变化直接或间接影响着一个人的思想意识和价值观念。因而，我们说生活方式是个人思想与价值观形成与发展的重要条件，也是主体价值能动性实现程度的具体体现。

为了了解当前青少年过着什么样的网络生活，笔者以专题采访调查的方式，走进青少年的网络生活世界，不仅对身边熟悉的青少年进行了访谈，而且多次与青少年一起共度网络时光。在与青少年一起上网的活动中，观察他们的网络实践活动，了解他们与网络互动中的关系形成与意义建构过程，对其网络生活需求、目的、行为特征进行分析。此外，还对 20 名青少年进行了焦点小组访谈，与青少年开展对话交流，通过多种方式倾听青少年的声音，了解青少年对网络本质的认识及其网络实践活动、网络生活体验、在网络实践活动中彰显的网络素养等。

（一）青少年网络生活案例描述

下面选取三位青少年，对他们的网络生活进行描述。[②]

案例 1：

A今年 12 岁，他自 7 岁开始上网，那时他刚上一年级，他喜欢上网玩网络游戏，主

① 王雅林.生活方式研究的理论定位与当代意义——兼论马克思关于生活方式论述的当代价值[J].社会科学研究，2004(2)：95—101.

② 资料来源：笔者的个案研究记录，2014-12-1。

要玩的游戏是赛尔号、7K7K小游戏等，他主要是在家中玩网络游戏，偶尔在学校使用网络，主要是在学校的信息技术课或综合实践活动课上，信息技术课中主要是学习网络知识及应用，综合实践活动课或其他课偶尔使用网络查阅资料。他喜欢和同学或朋友交流上网心得，将自己玩网络游戏时扮演的角色、获得的心得与其他同伴交流。对该方面的交流，许多小朋友都很感兴趣，成为课间同伴交流的重要话题。有的同学因为没有玩过该游戏，不知道大家交流的内容，因缺乏共同语言，而无法参与到讨论话题中，就主动走开了。他也会利用网络，查找资料，帮助完成学校作业。他经常利用Google查找资料等，如：学到屈原的作品，他会查找有关屈原的生平、相关作品介绍等。随着年龄的增长，他上网的内容越来越丰富，包括与同学和朋友交流、发邮件、进入网络贴吧、写博客、创编故事小说、听音乐、看新闻等，在家中有空闲时，他喜欢上网，上网时他感觉时间过得很快。目前，上网成为他放学后每天必做的事情。他在凤鸣轩(www.fmx.com)文学小说网平台上的"青青校园"中完成了他的处女作《若时光记得》。目前，他对网络由衷地喜欢与迷恋，上网成为他日常生活中不可或缺的重要组成部分。他在使用网络的过程中也遇到过一些麻烦和问题，如：在使用网络完成学校作业时，他主要是利用网络下载资料，通过复制、粘贴完成作业内容，对于如何建构自身的理解与生成深层次的意义，建构形成自己的想法，并没有做深入思考，有时候他并不知道该如何去做。有时，他也尝试利用开放写作平台，参与创作，但是正如他所谈到的："我在第一次使用维基百科写作时，花了2个多小时看完全部介绍，不禁心动起来，随便编辑了一个条目。没想到兴奋了不到1分钟，就被管理员删除了。原来是违反了版权规定。唉，这就是自由的代价吧。"他目前的最大困惑是遇到问题不知道该如何解决，也不愿意和父母、老师交流，甚至请求帮助，因为父母和学校老师对上网问题总是持有异议，他们认为上网花费了很多时间，对此他们并不是很赞成他经常上网。

案例2：

M是一个12岁的女孩，4年前她就是一个上网爱好者，尽管父母在业余时间有空时经常看电视，但她却热衷于上网，她上网的兴趣点在于阅读故事、创作故事。她这样做大约有一年了，她的父母很高兴地认为，M是信息时代的弄潮儿，是网络通。对她有很高的期望，但他们也不断地提醒M，上网时要浏览有名的、可信任的网站，并适当地限制她的网络行为，如不要过多地进行网络交流。通过观察她的网络行为，很快发现M的网络技能被其父母有所夸大，她的网络活动范围很窄，主要访问三类网站，信息搜索、游戏、与宠物有关的网站，她在上网时不仅经常受挫，而且效率很低，如：在信息搜索时，她有时不知道如何从搜索的大量结果中，判断、筛选有价值的内容。她的父母一直监管她使用网络，限制她使用互动功能，如邮件、聊天、下载等，因此，父母不太担心她的网络应用安全问题。但有时针对使用网络中出现的问题，她咨询父母，父母也很困惑，不知道如何解释。现在，情况发生了变化，M除了仍喜欢创编故事外，如经常登陆Storybird，与同学合作创编故事，她还建立了个人的网络博客。她在开心网上养了个人虚拟宠物，建立并拥有了个人邮件和即时通信账号。当问及收藏夹中是否有她所喜欢的网站时？她回答是：没有。她的网络应用范围仍比较窄，很少具有探究性。当遇到问题或出错后，她经常忽略问题，而不是反思查找原因，设法尝试去解决问题。

案例3：

T是一个16岁的男孩，他性格开朗，爱好广泛，喜欢交结朋友，并经常和朋友在一起玩，他喜欢听音乐、看电视。他记不清是什么时候开始上网的，但他认为上网是近两年的事，他还清楚地记得刚开始上网时的情景，当上网遇到问题时，他常束手无策，经常询问父母。在家中，父母也经常引导他如何使用网络。他使用网络主要是为了完成家庭作业，有时也是为了娱乐。开始，他在家中上网始终处于有计划地使用阶段。随着年龄的增长，网络已成为他日常生活中不可或缺的重要组成部分。如今，除了做作业、玩游戏，他还登录一些其他网站，查看娱乐新闻、电视节目、体育赛事等，利用网络与朋友交流，成为他网络生活的重要内容。他经常使用Yahoo Chat，扮演成人或其他人，与他人交流。到目前为止，他认为网络很有趣，给生活带来很多乐趣。有时他也很困惑，因为他也遇到一些麻烦，如：下载时遭遇病毒，有些不适合的内容直接跳出窗口，花费了很多时间却找不到有价值的内容等，因为这些问题，也制约了他的网络活动，如：父母不允许他随便从网上下载，父母经常查看他的上网记录。当他遇到一些问题时，也会和父母交流，他与父母一直保持着开放通畅的交流沟通。当前，他的网络生活发生了变化，以前的计划不再起作用。他经常从网上下载音乐，不再进入聊天室会见陌生人交流，而通过MSN与朋友联系，目前他的MSN中有19个联系人列表，他经常和他们联系，还有时一边下载音乐一边和他们交流联系，多任务方式减少了等待的时间。网络安全已不成问题，他父母认为他现在完全有能力控制自己，不再进入不该访问的网站，父母也不再检查他访问的网站，目前网络对他来说，是交流与音乐媒介，而不是信息或教育媒介。

以上描述的案例，展现了不同青少年的网络生活内容以及网络在青少年生活中的样态和价值。尽管网络已成为青少年的一种生活方式，但青少年使用网络的动机、目的与内容是不一样的，存在着很大的差异性。青少年的网络生活存在着多样化的形态，有的青少年将网络作为学习与解决问题的重要途径，利用丰富的网络资源，进行学习，遇到日常学习、生活中的问题，主动利用网络寻求解决问题的方法与途径；有的青少年将网络作为发展自己兴趣、个性化发展与创造的平台，利用网络发表个人作品、在个性化空间中展示个人创造；有的青少年将网络作为与他人交流的社会性互动平台，利用网络与他人交流，倾诉内心世界的心声、表达个人观点与情感；有的青少年利用网络进行娱乐、游戏，在游戏中进行角色扮演、模拟创造、体验生活。

如果说，网络对于成人是一种工具，那么对于青少年来说，它就是一个世界。学习、交友、娱乐、创造等构成了青少年网络生活的基本样态，青少年在网络生活中学习、交往、创造以及解决现实生活中的问题，网络给了青少年一个崭新的体验性世界，也正是在与网络的互动中形成与网络的关系，生成青少年对网络世界本质的认识和理解。数字化生活的魅力是无穷的，网络给青少年带来各种崭新的文化体验，极大地延伸了青少年生存与发展的时空界域，为青少年带来了开放、多元、精彩丰富的世界，青少年世界与网络世界、青少年文化与网络文化互动共生、交融一体，演绎生成新的意义空间，网络生活将青少年带入可以真实体验、如同身临其境的感知世界。因此，网络生活对青少年的成长与发展有着重要的意义，青少年的全面发展是建立在生活的全面性与丰富性基础之上的。青少年网络生活的内容是丰富的，形式是多样的，价值是多元的。网络作为信息库，青少年在网络空间不仅限于进行简单的信息搜集，也不仅是游戏、娱乐、交友，网络生活本身蕴含着丰富的意义与价值，如：青少年在网络空间发展个性、探究自我，通过个体建构或集体思维创造知识、分享智识，通过互动交流生成集体智慧，青少年也可以利用网络解决学习和生活中的问题，网络成为青少年解决问题的重要途径。在网络生活中，青少年重新认识自我、形成自我身份认同，探究自我实现的途径和方式。然而，网络生活价值的形成，以青少年在网络空间探究能力的发展、网络素养的提升、主体精神的发挥为前提，需要青少年具备网络探究能力，自觉建立现实生活与网络生活的联系，在心灵世界、网络世界与现实世界的关联中建构意义，生成体验，才能促进青少年内心的生长与生命成长。

从以上案例可以看出，青少年的网络生活是丰富的，也是个性化的，不同的青少年有着独特的网络生活方式，网络生活的理念、目的、内容、态度是不同的。青少年自身的性格、网络生活习惯、兴趣爱好、父母的引导与干预对其网络生活都有着一定的影响。

对网络与网络生活的感受和认识，源自于青少年亲身经历的网络生活体验。在焦点小组访谈中，让青少年对自身的网络生活进行描述，他们出自于自身的网络生活实践表达了如下声音：

A说："网络生活充满乐趣，魅力无穷，可以获得许多现实生活中得不到的东西，我经常利用网络下载音乐、获取信息，获得他人的帮助。"

B说："网络生活给我提供了分享与创造空间，我愿意在网上分享个人观点、上传有价值的资源。"

C说："网络空间为我提供了学习机会，我经常利用网络学习，网络成为我探究学习、建构意义、获取知识的重要途径。"

D说："网络生活是自由的，可以畅所欲言，无拘无束地娱乐、游戏和自由交流。"

E说："网络生活是富有创造性的生活，可以在虚拟空间中进行充分想象，大胆地创造。"

F说："可以在网络生活中体验生活的真谛，自由地想象、富有探究性地创造。网络生活尽管是自由的，也应该充满责任，不仅对自我负责，也要对他人负责。"[①]

（二）对青少年网络生活实践的考察

通过个案研究与焦点小组访谈，下面对青少年的网络生活理念、目的、态度、行为方式等进行全面考察，揭示青少年在网络生活中体现的网络素养。

1. 青少年网络生活理念的考察

生活理念是对生活意义及价值的认识，由此产生一定的倾向性，并指引生活的方向。在现实生活中每个人都有属于自己的生活理念，因生活理念不同，而对生活的价值追求也不尽相同。在网络生活中，不同的青少年也有着不同的价值追求与网络生活理念，进而引领不同的网络生活方向，如：在网络生活中，有的青少年以获取与接受为主，追求"占有型"、"接受型"的网络生活理念；有的青少年愿意奉献、参与、共享，这是"奉献型"的网络生活理念；有的青少年以追求娱乐为主，有的青少年以学习为主，有的青少年以接受为主，有的青少年追求探究、创造与发现；有的青少年以消遣、消费为主，有的青少年以共享、参与、建设为主，有的青少年愿意参与交流，有的青少年喜欢自我

---

① 资料来源：笔者的访谈录，2017－11－10。

欣赏，有的青少年追求自由表达，有的青少年观照责任等等。不同的网络生活理念直接影响着青少年的网络行为与网络生活质量。访谈发现，大部分青少年的网络生活理念是娱乐、游戏、消遣，以追求享乐为主，“娱乐”与“消遣”成为主导青少年网络生活理念的主要方向。

2. 青少年网络生活目的的考察

青少年为什么上网？通过对该问题的调查进一步了解青少年网络生活的目的。在围绕该问题的访谈中，不同青少年说出了网络生活的目的，A说：“学校生活太压抑，没有自由，网络生活可以无拘无束，做自己想做的事，让我获得了真正的自由。”B说：“放学后一个人在家很没有意思，上网玩网络游戏，可以找到乐趣。”C说：“在学校没有时间与朋友交流，网络交流很方便，不受时间限制。”D说：“我上网主要是看看新闻，获得一些信息。”E说：“我喜欢音乐，我上网不仅在线听歌曲，还发布我个人的演唱专辑，获得了许多点评。”F说：“我上网络主要是学习，网上丰富的学习资源不仅开阔了学习视野，也帮我解决学习中遇到的困难和问题。”G说：“我上网主要是写博客，发表日记。”H说：“我上网主要是与以前的朋友取得联系，交更多的朋友，以建立广泛的社会关系。”

通过访谈，可以看出青少年对网络生活的需求是不一样的，网络生活从某种程度上弥补了现实生活的不足，满足了青少年多样化的生活需求。

3. 青少年网络生活态度的考察

网络生活态度反映了青少年对网络生活事实关系与价值关系的看法，有的青少年持有积极的网络生活态度，对网络生活与现实生活的关系有明确、清醒的认识，对网络世界中的事物与现实世界中的事物的联系有着内在一致的看法，对自我网络生活的意义与价值有着理性的认识；有青少年持有消极的网络生活态度，认为网络空间是虚拟空间，不受任何约束与限制，在网络生活中可以为所欲为，言行自由不受约束，可任意放纵自己，只要能使自己开心尽兴，不需对自身的网络行为负责，他们认为网络生活与现实生活没有必然的联系。调查发现，大部分青少年处于二者之间，对网络生活与现实生活的关系有着一定的认识，他们认为网络生活是虚拟的，在虚拟空间可以实现现实生活中做不到的想法，但对于二者之间具体有何关系，不是很清楚。他们对网络生活的态度与认识是朦胧、模糊的，知道在网络空间有很多新奇的事物与刺激的情境画面，出于好奇，想去尝试，但具体有什么后果不是很清楚。他们对自身参与网络生活有什么意义以及对自身发展能带来什么价值也不清楚。

4. 青少年网络生活行为的考察

多娱乐行为少学习行为、多下载行为少探究行为、多接收行为少创造行为，是青少年在网络生活中的主要行为特征。青少年的网络行为呈现不稳定性，知与行之间存在不一致，甚至存在一定的偏差。由于青少年对网络的认知水平有限，且受网络情境的影响，青少年的网络行为有时不能围绕既定目标进行，常会发生转移或改变，受外界影响与干扰较大，具有不稳定性。而青少年对自身行为缺乏自制力与调控性，抵抗诱惑与抗干扰的能力也较弱。青少年对自身当前的网络行为以及网络行为目的、后果不能自觉建立关联与联系，不能深入思考当前网络行为对于自身的意义与价值。在青少年的网络行为中，以下载与接收行为居多，远远大于探究性行为、创造性行为，他们经常利用网络下载信息，而缺乏相应的探究行为。此外，由于社会性发展的需要，青少年的社会交往性行为占主导地位，但对网络交往的本质缺乏深入的认识，对交往的内容、交往对象、交往行为等于自身发展的意义和价值，青少年并没有建立一定的认识。

5. 青少年网络生活内容的考察

调查发现，青少年上网的内容主要集中在以下方面：游戏、社会交往(网络交流)、下载或在线听音乐、查找或下载信息、共享资料、共享观点、发表个人作品、参与学习共同体、进行社会性学习、发展个人兴趣等。不同的网络生活内容对青少年发展来说其意义与价值是不同的。青少年的网络生活内容也不是单一的，一方面，许多青少年的网络生活包括多样化的内容，可能以两至三种内容为主，另一方面，青少年的网络生活内容也是变化的，随着年龄的增长与认识水平的提高，其网络生活的内容也会发生变化，即便是同一内容，也会随着青少年对网络实践活动认识的深入、参与性的提高而呈现不同的形式，为青少年的发展带来不同的意义。通过调查与访谈发现，“游戏”、“娱乐”、“聊天”在青少年上网内容中排在前三位。在网络游戏中，不同的游戏情境使青少年获得了丰富的体验，而通过角色扮演、参与互动，使青少年获得了极大的精神满足，也满足了青少年的精神生活与自我实现的心理需求。

二、在学习中考察青少年的网络素养

青少年在学习中是如何利用网络的？青少年的网络学习行为有何特点？通过对青少年正式学习与非正式学习中网络实践活动情况的考察，进一步揭示青少年的网络素养现状。

1. 青少年在学习中使用网络的目的：为何使用网络？

网络已成为青少年正式学习中不可缺少的一部分，查阅资料、下载资源、解决学习中的问题等，成为青少年学习中应用网络的主要目的。调查发现，青少年使用网络学习有来自内外两方面的因素，一方面是来自教师的要求，另一方面是青少年自身的需要。在学校中，教师会结合课程内容有针对性地为青少年提供网络学习资源，而且教师会为青少年布置利用网络进行学习的作业，如：让青少年拓展阅读、利用网络资源进行主题创作设计作品、完成作业等。同时，网络也已成为青少年非正式学习的重要途径，网络不仅为青少年提供了学习资源，也为青少年提供了解决问题的途径。有些青少年在学习中遇到问题时，会自觉借助网络寻求解决问题的方法，有些青少年则结合自身的兴趣，有目的地利用网络学习，网络成为青少年发展个人兴趣的重要手段。

但青少年无论是在正式学习还是非正式学习中，都会遇到很多困惑性的问题，如：无法从教师提供或下载的学习资源中解读意义，资源非常丰富，却无法与个人的经验建立联接，不能生成意义。很多时候青少年对自身的网络学习需求与应用目的不明确，尽管网络资源很丰富，却找不到有价值、对自身学习有用的内容，甚至有时不会利用找到的内容，不知如何加工处理、转化为自身的知识。

在访谈中，有青少年对利用网络学习表达了这样的心声。A说："我对自己使用网络学习的目的有时不是特别明确，知道自己遇到了问题，想借助网络解决，但却不知该如何借助网络解决？"B说："有时老师让我们从网上找阅读资料，我花费了很长时间却找不到，因为通过"关键词"利用搜索引擎找到成千上万个与关键词匹配的结果，逐条阅读筛选都要花很多时间。有时即便找到了，但适合性不是很强，觉得资料的价值不大。"C说："很多时候，我不知道利用网络做什么，虽然一开始想利用网络学习，但是很容易被网上迷人的东西吸引，利用网络学习时容易迷航，不知道自己到了哪里，要到哪里去。"

2. 青少年网络学习行为：如何利用网络学习的？

下载、拷贝、复制是青少年最常见的网络学习行为，调查中有43%的青少年认为，在网上找到有用的信息资源后直接下载使用，拷贝、复制是最常见的使用方式，对于如何尊重他人的版权与知识产权，如何规范援引所使用的资料，许多青少年并不是很清楚。在利用网络解决问题时，青少年会利用网络提供的百度"知道"、"问吧"等在线互动平台直接搜索问题的答案，或将自己的问题直接在平台上贴出，等待别人的回复或帮助等。青少年对如何利用网络解决问题的方法、策略、过程等不是特别关注，还没有掌握利用网络解决问题的方法。有些青少年经常登录一些学习社区，或加入学习共同体，进行合作学习或社会性学习，但这些青少年大多数情况喜欢阅读他人的讨论观点，在开展对问题的讨论时，对如何积极发表个人观点、与他人进行深度互动，以及如何建构意义等方面缺乏深入的认识。

利用网络拓展阅读是最常见的网络行为，而对于如何进行在线阅读，如何在阅读中促进自我与文本的对话，如何进行深度思考，如何建立与自身经验的联结，如何在阅读中建构意义，青少年则缺乏相关的方法与策略。尤其是如何转换思维、建立联系，在不同的链接页面中阅读与思考，深层次理解内容的多元视角，多角度理解阅读的主题、批判性地做出思考，并建构自己的理解等方面，青少年还有很大困难。有青少年说："网上信息量太大，我在网上阅读不知道从哪里入手，不停地翻屏、滚动，还来不及深入思考，内容就一闪而过了，很多时候读不出意义。"还有青少年说："利用网络学习最大的好处，就是"复制"容易，有时为了完成作业，在网上轻轻一搜，答案就有了。"

网络的互动性，为青少年参与网络创造提供了机会，但如果青少年在网络互动空间不深入思考，不主动建构个人理解，就无法生成意义，也不能创造知识。

3. 青少年网络学习内容：用网络学什么？

网络拓展了青少年学习的内容范围，除了与正式学习相关的内容外，青少年所感兴趣的内容也纳入学习的范围。虽然网络大大拓宽了青少年学习的内容范围，带来了新的学习机会，但具体学什么由青少年自主选择与确定。网络内容的丰富性与主题多样性，既为青少年学习提供了机遇，也为青少年鉴别与选择学习内容带来了一定的挑战，如何选择适合自己的学习内容成为青少年网络学习面临的关键性问题，成为制约青少年网络学习发展的关键。如果青少年没有明确的学习目标和方向，就难以选择具体的学习内容。青少年的好奇心强，而自制力差，许多不适合的学习内容也进入了他们的视野，不仅分散了青少年的注意力，而且对青少年的学习直接带来负面影响。

利用网络学习成为青少年认识世界的重要方式，网络学习的内容直接影响到青少年的世界观与价值观，积极正面的内容给青少年正确的导向，促进其世界观的形成和发展，而消极的内容给青少年错误的导向，阻碍其世界观的形成和发展。因此，鉴别能力、批判性思维能力成为青少年网络学习内容选择的关键，不仅直接影响青少年对学习内容的选择判断，而且直接影响其世界观的形成和发展。

4. 青少年利用网络学习的结果：会怎么样？

利用网络学习不仅改变了青少年的读写方式、认识方式、学习方式与思维方式，而且直接影响其学习习惯与知识建构方式。网络环境拓展了学习的时空界域，青少年不仅可以通过正式方式进行学习，而且也可以在娱乐、游戏、交往等其他网络实践活动中进行非正式学习。从学习科学的观点看，学习者是有目的的、积极的和反思的智能体(Agent)，是需要为建构个体的心智模型而负责的人。学习结果应该聚焦在知识的构建、概念的变化、反思、自律和社会共同建构的意义制定(Socially Coconstructed Meaning Making)等方面。[①] 尽管网络丰富了青少年的多元认知，促进了青少年知识的自我建构与社会性建构的融合，但青少年还不能做到为完善自己的心智模型而负责，不能主动地进行知识的深度建构，学习的自律性比较弱，尤其是在非正式学习场合，青少年不能自觉地进行反思，也不能有目的有节制地进行学习。网络不能自觉地促进青少年的学习发展，而需要青少年学会利用网络来达成学习发展的目的。

三、在交往中考察青少年的网络素养

利用网络进行社会交往是青少年网络实践活动的重要内容，青少年是如何利用网络进行社会交往的？通过对青少年交往目的、交往行为、交往内容、交往方式等方面的考察，揭示青少年在网络交往中所呈现的网络素养。

1. 为什么交往：青少年网络交往的目的

随着社会性的发展，青少年具有很强的社会交往需求。透过对青少年网络实践活动记录的分析，以及倾听青少年的心声，可以看出青少年多样化的交往目的和交往动机，青少年的交往目的包括与亲朋好友加强联系、交结新朋友、个人身份认同、倾诉内心世界、表达思想等。在访谈中，针对“你为什么喜欢利用网络交往”问题，青少年表达了网络交往的不同目的，A说：“因为平时学习很忙，在学校没有时间与朋友交流，回家后，就挂在网上(QQ、MSN)利用网络交往很方便，还可以一边交流，一边听音乐或做其他事，很惬意。”B说：“利用网络扩大了我的交往范围，我在网上认识了许多志趣相投的人，有的还经常见面来往，成了好朋友。”C说：“我利用网络交往，很多时候是为了寻求帮助或建议，生活或学习中遇到了困难或问题，我愿意通过网络向他人倾诉，让别人帮我出谋划策或排忧解难，听听别人的建议。”D说：“利用网络交往很有趣，因为对方不知道我是谁，我可以装扮成不同的人。在不同的交往空间，可以使用不同的电子身份。”[②]而且在交往活动中，青少年的交往目的往往不是固定不变的，随着青少年交

---

① Jonassen, D. H. Supporting Communities of Learners with Technology: A Vision for Integrating Technology with Learning in Schools [J]. Educational Technology, 1995,35(4): 60 - 63.

② 资料来源：笔者的访谈记录，2017 - 1 - 3。

往兴趣的转移以及认识的变化，其交往需要及交往目的也会随之发生变化。但有时青少年在利用网络社会交往前，并没有明确的目的，出现交往目的与交往行为不一致，甚至会发生偏移等现象。

2. 如何交往：青少年网络交往行为

青少年的网络交往行为有很多方式，有实时同步交流行为、非实时异步交流行为；有一对一的交流行为，也有一对多的交流行为。实时同步交流行为包括 QQ、MSN、Chat、Skype 等，非实时异步交流行为包括邮件、论坛社区、评论、贴吧、博客等，以及整合了同步与异步交流特征的专用社会性交往平台，如微博、微信、人人网等。青少年的网络交往行为具有自主性、随意性、易变性、不稳定性、不自控性等，其网络交往行为常常是在一定的目的驱动下开始的，呈现出很强的自主性与随意行，但由于青少年缺乏自制力与约束力，网络伦理道德观念尚未形成，会出现不理智、不负责任的网络交往行为，主要表现为交往语言的不规范、交往内容的随意性等。青少年不能反省当前的交往行为、交往目的与交往结果的内在关联，不能从当前的交往行为中获得意义与价值，不能实时调节自身的网络交往行为，也不能自主反思交往过程并使交往目的、交往行为与交往结果保持内在一致性。

3. 交往什么：青少年网络交往内容

倾诉内心世界的体验与感受，表达思想，交流对学习和生活世界中人、事、物的认识与看法，情感宣泄，展示自我等，是青少年网络交往的主要内容。青少年的网络交往有时会围绕一定主题开展交流，但更多时候是围绕多个交流话题进行交流，从交往的内容深度来看，青少年网络交往以能够表述观点、相互理解为主，有时以娱乐、有趣为主，但并不追求深刻的思想与内涵。交往语言、交往内容的随意性很大，青少年在交往中并不追求句子的完整，三言两语、图形符号、非正式语言等都可以作为传情达意、交流的内容中介，交流双方只要能领会，就可以保持交流的持续性与畅通、连贯性。还有很多时候，交往的内容具有很大的随意性与情境性，青少年出于好玩、好奇而扮演成其他人，或虚拟想象的自我，没有实质性的交往内容。

4. 效果如何：青少年网络交往的结果

青少年缺乏网络交往规范及安全意识。网络被青少年认为是自由交往的空间，可以畅所欲言、随心所欲，青少年的思想意识中没有预先形成的交往规范，过度的自由难免会失去责任感，引起交往失范或交往冲突。同时，青少年在网络交往中缺乏安全与自我保护意识，对交往对象投以信任，将自己的内心世界及个人私密和信息坦露给对方，甚至是更多的人，从而给个人安全带来威胁。青少年的网络交往因交往目的、对象不同，交往的持续性与稳定性也会出现不同的特征，包括不稳定的短时交往、不稳定的持续交往、稳定的持续交往。对于在现实生活中熟悉的交往对象，如亲朋好友，青少年使用的交往手段常是可以记录或查看身份的MSN、Skype、人人网等，并与交往对象保持稳定持续的交往；对于陌生的交往对象或在网络中建立的交往对象，交往手段常是交往社区、Chat等。网络交往先是处于不稳定的短时交往，随着交往的深入，如果双方彼此感觉良好，并维持良好的交往关系，就会由短时交往进入持续交往状态，交往的稳定依赖于双方的信任程度以及彼此的感觉和情感依赖性。如果进一步在现实生活中进行离线交往，很有可能发展成持续的稳定交往关系。如果在交往过程中出现不愉快，随时可能中断交往关系，或发展成不稳定的持续交往关系。

青少年在网络交往中以文字、符号交流为主，交往身份具有隐匿性，尤其是缺乏在现实生活中建立起的对交往对象的认知，交往身份的认同依赖于在交往过程中的相互了解，需要一个过程，而身份认同是建立交往关系以及决定交往双方是否可以持续交往的基础。

使一种交往具有价值的不是交往本身，而是交往者各自的价值。帕斯卡尔说："我们由于交往而形成了精神和感情，但我们也由于交往而败坏着精神和感情。"前一种交往是两个人之间的心灵沟通，它是马丁·布伯所说的那种"我与你"的相遇，既充满爱，又尊重孤独；相反，后一种交往则是熙熙攘攘的利害交易，它如同尼采所形容的"市场"，既亵渎了爱，又羞辱了孤独。[1] 帕森斯指出："遵守社会规范是日常交往得以进行的必要条件，社会化的过程实际上就是交往主体学习社会规范的过程。"[2]社会中存在着一种规范秩序；规范秩序是社会成员对社会的一致性理解，它通过内化过程，使成员得以共享这种规范秩序；当社会成员按照规范秩序行事时，就避免了"失范"或"战争"。也就是说，稳定的社会秩序依赖于行动者在行动时遵守规范或者规则；规范或规则是社会独立于个人预先决定的；对维持一种社会秩序来说，关键是在行动者的意识中被内化的道德性的规范。[3] 但青少年在网络交往中，社会规范并没有形成，尽管有些交往社区形成了一定的规范，但这些规范不能完全内化到青少年自身的言行中，网络交往的自由性与虚拟性为青少年交往中的自我身份认同带来挑战。

---

① 童星，罗军. 网络社会：一种新的、现实的社会存在方式[J]. 江苏社会科学，2001(5)：116—120.

② 谢立中. 西方社会学名著提要[M]. 南昌：江西人民出版社，1998：339.

③ 同上注.

四、青少年网络素养现状总体情况分析

人类社会的每一步发展都是在解决自身时代问题的过程中完成的，网络环境下的虚拟生存为青少年带来新的发展机遇的同时，也带来了新的挑战，如何让青少年在享受新技术的便利的同时避免影响身心发展的问题，使青少年的生存始终处于自由全面的发展状态，无疑是当今“互联网＋”时代最迫切需要解决的问题，这样才能推动人类进一步向前发展。然而，由于青少年缺失网络素养造成的网络生存危机问题引人关注，因而是值得研究与解决的重要问题。

通过对青少年网络学习、网络生活、网络交往等多方面的考察，不仅了解了青少年的网络素养需求、网络行为特征、网络活动内容等，更重要的是进一步了解了青少年在网络实践活动中意义的建构过程，以及对自身网络实践活动价值的理解。从网络素养所涵盖的“知、情、意、行”四大核心要素以及网络素养核心能力构成等维度展开分析，了解青少年在事实性、价值性、关系性维度对网络应用的理解，网络素养的内容维度不仅涵盖了事实性问题，也包括关系性问题、价值性问题。总体情况如下：

1. 青少年网络素养知能明显偏低

调查显示，青少年网络素养知能明显偏低，严重影响了网络素养的发展，主要体现在：青少年对网络素养的认识处在模糊与朦胧状态，对网络素养的重要性认识不够，很多青少年不知道什么是网络素养，对自身的网络素养发展需求也不清楚，提不出自身具体明确的网络素养需求。青少年在网络空间所需具备的能力，如选择与鉴别能力、反思与评价能力、批判性思维能力、意义建构与生成能力等，与青少年的网络生活状态不相适应，青少年网络素养知能明显偏低，亟待进一步提升。

2. 青少年网络认知、网络行为的偏移与错位，“知行合一”有张力

调查显示，网络生活已成为青少年的一种重要的生活方式，但青少年出现了认知、行为上的偏差。有68%的青少年每天上网时间为2—4小时（平均超过2小时），网络实践活动的主要内容为游戏、娱乐、聊天等。青少年上网时没有明确的目的与任务，常处于无目的、无任务导向的失控（发散）状态，青少年没有问题意识，不能将当前的网络行为与自身的经验（经历）建立联结，在与网络的互动中不能建构意义，生成内在价值。青少年在上网时会出现偏离目标和方向的现象。

虽然许多青少年认可有意义的网络生活，但其网络生活理念与生活态度却存在不一致性，多数青少年在网络空间追求一种消费和享受型的生活方式与生活态度，用消

遣、娱乐来打发时间，自主意识、进取意识弱化。对网络功能、本质、意义的认知存在偏颇，致使青少年不能拓展网络的应用深度与广度，网络行为存在偏移与错位。游戏、娱乐成为青少年网络生活的主要理念，他们缺乏对网络生活有意义的价值追求，没有问题意识、缺乏探究意识。在网络使用中，游戏、娱乐、聊天成为青少年应用网络的主要内容，网络的娱乐功能过度发展，而弱化了网络的学习等其他功能，限制了青少年使用网络的范围，影响了网络促进青少年发展的机会。因此，青少年应用网络的结构不合理，应改善其对网络的认知，优化其网络行为，拓展网络的应用领域，从而推动青少年网络应用的结构优化与健康发展。

3. 青少年网络行为的自我失控

调查发现，90%的青少年没有明确的上网目的，对上网没有时间计划与任务规划，因此，在上网过程中表现出无目的的网络行为，不知道做什么？为何做？等。青少年对自身的网络行为缺乏反思意识，在网络情境中不能深入思考，在网络行为目的与结果之间无法建立联接，网络行为出现自我失控的现象，不能自主、有节制地进行调节行为方向，而占用大量额外时间。网络游戏、网络聊天等行为常使青少年沉迷其中，出现自我失控、角色迷失、主体性迷失，忘记自己的真正角色。

4. 青少年缺乏道德自制力，在网络空间话语失范

话语权是“作为一个独立的社会个体，在特定的社会场域中，自主地对现实生活、实践活动进行真实、具体的表白，理性或感性地反映自己的思想、态度、价值的权利”。话语权是青少年具有的自由、自主、充分地表达自己观念的权利，也就是说，话语权不仅仅停留在能够说话的表面层次上，更重要的是能够自主地表达内心世界，表达自己的观念，说自己想说的话。网络为青少年提供了自由话语空间，如何在网络空间更好地行使话语权力，对青少年提出了一定的挑战。由于网络虚拟空间的匿名性，青少年缺乏道德自制力，在行使话语权时，表现出道德缺失、情绪激动、滥用语言、话语失范等。青少年在自由话语网络空间中，不能恰当地表达内心世界，对说什么、怎么说、怎么说是对的、怎么说是错的缺乏判断标准，对世界的内心体验与观察，缺乏正确的表达认识。精神宣泄、语言失调、情绪过激等问题，使青少年不能很好地行使话语权，成为青少年网络空间话语失范的问题表现。

5. 青少年对信息的鉴别能力、评价能力不足，有效获取与利用网络信息的能力不强

青少年不能及时有效地根据自己的需要获取有价值的信息，不能有效利用有价值

的信息并转化为对自身发展有用的知识。原因在于青少年缺乏对信息的鉴别能力与评价能力,面对网络上的海量信息,青少年不能及时有效地从网上大量的信息中获取对自身有用、有价值的信息,并加工转化为促进自身发展的信息和知识。尽管网上有丰富的信息,但在围绕具体任务查找有价值的信息解决问题时,青少年需要花费较长的时间查找相关信息,甚至不会使用网络信息来解决具体的问题。

6. 青少年学习意识弱化及网络学习能力较低

杜威说:“学习即生长。”因为青少年学习意识的淡化致使其在网络空间的成长受到制约与限制。青少年在网络活动中缺乏对学习意义及自我成长价值的追求,学习意识弱化、自主学习能力缺失致使其不能在网络空间健康发展。调查发现,有85%的青少年不会利用网络进行学习。网络学习作为一种学习技术与学习技能,教师应给予青少年一定的指导,使其学会自主学习、合作学习。网络空间的学习既包括对网络技术知识、技能的学习,也包括有目的、有意识、主动性的借助网络进行学习与解决问题。只有20%的青少年经常利用网络进行有目的的学习,使用网络来递交作业、查找资料、帮助完成作业。由于青少年的经验与学习能力不足,使其在网络空间的发展受到约束和限制。

第五章 “互联网＋”时代青少年网络素养发展路径

网络素养的形成与发展是在网络实践活动中实现的，青少年作为网络实践活动的主体，在互动参与中形成对网络世界的认识，建构意义、发展能力，获得丰富的情感体验。探究是青少年在与环境互动中，对世界中的事物进行认知、建构和意义生成的过程，青少年通过探究生成对网络世界意义的理解，建构自身与网络生活的关系，网络探究是青少年网络素养发展的重要路径。网络探究与网络素养有着密切的关系，它在促进青少年网络素养形成与发展方面有着不可替代的作用。网络探究是过程，网络素养是结果，二者相互依存、相互促进，共同促进青少年在网络实践活动中的发展。本章基于网络探究的视角，探讨“互联网＋”时代青少年网络素养的发展路径。

第一节 理论依据：青少年网络探究的理论基础

追溯网络探究的理论基础，不仅可以为青少年的网络探究寻根溯源，找到立足点，而且可为青少年的网络探究提供从本质观到方法论、价值观的依据与有力支撑，技术探究理论、批判素养理论为青少年的网络探究提供了不同的哲学视野与理论基础。

一、技术探究理论对青少年网络探究的启示

技术探究理论可以追溯到杜威的实用主义哲学中的技术探究思想。杜威作为美国实用主义哲学的代表，他在哲学、教育学、美学、心理学、政治理论等许多领域都有建树，虽然杜威没有关于技术的专门著作，但是在他的著作中，却充满了对技术探究的解读与诠释，他的技术哲学思想在当代产生了重要影响。美国实用主义技术哲学家希克曼(Larry A. Hichman)在《杜威的实用主义技术》一书中，指出杜威的技术哲学思想与

他的实用主义是密切联系的，是一种乐观的实用主义技术哲学。① 在杜威的技术哲学思想中，反映了他的技术探究理论，包括技术探究本质观、方法论、技术价值观、技术伦理与道德观等内容，具有重要的意义与价值，为青少年的网络探究奠定了理论基础。探究是杜威哲学思想的精髓，在他的技术哲学中阐释了技术探究理论。他在技术探究理论中，对技术探究的本质、技术探究的价值、技术探究的意义、技术探究的伦理道德等问题进行了阐释。杜威的技术探究理论为青少年的网络探究提供了理论基础与有力支撑。

1. 技术探究的本质

探究一词最初由查理·桑德斯·皮尔士(Charles Sanders Pierce)提出，他认为探究的功能在于确定信念。皮尔士从亚历山大·培因所说的"信念就是行为的规则或习惯"这个定义出发，指明了哲学研究的功用并非再现实在，而是让我们更有效地行动。他指出：使用符号的能力乃是思想的根本要素，探究可以提升符号的使用能力，促进新的思想观念诞生，实现思与行的互动，从而实现有效的行动。② 杜威的探究思想与皮尔士的探究思想不同，杜威更多地强调探究在与环境互动中的认知与意义建构过程，而不是在确定自我方面所起的作用，他认为探究是对意义的寻求，探究是试图满足人类日益增长的洞察事物意义的需要，在与环境的互动中，由不确定的环境进入一个相对稳定的环境，进而形成对话、认知与对意义的理解和建构。③ 一方面杜威用探究意指认知过程，他从工具主义的视角加以阐述其技术探究理论；另一方面，他扩展了探究的目的与意义，即最大限度地理解所遇到的自然和社会情境的意义，积极地用技术(即生产性技能)引导经验，从而实现环境与人的和谐发展。杜威用探究这个术语来表明人与环境互动中对意义的探求、理解、建构，进而实现人与环境互动的和谐发展。

杜威反对有关技术问题的传统观点，并对"技术"概念进行了拓展与重新界定，杜威用"技术"描绘人的探究活动，主要指人面对疑难情形时，利用工具作为探究手段来解决问题。因此，他认为技术探究是利用工具和技艺来解决问题的过程。他认为"技术"意指有智力性的技巧，通常是"科学的技巧"，技巧是与工具、人工制品有关的习惯性技能，而技术则是对技巧的系统化探究。技术探究活动是人利用各种工具与自然和

---

① Larry A. Hichman. Philosophical Tools for Technological Culture: Putting Pragmatism to Work [M]. Bloomington and Indianapolis: Indiana University Press, 2001: 11.

② 徐学福. 探究学习的内涵辨析[J]. 教育科学，2002(3)：33—36.

③【美】约翰·杜威. 确定性的寻求——关于知行关系的研究[M]. 上海：上海人民出版社，2005：41.

社会不断发生贯通作用的过程。具体就技术探究问题而言，杜威认为技术探究意味着生产和建构，其间态度起着重要作用，技术探究的实现不在于范畴之间的差别，而在于经验模式之间的差别，而经验模式是依赖于态度的。正如杜威所言："当事物作为被经验到的事物而发生时，这些事物的发生就肯定依赖于态度和性向；它们发生的情况是被一个有机的个体的习惯所影响。"①人类生活的目的不是静观享乐，而是在探究与创造中实现一个生产的循环：产生新的意义、新的感觉、新的技能（能力）及新的体验，探究会促进意义的生成，形成新的技能（能力），使人产生新的体验。概言之，这就是杜威的"工具主义"的技术探究观，他把技术探究活动视为人在与环境的互动中利用工具解决问题的过程，将生活、探究、生产融为一体，将技术探究视为生成与建构过程，包括意义生成、能力生成、经验生成等。此外，杜威强调，要把技术探究置于一定的具体情境中去理解。他认为，技术是发生于人与环境之间的贯通作用，只有在具体的背景与情境中，才能把握技术探究的确切含义。②

杜威认为探究的形式是多种多样的，就探究的范围而言，技术探究在广泛的经验意义上起作用，而不能仅用认识论加以说明。探究的逻辑要比认识论广得多、深刻得多，杜威致力于在日常技术探究活动和其精致的形式之间建立一种联系，即建立一种贯通日常事物、科学和逻辑以及形而上学的探究理论，将经验、社会、生活、生长、改造等密切联系起来，将个人的成长与民主社会的和谐发展在互动中融为一体。他强调反省经验，反省经验在其技术探究理论中具有重要的意义，它不仅可用于对现实问题境遇进行有效定向，也具有实践的力量，还可用于丰富以后的经验。

2. 技术探究的方法：反思性思维

杜威认为："探究是思维活动，而思维是探究、调查、熟思、探索和钻研，以求发现新事物或对已知事物有新的理解。总之，思维就是疑问，而探究就是解决疑问的过程。"杜威曾经指出："探究是对任何一种信念或假设的知识进行的积极、持续、审慎的思考，探究的目的是通过使用解释、证据、推论和概括来证实信念。"③因此，探究是思维活动，思维将探究行为与探究结果建立关联。探究依赖于思维，使个体识别所进行的探究行为与所发生的结果之间的关系。对于探究的方法，杜威提出了"思想五步法"。杜威在《我们如何思维》中指出，"思维是有意识地努力去发现我们所做的事和所造成的

---

① 赵祥麟，王承绪编译. 杜威教育名篇[M]. 北京：教育科学出版社，2008：141.

② 庞丹. 杜威技术哲学思想研究[M]. 沈阳：东北大学出版社，2006：136.

③ 同注②，第49页.

结果之间的特定的联接,使两者连接起来。思维就是识别我们所尝试的事和所发生的结果之间的关系,没有某种思维的因素,不可能产生有意义的经验。思维就是有意义的经验的方法。”

杜威把思维分为三类:一是头脑中不断流过的“意识流”,这是遍布于我们头脑中不能控制的观念的过程;二是“信念”,这种“思想”是无意识地产生的,人们偶然得到它,却不知道它是如何产生的;三是“反思性思维”,我们一般谈到的思维便是这种反思性思维。杜威指出:“思维的最好的方式就是‘反思性思维’,它是‘对某个问题进行反复的、严肃的、持续不断的沉思’。”他还指出:“只有人们心甘情愿地忍受疑难的困惑,不辞劳苦地进行探究,才可能有反省性思维。”[①]思维是由一种存在疑惑或不确定的问题情景引起的,它是一个有意识地探究行动和结果之间特定关联的过程,对青少年来说,思维是一种明晰的学习方法,一种明智的经验方法,一种智力增长、智慧与经验形成的方法。因此,探究过程就是利用反思性思维解决问题的过程,即整个反思性思维的过程就是解决问题的过程,这个过程可划分为五个步骤:①察觉到疑问或困难;②明晰困难所在及其定义;③可能的解决方案的暗示;④由对暗示和推理所作的发挥;⑤进一步的观察与试验,它导致对设想的接受或拒斥,即做出可信或不可信的结论,其中这里的试验,主要指探究实践行动。[②] 杜威强调,尽管利用反思性思维的探究过程分为五个阶段,但是这五个阶段的顺序不是固定的。怎么安排和处理,完全依靠具体的问题情境及个人理智的灵活性和敏感性。

在技术探究活动中,思维的价值在于:

首先,思维可以使人们的探究行动具有目的性,反思性思维可以将结果和之前的动作行为结合起来,使我们明其因知其果。

第二,思维能够预先进行有系统的准备,通过反思性思维,可以对探究活动事先做出周密而详尽的计划或是提出达到目的的方法。

第三,思维能够使探究的意义更充实,反思性思维可以使人的行动成为有目的的行动、智慧的行动,通过反思性思维,人们可以调节探究行为,调整探究过程,使探究的意义更充实。

杜威在技术探究理论中,强调经验与思维的互动作用,将经验与思维的结合作为

---

① 【美】约翰·杜威. 我们如何思维[M]. 伍中友,译. 北京:新华出版社,2011:76.

② 【美】约翰·杜威. 确定性的寻求——关于知行关系的研究[M]. 上海:上海人民出版社,2004:61.

有效的探究方法。他强调经验有两个基本特征：第一，经验中包含着思维，即能够识别我们所尝试的事与所发生的结果之间的关系；第二，经验即实验，他认为经验包含着一个主动的因素和一个被动的因素，这两个因素以特有的形式结合着，在主动方面，经验就是尝试行为，在被动方面，经验就是承受结果。经验的这两个方面的联接依赖于思维，且思维决定着其效果和价值。在杜威看来，单纯的活动是分散的、零碎的、消耗性的，因此，并不构成经验。只有当一个活动与其产生的结果相联系，即当行为造成的变化反过来反映在我们自身所发生的变化之中时，这样的经验才具有意义，人们才学有所悟。经验就是尝试和思维或反思的结合，当我们在探究活动中只是去做或是经历，不加以反思，不去思考从中学到了什么或是汲取到了什么教训，那么这些尝试只能算做一种机械的动作，并不能称作是经验。因此，可以说思维与经验相辅相成，思维寓于经验之中，没有思维的经验只能算作机械的简单相加。思维与经验的互动融合，才是有效的探究方法。①

杜威的技术探究方法论对青少年的网络探究具有重要的价值，网络探究中必须有青少年积极主动的思维活动，才能产生意义。在网络探究中思维是核心，探究过程即思维过程，是对意义寻求理解的过程。思维将探究的目的、当前的探究行为与探究结果建立联接，寻求对探究活动的理解及其意义。思源于疑，即思维源于疑问与质疑，即问题是探究的开始，网络探究过程也是解决问题的过程，在此过程中反思性思维起着重要的作用，反思性思维具有对探究活动进行计划与规划，并将探究的目的与手段建立联接，调节探究行为，促进深度探究与意义的建构和生成的作用。

3. 技术探究的价值问题

关于技术的价值问题存在着两种观点。一是技术“价值中立”(Value Neutral)，二是技术“价值负荷”(Value Laden)。技术价值中立论认为，技术在本质上是中性的，技术为人类的选择与行动创造了新的可能性，但也使得这些可能性处于一种不确定的状态。技术产生什么影响、服务于什么目的，这些都不是技术本身所固有的，而取决于人用技术来做什么。技术价值中立论从技术的自然属性角度来理解技术的本质。技术价值负荷论认为：“所谓的价值负载，实质上是内在于技术的独特的价值取向与内化于技术中的社会文化价值取向，以及利益格局互动整合的结果。”②在技术探究价值问题

---

① 吕达等主编. 杜威教育文集[M]. 北京：人民教育出版社，2008：21.

② 郭冲辰，陈凡，樊春华. 论技术的价值形态与价值负荷[J]. 自然辩证法研究，2002(5)：37.

上，杜威反对价值中立论，他认为技术探究是负荷价值的。因为“技术探究是问题解决过程，一切思想都是应用于实践探究活动中的智能工具，以解决经验中出现的问题”。[①] 在杜威看来，技术探究常是因解决特定的现存问题所需而发展起来的，并不是价值中立的，是负荷价值的。他认为制造和使用工具是丰富人类经验的一个方面。工具本身可以产生不为人所预料到的后果，因此，其制造和使用也是丰富“知”所不达的人类经验领域的一个手段。尽管杜威把工具的应用与其最主要形式即“知”联系起来，但他同时指出，有时工具被习惯性地加以使用，即没有被反思地加以使用。这种使用以及作为其使用后果而产生的思想都属于广义的技术范畴，所以杜威认为技术是负荷价值的，该价值必须通过“多元化计划”，与文化中的其他价值结合在一起。杜威认为技术探究不仅负荷单一价值，而是具有多元价值。技术探究为人的发展提供了多种新的可能性，使用技术的人应精心地选择和负责任地使用工具，以最大限度地实现其价值。[②]

4. 技术探究的伦理道德观

杜威倾其一生都在密切关注着科学的发展，他对科学技术在改造人类社会方面所起的巨大作用深信不疑，并试图将他的哲学与科学技术结合起来。杜威以其经验哲学为基础，立足于人的发展，以对人的生活意义和价值的建构为逻辑起点，形成了他的科技伦理与道德思想。杜威认为，科技的发展引起了人们道德观念的相应变化，对于如何看待技术造成的“负面效应及影响”，他主张科学与人文的内在统一，在他看来科学与人文是统一于人的经验、活动和生活之中的。因此，杜威认为对于基于人类本性的科学研究应与根据哲学观点对价值的关心结合起来。对于技术探究，要确定其对于人类生活的意义和价值，要基于人类的发展来考察技术探究的过程及其价值关怀。杜威尤为强调道德的重要性，他认为技术属于实然领域，是事实判断；道德属于应然领域，是价值判断。换言之，技术回答的是“能做”，道德回答的是“应做”，“能做”不等于“应做”，但是，杜威认为道德和价值是同一事实的两个方面，而且道德在规范技术应用与发展中具有重要作用。技术探究必须充分考虑与其有关的社会伦理道德问题，应负责任地使用技术，包括对技术使用的目标定位、方法手段选择、过程实施和效果验证。杜威认为负责任的使用技术是目的与手段在动态过程中的统一。验证目标必须再次返

---

① 庞丹. 杜威技术哲学思想研究[M]. 沈阳：东北大学出版社，2006：89.

② 同上注，第 28—29 页.

回到具体情形中，看一看是否恰当。如果不负责任地使用技术，那不是因为其作为一种方法失效了，而是因为探究被误导了，手段脱离了目的，也许是经济利益、意识形态等非技术的目的主导了理智的探究。

对技术的负面作用，杜威认为要综合地加以把握，以期更加全面、深刻地认识引发技术的负面效应的作用机制及原因，不仅要在哲学层面进行深刻的理论反思和追问，而且要在实践中充分发挥人类能动的创造性；不仅要认识世界，找出问题所在，更要改造世界，尽力避免或者克服技术的负面效应。杜威强调，要把技术置于一定的具体情境中去理解。他认为，技术是发生于人与环境之间的贯通作用，只有在具体的背景中，才能把握技术的确切含义。要负责任的使用技术，也只有负责任的使用技术，才能克服技术的负面作用。

杜威认为：技术犹如“双刃剑”，在带来福祉的同时，也有其负面效应，人类在面对技术带来无限益处的同时，也要以反思和批判的精神，反思技术带来的负面影响与效果。人与世界、人与自然的关系绝不是对立的、不可调和的两极，应该站在更高的意义上认识和实践人与自然、人与世界的和谐，从发展的视角对技术探究进行反思，审慎地考察技术探究的价值，深刻地认识技术本质中蕴涵的危险以及探索如何采取对策防止可能出现的生存危机，以确保技术造福于人类，促进人的可持续发展。[①]

杜威的探究理论为青少年的网络探究提供了研究视角与理论基础，网络探究就其实质而言，也是一种技术探究，根据杜威的技术探究理论，青少年网络探究的本质是其在与网络环境互动中的认识与意义建构过程，也是利用网络工具解决问题的过程；青少年的网络探究既是认识过程，也是生长过程，网络探究意味着建构意义、发展能力、丰富体验。态度与反思经验对青少年的网络探究起着积极的作用，反思性思维不仅有利于引导探究问题的方向，而且对于促进青少年探究的深度及增长经验具有重要意义。网络探究可以促进青少年在网络实践活动中对意义的探求、理解与建构，促进其建立当前网络行为与结果的联接，增进其网络实践活动的目的性。网络探究也可以密切联系青少年的经验世界与生活世界，进而促进青少年内在的成长，网络探究的意义与价值在于实现青少年与网络环境互动中的意义建构与和谐发展。网络探究活动是青少年对所置身世界意义的探求过程，是青少年社会化成长的过程，可以满足青少年日益增长的对周围世界意义渴求与自我成长的需要，网络世界与现实世界有着密切的

① 庞丹.杜威技术哲学思想研究[M].沈阳：东北大学出版社，2006：135—138.

联系,网络探究促进了青少年内心世界、网络世界与现实世界的对话。

根据杜威的观点,网络探究是基于青少年的发展需要而具有多元价值的,也具有多种可能性与结果,由使用网络技术及使用后果而产生的思想都属于网络技术探究的范畴。技术应该被反思性地加以使用,从而增加思想观念,提升网络技术的内在价值。另外,也应该理解有关技术的社会、伦理和文化问题,以一种负责任的态度使用网络,以最大限度地实现技术的价值。也因为网络技术具有多元价值,所以更应该负责任的使用网络技术,以发挥其正面价值。

杜威的技术探究思想带给青少年网络探究的启示是,在网络世界中应将解放和发展青少年的素养能力放在重要地位,要树立以人为本的理念,重视网络对青少年发展的意义和价值,将网络使用与价值关怀结合起来。对于网络探究,要确定其对于青少年发展的意义和价值,将技术探究过程中的道德与人文关怀结合起来。让青少年负责任地使用网络,将目的与手段统一起来,解放和发展青少年的能力,通过提升素养促进青少年对技术使用本身价值的理解。针对网络给青少年发展带来的负面影响问题,要深刻地反思和认识引发负面作用的机制及原因,找出问题所在,在网络探究实践活动中充分发挥青少年的能动性和创造性,尽力避免或者克服技术的负面效应。

二、批判素养理论对青少年网络探究的启示

批判素养应该追溯到法国的保罗·弗莱雷(Paulo Freire),他与丹诺尔德·马塞多(Danold Macedo)在合著的《*Literacy: Read the Word and the World*》一书中,指出:"人的素养不仅是识字、阅读文字,也包括阅读世界,在阅读过程中人应该具有觉悟意识,素养发展要与人的觉悟和人的解放相联系,批判意识与批判精神是素养的核心,批判可以使人获得自由与解放。"批判素养理论认为,素养是发展自身的条件,从而使自己获得解放与自由,而批判意识是关键。批判素养理论通过唤醒人的批判意识,使人"解放"出来,强调个人在反思性行动中发展的实践路径。这些思想为青少年网络探究提供了深厚的哲学基础。

1. 批判素养的本质观:批判、质疑

弗莱雷认为,素养不仅是读、写、理解语言和将自身的经验转化为权利与责任,而且是与世界关系的重建过程。将解读文本与认识世界结合起来,素养不仅是读写,更重要的是能更好地认识世界、改造世界,发展素养要与培养批判意识与解放思想结合起来。只有具有怀疑精神、批判意识,提高积极探究的主动性,增强改造世界的主动性

与创造性，才能使人获得解放，因此，发展批判性、探索性与创造性是核心。他明确指出，素养是在人与世界的会话与互动中形成与发展的，使人与世界建立起辩证关系。面对媒介的控制与支配，他认为只有通过提高人们的批判素养才能辨别媒介背后的意识形态，才能使人超越媒介的控制，进而获得思想自由与解放。他从文化人类学的角度，提出了如何通过教育促进人的不断觉悟，培养具有批判力、创造力的路径与方法。① 后来的许多学者基于不同的角度与立场提出批判素养的本质及其在人的发展中的重要意义。库默(Comber)认为，批判素养的本质是质疑与反思，在多元文化世界中不仅是必需的，而且是中心要素。批判素养不仅提高和深化了人对多元文本及多元文化世界的理解，而且将自身的态度与价值观融入其中，建构着新的意义与理解。批判素养可以使人保持自身的独立性，使人成为积极主动的反思性实践者，在此过程中结合已有的经验，在比较、鉴别、思考中超越、领悟与行动。批判性素养是反思实践并积极采取行动的过程。② 格林(Green)认为：批判素养使人以多重视角分析问题，考虑到出发点及目的，并考虑到多种路径可能性，因此，它是深入思考的过程。③ 卢克(Luke)认为，批判素养涉及质疑推测、提出疑问、发现背后隐藏的线索、挑战权威，试图找出文本是如何与我们建立联系，并在互动中产生了怎样的意义和影响，代表了谁的立场、代表着谁的利益等。④ 大卫·皮尔逊(David Pearson)指出，在与媒介的互动中，仅仅理解是不够的，必须进行质疑与批判，通过质疑精神与批判的态度，进而促进人采取基于实践的行动，这样才能接近事实与真理的边缘，促进人的发展。⑤

不同学者基于不同的视角，对批判素养提出了不同的观点，丰富了对批判素养本质的认识。批判素养是一种立场、一种心理状态、一种质疑精神、一种感情与理智的态度，是对多元文化世界的解读与思考能力，它建立在人与世界的互动与建构过程之中，是人与世界关系的重建过程。批判素养超越了认为素养是一系列实践技能的理解，它

---

① Paulo Freire & Donaldo Macedo. Literacy: Read the Word and the World [M]. New York: Praeger Press, 1987: 75.

② Snyder, Ilana. Page to Screen: Taking Literacy into the Electronic Era [M]. New South Wales: Allen and Unwin, 1987: 105.

③ Fehring HE. Critical literacy: a Collection of Articles From the Australian Literacy Educators' Association [J]. International Reading Association, 2001: 56.

④ 同注②，第 122 页.

⑤ McLaughlin, M. & DeVoogd, G. L. Critical Literacy: Enhancing Students' Comprehension of Text [J]. English in Australia, 2005(2):79.

基于对现实的理解使人试图突破传统的思维定势，从多个视角解读文本、解读世界、理解现实世界，并试图分析不同视角之间的关系，通过反思性实践行动，促进对话和意义的生成与自身的解放和发展。批判素养是建立在对现实的理解之上的，而行动与理解的方向总是一致的，如果理解是批判性的或建设性的，行动将也是批判性或建设性的。批判素养使人保持独立的人格，对现实的理解充满批判性与建设性。理解迟早会产生行动，人若要获得解放，必须通过批判性的反思实践，也只有通过对世界作出反思和实践行动才能改造世界。

2. *批判素养的方法论：觉悟、对话*

弗莱雷将"觉悟"与"对话"视为素养形成与发展的路径与方法。他认为，觉悟是一种意识的深化，是一种不同于我们日常接近世界的方式，不只是接受，而是意识上批判的发展，是理解现实的程度超越了自发的界限，进入了批判的范畴。觉悟是一种历史的介入，是对环境、对现实的一种检测，如对事物的觉悟越深，就越能揭示现实，越能深入到事物的本质中去。觉悟的过程不是面对现实进行虚假的思维活动，而是要进行实践，离开实践、离开行动、离开思维就不会有觉悟。因此，觉悟是人们特有的改造世界的方式。觉悟意味着人具有创造世界的主体作用，是世界的再创造者。觉悟就是要尽可能地对现实进行批判，要了解现实、揭示现实。觉悟就是要批判地介入，觉悟意味着要批判地介入改造历史，并且是一种持续的改造。[①] 明代学者陈献章说过："学贵有疑，小疑则小进，大疑则大进。疑者，觉悟之机也，一番觉悟，一番长进。"因此，觉悟本质上是人的一种学习与成长方式。《说文解字》中提出："学，觉悟也。"学习的本义在于"觉悟"，如不觉悟，学再多的东西也等于没学，甚至会起相反的作用。觉悟是与人的学习密切联系的。

人是自己思想的主人，应该在对话中反思、澄清、呈现自身的世界观，通过对话与人们一起共同探究世界。弗莱雷认为，对话以关系认知为特征。积极的、批判的对话是人探索世界，与世界建立关系的方法。作为一种认知方式，对话包含了好奇、合作性问题解决、倾听、理解。弗莱雷认为，对话是一种平行与平等的关系，这种对话具有爱、谦虚、期望、信念、信心等许多成分，如果双方用爱、信念、期望来建立彼此的联系，双方就建立了一种亲密的关系，只有建立在彼此信任中的对话，才能激励对话与思考，那么

---

① Freire, P. The Politics of Education: Culture, Power, and Liberation. New York: Bergin and Garvey, 1985: 25.

在探究事物的过程中就会建立和谐的关系。人们说话是对世界“发表意见”，是一种认识世界、改造世界的行为。弗莱雷认为，作为人类现象的对话，具有一定的构成要素，其中思维与行动是相互关联、相互作用的关键要素。对话要求有行动和思维，但行动和思维不能截然分开。如果在行动和思维之间没有固定的联系，就不是真正的对话，也就不会促使人类去实践。因而，可以说，真正的对话是对世界的反思与揭示、批判与改造。空洞的对话不会揭示世界，因而不可能改造世界，如果仅强调行动而忽视思维，这是为行动而行动，它否定了真正的实践，也阻碍了对话。因此，对话是素养形成与发展的重要途径与方法。

3. 批判素养的价值观：自由、解放

哈贝马斯指出，“科学技术即意识形态”。因为技术不只是体现了技术判断，而且也体现了价值判断，也就是说，技术是负荷着价值的，或者从更深的理论层次来说，技术是具有其作为伦理与政治问题的意含。人是有“意识”的人，这种意识是对“世界”意识与主体觉悟的意识。批判素养是唤醒人的主体意识，使人从“技术——工具理性”中“解放”出来，真切关注个人发展的命运，重视人的价值和自由，强调个体自由、自主的潜质和通过反思性行动来改变自我境况的实践能力。唤醒人的主体意识与主体精神，使人通过自身的努力而获得解放和真正的自由，这是批判素养的价值观。人在与世界的交往中，应不断思考、提出问题，进而不断地解决问题。质疑与提问是寻求解放，客观认识世界的根本，发展批判性思维，对现实世界进行真正的探究行动，注重从人的历史性发展来考虑问题和改造世界。素养反映了人类与社会关系建立的基本维度与基本向度，素养不仅是自我解放的同义语，也是在意义关系与权力关系中的度量。批判素养是自我赋权、社会赋权的条件与前提。素养使人的发展建立在自我发展与自我成长的基础上，成为自我发展、自我解放的重要路径，追求人的自由与自我解放是批判素养的价值观。

批判素养理论为青少年的网络探究提供了深刻的意蕴与理论内涵，在网络探究中离不开质疑与批判，这是青少年保持内心世界独立性与行动自主性，使其积极思考自身的网络探究实践，并建构意义的条件。网络探究的本质不仅在于加深对多元世界的理解，建立网络世界与自身的关系，建构网络探究实践活动对于自身发展的意义，更重要的是促使青少年思考怎样成为网络世界的主人，通过质疑、批判，多视角鉴别、比较与考察，促进青少年建立内心世界与网络世界的对话关系，创造性地参与网络世界的建设，增强青少年改造网络世界的自主性、创造性，使自己获得真正的自由与解放。

批判素养理论从本体论、方法论到价值观，为青少年的网络探究、网络素养教育提供了新的视角，也奠定了理论基础，"质疑、提问、对话、觉悟"是批判素养的核心概念，也是青少年网络探究的基点。质疑与提问是网络探究的起点，通过质疑与提问，青少年发现问题、提出问题，进入解决问题和探究网络世界的实践行动中。对话、觉悟是批判素养的方法路径，也是网络探究的方法，青少年通过对话建立自身与网络世界的关系，通过觉悟检测自身状态，在实践反思中展开行动，这一过程是青少年探究网络世界的过程，也是解决问题的过程。青少年在通过对话、反思，不断觉悟、不断建构生成意义，理解和改造网络世界的同时，也改进着自身的行为，这是青少年在网络空间探究实践的过程，也是青少年认识世界、改造世界，并获得自我发展的过程。

青少年只有具备批判意识，才能够自主负责，采取主动的行动，积极地反思所遇到的信息以及自身网络实践活动的意义与价值，而不是被动地接受信息。青少年在网络探究实践活动中离不开思维活动，批判性思维是青少年揭示世界本源、摆脱外部世界束缚、发现问题的关键，批判性思维使青少年建立起质疑精神，帮助青少年拓展思维，寻求多元视角，成为积极的思考者。通过反思实践学会质疑和分析网络世界之中的思想、信念和行为，并利用自身的背景知识展开对话，将自身的思想、信念与网络世界中的思想、观点进行比较，建构自身的理解和意义。因此，批判、质疑是青少年网络探究的起点，反省与行动是青少年在网络空间自我发展的重要路径。发展青少年批判的能力，使青少年建立起所置身的世界(包括网络世界、现实世界)与内心世界的对话关系，获得对自身与网络世界关系的理解，不仅要认识网络世界，批判性地思考自身与网络世界的关系，而且要通过自身的行为积极主动地建设、改造网络世界，在通过网络探究实践使自身素养不断发展和完善的同时，也使网络世界变得更美好，这是青少年与网络世界建构关系的基础。批判素养理论不仅为青少年的网络探究提供了方法论基础，而且有助于青少年价值观的形成。

三、儿童哲学基础：儿童天生是"探究者"

探究是儿童的天性和本能。杜威认为儿童有四种本能，即语言和社交的本能、制作的本能、研究和探索的本能、艺术的本能。研究和探索是儿童的本能，儿童在探索中获得成长的动力和源泉，探究是儿童发展的内驱力。

儿童在网络探究实践活动中可以同时发展这四种本能，网络为儿童本能的发展提供多样化的途径。网络空间为儿童研究和探索提供了自由空间，同时，多元文化实践活动能够改造儿童的经验。在多种知识之间建立联系，以获得儿童进一步改造知识结构的内在动力，这样儿童的自然发展与知识发展的逻辑结构形成了内在统一。

(一) 儿童是小小哲学家，对世界的探索、追问和追寻是本性

在希腊哲学中，哲学就是爱智慧，"爱"就意味着不断地探索、追问和追寻。所以，哲学是一种"爱智慧"的活动，是一种探索世界、追求智慧、认识自身的意向性过程。而"爱智慧"或对智慧的"追求"是儿童的自然本性，人人都有追求智慧的自然倾向，尤其是儿童，他们对世界充满了新鲜感、好奇心和困惑。儿童的探究产生于困惑，他们常常从独特的角度提出一般成人无法提出的问题。尽管这些问题比较稚嫩、纯朴，但却是儿童对周围世界或自我的积极思考、认识和解释，这就是儿童的哲学，是儿童理解世界并对周围世界进行理性重构的最好方式。对世界的探索、追问与意义的追寻是儿童的本性。

哲学根源于"惊讶"，柏拉图曾在《泰阿泰德篇》中说："惊讶，这尤其是哲学家的一种情绪。除此之外，哲学没有别的开端。"我们的眼睛使我们看到"星辰、太阳和天空的景象"，这就"驱使我们去考察宇宙，由此产生了哲学，这是诸神赐予人类的最大的福祉。"可见，惊讶是哲学活动的开端，由于受到惊讶的驱动，人们开始思考，开始了哲学的活动。相比于成人而言，儿童更是对周围事物充满了惊讶，凡事都要问"这是什么?""它来自何处?""为什么会是这样?"等，通过对这些问题的解答，儿童并不期待获得任何实利，而只是希望得到内在的满足。所以，儿童就其本性来讲，是富有探求精神的探索者，是世界的发现者，儿童的本性决定了他天生就是个探索者。

困惑与疑惑是儿童探究的源动力，儿童的探究产生于困惑与疑惑之中，亚里士多德认为，儿童的探究源于怀疑和困惑。马修斯也有同样的看法，他认为，儿童的哲学思想也源于困惑与疑惑，正是这种困惑与疑惑激发了他们对自然界、对世界持续不断探索的愿望，而也正是这种探索成为儿童发展与成长的动力与源泉。

(二) 儿童与探究：儿童是探索者，探究是儿童的天性

儿童是小小的自由探索家，生来就有对周围世界探究的欲望，自由和探索是儿童的天性和本义。伊斯拉谟斯认为，拉丁文中的"儿童"意味着"自由者"，因此，"在心性上，儿童是缪斯性存在。"蒙台梭利说："儿童是小小的探索者，是上帝的密探。"苏霍姆林斯基也说："儿童就其天性来讲，是富有探索精神的探索者，是世界的发现者。"[①]贾德甚至这么说："我们家中那张新买的婴儿床上，有一件神奇的事正在发生。就在那

---

① 【苏联】B. A. 苏霍姆林斯基著. 把整个心灵献给孩子[M]. 唐其慈等，译. 天津：天津人民出版社，1981：32.

儿——婴儿床的栏杆后面——世界正被创造。”①

探究是儿童的天性，儿童正是在不断的探索中形成对世界的认识，探究不仅作为儿童寻求信息与理解的方式，也是儿童进行思考的一种重要途径。探究是儿童的本能，是儿童的一种学习方式与生活方式，也是一种人文精神，它存在于儿童的一切学习与生活活动中。探究是儿童认识世界的独特方式，正如贾德所言：儿童有他自己的思想，有他自己的世界。他的思想和世界不是成人灌输给他的，而是他自己建构的。儿童只要醒着，便积极主动地构建他自己的世界观念与思想观念。儿童的探究源于对生活世界的体察，源于对周围世界的好奇与疑问，探究会促进儿童在活动中意义生成与理解的深度，进而通过参与、反思、完善自身行为而增强对世界意义的建构与理解。儿童在探究中生成自我与周围世界的关系，形成理解，促进其行动，进而促进儿童生活价值观的形成与内在成长。探究对儿童建构意义、理解世界有着不可替代的作用。

（三）探究是儿童学习与成长的一种方式，是儿童进行思考的过程

杜威指出，知识的获得不是个体“旁观”的过程，而是“探究”的过程。杜威认为，“探究”是主体在与某种不确定的情境相联系时所产生的解决问题的行动。知识是个体主动探究的结果。因此，探究是儿童学习的一种方式，是儿童进行主动思考的过程，通过思考主动建立当前探究行为与探究结果之间的关联，确定网络行为的方向，进而形成个人的理解，生成意义并获得新的体验。探究是儿童对未知的探求，儿童在探究过程中不仅是获得对世界、对事物的认知过程，也是形成理解、建构意义、诞生观念的过程，儿童正是在此过程中获得知识、经验，并由此而获得成长。在杜威的心中，学习、问题解决、探究三者是等同的，他指出，儿童在生活或学习中难免遇到困难，将此困难明晰化为要解决的问题，提出解决问题的方案或假设，再将此方案或假设在理智上进行审视的推理或论证，最终解决问题或在行动中检验假设，在此过程中，学习、问题解决与探究是融为一体的。儿童的学习过程即探究过程，也是问题解决过程。

第二节　实践路径：在网络探究中发展青少年的网络素养

探究是青少年的天性，青少年正是在不断地探索中才形成对世界的认识，探究不仅作为青少年寻求信息与理解的方式，也是青少年进行思考的一种重要途径。网络探

① 刘晓东. 儿童文化与儿童教育[M]. 北京：教育科学出版社，2006：70.

究对青少年建构世界的意义、探究自我、探究人与人之间的关系、探究生活，以及形成自我与世界的关系起着不可替代的重要作用。网络探究促进青少年在网络活动中意义生成与理解的深度，进而通过参与、反思、完善自身行为而增强对网络世界的建构。因此，以探究为取向，让青少年在网络实践中提升探究能力，具有重要价值。

一、什么是网络探究：本质探析

1. 探究的词源学考察

探究，英文表达为 Inquiry，该词起源于拉丁文的 In 或 Inward（在……之中）和 Quaerere（质询、寻找），“Inquiry”本身是“寻求”、“探索”、“调查”的意思。Inquiry 的同义词有 Exploration、Probe、Research 等，其含义是 Make a Thorough Inquiry; Probe into; Investigate Thoroughly，即刨根问底，做全面深入地考察、调查研究。按照《牛津英语词典》中的定义，探究是“求索知识或信息，特别是求真的活动；是搜寻、研究、调查、检验的活动；是提问和质疑的活动”。[①] 其相应的中文翻译有“探问”、“质疑”、“调查”及“探究”等多种译法。就语义而言，据《辞海》的解释，“研究”指“用科学的方法探求事物的本质和规律”，“探究”则指“深入探讨，反复研究”。[②] 在《古汉语词典》中，“探究”即“探索研究”，而“探索”的解释是“多方寻求答案，解决疑问”；而“研究”的解释是“探求事物的性质、发展规律等”。[③] 在维基百科中，对 Inquiry 的解释是“探究是一个扩大知识、质疑解惑、解决问题的过程。探究有多种类型和多种方式，每一种探究都会根据其目的以其特定的方式进行”。

“探究”一词最初由美国实用主义哲学家皮尔士（C. S. Peirce）提出，按照皮尔士的观点，探究是“怀疑”到“信念”的桥梁，探究的功能在于确定信念。他强调了探究在确定自我信念方面所起的作用，认为探究是在个人观念形成中从质疑、求证、解释、确认到重构的过程。因此，探究对个人观念的形成与发展具有重要意义，是个人观念意义建构不可或缺的途径。

杜威认为探究是认知的过程，他用探究这个更具有动态性的词来意指认知过程。杜威的探究理论不同于传统的“旁观者似的认识论”，而更多的具有行动主义的意味，强调认识者与周围环境的互动。在《逻辑：探究的理论》这部著作中，他给“探究”一词

---

① 牛津英语词典在线[EB/OL]. [2010-9-18]. http://dictionary.cambridge.org.

② 夏征农，陈至立主编. 辞海[M]. 上海：上海辞书出版社，2009：829.

③《古代汉语词典》编写组. 古代汉语词典[M]. 北京：商务印书馆，2005：362.

下了定义："从一种不确定情境向确定情境的受控的或者定向的转变。这种确定情境在其成分的差异和关系上是确定的，即将初始情境的各要素转化为一个统一的整体。"探究使我们能够适应这个变动不定的环境。杜威的探究观点更强调互动性，尤其是个人与其周围环境的互动，并将认知过程与探究过程融为一体，密切联系起来，以使个体适应环境。

维果茨基认为人类的探究根植于文化之中，而文化又与社会历史密切相关，人类的探究不仅与个人经验有关，而且与社会文化历史有一定的关系，因此，人类的探究是个人经验与社会文化互动的过程。[①] 根据维果茨基的观点，青少年的探究是其个人经验与社会文化实践互动的过程。

通过对"探究"一词词源学的考察与历史上不同专家对探究内涵的解释观点的考证，可以看出"探究"蕴含着丰富的意义，它是个人观念诞生及认知发展的重要方式和途径，探究是一个互动过程，包括与自我、与环境、与社会文化等多方面的互动，也是个人观念形成与意义建构的过程。

2. "探究"的多学科视野与本质探析

在学术领域，不同的学科对探究有着各自的理解与应用，下面就不同学科视野下探究的内涵进行解读分析。

在科学领域，探究是科学的核心话语，美国国家科学教育标准中对探究的定义是比较有代表性的，它将探究定义为：探究是多层面的活动，包括观察；提出问题；通过浏览书籍和其他信息资源发现什么是已经知道的结论，制定调查研究计划；根据实验证据对已有的结论做出评价；用工具收集、分析、解释数据；提出解答、解释和预测；交流结果。探究要求确定假设，进行批判的和逻辑的思考，并且考虑其他可以替代的解释。[②] 因此，科学领域中的探究是始于问题，围绕解决问题而进行的。

在社会领域，探究的一个突出特点就是未知性。这种未知性不仅体现在对于研究问题本身的认识上，如对研究主题的范围、研究对象的内部关系等不甚了解，而且体现在整个研究进程中。由于不能确定具体的研究方案，必须根据研究的进展不断地对方案进行调整。正是由于这诸多的未知性使得整个探索也处于动态的、不稳定的

① Vygorsky, L. S. The Development of Concept Formation. In R. Van derveer & J. Valsiner (Eds)[M]. The Vygosky Oxford: Blackwell Publishing, 1994: 79.

② 【美】美国科学促进协会. 面向全体美国人的科学[M]. 北京：科学普及出版社，2001：35.

摸索状态。[1] 因此，社会学领域的探究是对未知世界的一种摸索性的初步研究。

在心理学领域，将探究作为人类的天性，是一种认知内驱力，表现为好奇、好问、寻根究底。在心理学家看来，问题是探究产生的主要动因。探究是个体在面临新环境时所表现出的试图认识、了解和控制环境的行为，其产生的一个基础性前提就是问题，正是问题的存在使得个体必须通过不断地探索来获得有关新环境的各种信息，掌握解决问题的新方法，以实现对环境的控制。因此，心理学领域视探究为个体面对新环境尝试解决问题的策略。

在教育学领域，将探究作为个体的一种学习方式。例如，美国著名教育家施瓦布认为，探究学习(Inquiry Learning)是青少年通过自主参与获得知识的过程，掌握研究自然所必须的探究能力；同时，形成认识自然的基础——科学概念；进而培养探索未知世界的积极态度。在我国将探究作为学习的重要方式是新课程改革倡导的理念，旨在通过形式多样的探究活动，丰富学生的学习体验，达到获得知识、发展技能、培养情感体验的目标。[2]

尽管不同的学科领域对探究有着不同的表述，内涵范围与外延的大小有所不同，但对探究内涵与本质的认识有着内在一致性，探究是面向未知领域，是从不确定性向确定性意义的探寻，探究是一个活动过程，个体的参与起着不可或缺的作用。探究具有以下本质特征：

(1) 探究是求真活动

探究是求证、求真的过程，通过运用一定的方法，对研究过程中的假设进行考察论证，使用证据来解释说明所要解决的问题，并对研究结果进行评价，以达到探究目标、探究过程、探究结果的真实性和有效性。探究是求真的活动，因此需要批判意识，借助批判性思维对探究活动过程的每个环节进行质疑、反思与缜密思考。

(2) 探究是质疑活动

"疑"源于思，它是思维的开端与引线，是探究活动的向导。探究不是对已有信息的全盘接受，探究是质疑的活动，质疑是发现问题的起点，质疑也是使探究过程持续进行的源动力。在探究活动中，良好的质疑意识是探究活动的催化剂。从某种意义上讲，求真与质疑是探究活动的一体两面，求真是目的，质疑是方法与前提。

---

① 王康主编. 社会学词典[M]. 济南：山东人民出版社，1989：352.

② 郭法奇. 探索与创新：杜威教育思想精髓[J]. 比较教育研究，2004(3)：12—16.

(3) 探究是思维活动

杜威曾经指出,“探究是对任何一种信念或假设的知识进行的积极、持续、审慎地思考,探究的目的是通过使用解释、证据、推论和概括来证实信念。”杜威在《我们如何思维》中指出,思维是有意识地努力去发现我们所做的事和所造成的结果之间的特定的关联,使两者联接起来。思维就是识别我们所尝试的事和所发生的结果之间的关系,没有某种思维的因素,不可能产生有意义的经验。因此,探究是思维活动,青少年依赖于思维识别所进行的探究行为与所发生的结果之间的关系。

(4) 探究是体验性的活动

体验是青少年在探究中多侧面、多角度、多层次地运用发散思维分析和认识问题,大胆地运用自己的直觉和想象去操作、实践、感悟、猜测、推理、验证、创造、发现。青少年在探究中可尝试多种方法,通过多种途径寻求可能的答案,探究给青少年带来丰富的体验,因此,探究是体验性的活动。

(5) 探究是创造性的活动

探究是青少年从未知到已知的创造过程,是对不确定性的探求,在杜威看来,在理解“创造性”的问题上,采用新的视角和不同方法是重要的。杜威认为:“创造以及有发明意义的筹划,乃是用新的眼光看待事物,用不同的方法来运用这种事物。”①探究是青少年以自己独特的心灵感知事物,并根据自己的理解,用独特的视角分析问题、解决问题的过程。

(6) 探究是意义建构活动

青少年在探究中用自己独特的心灵感知世界,主动地建构对世界的理解,当个人已有知识经验与当前的认知发生作用并产生冲突时,就会生成疑问、形成问题,通过对问题的探究进而生成意义,形成个人观念。探究是在个人观念形成中从质疑、求证、解释、确认到重构的过程,是个人观念形成的重要途径,是意义建构的重要方法与途径。

3. 青少年网络探究的特征

网络为青少年探究提供了广阔的空间,网络浏览器的英文名称为“Internet Explorer”,而“Explorer”本身含有“探索”之意,顾名思义,上网实际上意味着青少年在网络空间的探索过程。网络探究是青少年基于网络环境的以探究为取向的活动,网络探究既具有探究的本质特性,如开放、多元、时空不限等,与物理空间环境下的探究相

---

① 赵祥麟,王承绪编译. 杜威教育名篇[M]. 北京:教育科学出版社,2008:211.

比又呈现出一些自身的特性。具体而言，网络探究具有如下特征：

探究的自主性空间增大。哲学家康德认为，“所谓自主性(Autonomy)，应该蕴含能够有意识的选择自由，理性的个人，想要成为一个道德的存在，就必须具有一种有意识的选择自由，有意识的和理性的个体可以根据自己的偏好行动”。① 网络空间使青少年具有真正意义上的自主性，完全根据自己的兴趣爱好在网络空间进行独立地探究行动，在有意识的选择与探究活动中诞生思想观念，进而形成信念、态度和价值观。

探究的路径趋于多元化：网络的超链接特性以及网络信息的丰富性，不仅使网络探究活动的信息来源多样化，而且路径也趋于多元化，青少年可以根据自己的探究目的，沿着预先设计的路径进行探究，也可以根据探究活动的开展情况适时改变路径，沿着其他方向探究。如果青少年在探究过程中的目标不明确，在多种路径的选择中难以决策，则容易造成迷航现象。

网络探究具有开放性。网络作为开放性平台，使青少年获得了参与网络文化实践、网络创造活动的机会，其探究行为不再局限于有限的生活情境中，而是完全不受时空限制，将虚实结合，在开放的网络空间中进行自由探究，从而使其探究活动具有了开放性特征。青少年需具有开放性思维，围绕要探究的问题，进行多视角分析、多维度探索，但由于青少年的自制力缺乏、主体意识弱化、容易被新奇的事物吸引等，常常会转移探究的焦点，偏离探究目标，如果不及时进行反思、调整，不仅会出现探究行为偏离探究目标的现象，也会使青少年的主体性逐步丧失。

探究主题多样化与不确定性。青少年在网络空间的探究主题源于自身感兴趣的内容，或源自生活中的疑问与困惑。探究主题由青少年自主选择与确定，该过程是青少年在与网络互动中逐步聚焦探究方向，对当前的网络探究活动进行选择、决策与思考的过程，是使探究活动逐步深入的过程。探究主题的多样性是指青少年探究主题的开放性程度不一，探究内容包括对自我的探究、对他我关系的探究、对生活的探究、对世界的探究，探究主题包括人文、科学、自然等多个领域，具有多样化特征。所谓不确定性是指青少年的探究主题具有偶然性、突发性、临时性、易变性等特征，青少年在探究的过程中，不一定围绕既定的主题进行持续探究，而是会转移、变化探究的主题方向。

网络空间所具有的虚拟性、开放性、交互性、全球性等特征，为青少年的探究带来

---

① 【英】罗素著．西方哲学史[M]．张作成，编译．北京：北京出版社，2007：231.

机遇的同时,也让青少年的探究充满了新的挑战。网络扩展了探究的空间,丰富了探究的内涵,但由于信息来源的多元化,需要运用较高的鉴别能力,对信息的真实性、可靠性进行考证,这给青少年的求真过程带来挑战,也对青少年的批判性思维提出更高的要求。因而青少年需要增强主体意识,发挥主体性,运用系统性思维,多视角审视探究的问题,明晰探究的目标,适时对探究路径进行评估与监控,及时反思并调整探究行为,增强在网络空间意义建构与发展的自觉能动性。具体而言,网络探究为青少年带来如下挑战,也提出了相应的要求:

(1) 网络空间的虚拟性,给青少年的求真过程带来挑战

虽然在探究活动中信息的来源渠道丰富了,但需要对信息的来源与可靠性、真实性进行考证,对探究的过程与方法进行设计与论证,对探究途径进行深入思考,对探究的结果进行反思。网络空间不仅为青少年带来新的认知方式,而且随着网络虚拟现实技术的实现与发展,也改变了青少年获取客观世界信息的方式,以及认识自己和重构世界模式的方式。虚拟与真实是相对的、辩证统一的,如何在虚拟中探究真实,如何在虚拟与真实中探究自我与世界的关系,是青少年在求真过程中将要面临的挑战。

(2) 网络探究对青少年的批判性思维提出了更高的要求

所谓批判性思维是指对于某种事物、现象和主张发现问题所在,同时根据自身的思考逻辑地作出主张的思考。[①] 网络信息的高速流动、交互共享、超文本链接、多重路径形成的非线性和自组织状态,改变了青少年的认知方式与思维方式,因网络的非线性、无疆界,使探究目的与探究行为建立连接的过程变得异常复杂。网络信息价值立场的多元化,给青少年的思维能力带来了挑战,对青少年的质疑与批判性思维提出了更高的要求。网络探究不仅需要青少年具有敏锐的问题意识和洞察力,善于对来自各方面的信息进行独立思考,对他人的观点做出判断,而且需要青少年构建自己的思维模式,在多元化的路径中,形成独立分析、自主决策的思维能力,沿着探究主题的方向去思考,自觉建立网络探究行为与探究目的的有效联接,在探究中形成自身的思想观念、价值和信念。

(3) 网络空间的复杂性,需要青少年发展系统性思维

网络空间是一个完全开放的空间,其中存在着无数的不确定因素与无限的可能

① 郭法奇.探究与创新:杜威教育思想精髓[J].比较教育研究,2004(3):12—16.

性，也正是因为网络空间的复杂性，青少年需要发展系统性思维。系统性思维是指以开放性的眼光来看待事物和研究的问题，它始终把问题置于系统的开放性视域中进行考察，在复杂情境中把握事物的本质及特征，建立事物间的联系，寻找解决问题的方向，通过系统、全方位地运用多种视角分析探究的问题。网络系统作为处在变化发展过程中的事物，处在极其复杂的非线性联系状态之中，具有多种变化发展的向度性。复杂性是网络的本质特性，正是其自身非线性的复杂性内在地赋予了系统变化发展的内在活力及其运行机制。发展青少年的系统性思维是促进其网络探究能力提升的内在活力和根本，是提升青少年分析问题、解决问题的根本。因此，需要帮助青少年建立大观念和系统性思维，破传统思维定势和狭隘眼界，多视角、全方位看待问题，正确认识网络本质，让其学会通过多种视角的分析，运用开放性思维将网络空间与现实空间、生活世界与网络世界建立联系，将网络空间的情境与其日常生活中的情境联系起来，全面地考察要探究的问题。

(4) 青少年的主体性发展受到挑战，需要增强其主体意识，提高主体的自觉能动性

主体性是青少年成长的内在机制，是在青少年的发展中具有动力学特征的因素。主体性是青少年作为网络活动主体的本质属性，包括独立性、主动性和创造性三个本质特征。独立性即独立精神与自主性，是独立判断、独立思考的能力，是青少年在网络空间对自我的认识和自我实现的不断完善；主动性是青少年在完成探究活动的过程中，源于自身并驱动自己去行动的动力，是按照预定的探究目标而行动，不依赖外力推动的行为品质；而创造性则是对现实的超越，是青少年在网络空间以自己独特的视角分析问题，应用新颖的方式解决问题的过程。网络赋予了青少年真正的主体地位，为青少年的主体性发展提供了自由的空间，其本质特征是“自由选择、自主决策”，然而，由于被网络技术、符号、信息以及各种关系所控制和同化，导致青少年的主体意识消解、主体性丧失，造成青少年在信息海洋、多元观念和人机交互中出现主体性迷失，其主体性发展受到挑战。因此，青少年在网络探究中需要增强主体意识，提高主体的自觉能动性。

二、青少年网络探究的目标与实践领域

1. 青少年网络探究的目标

网络探究是青少年网络素养形成与发展的重要路径，对促进青少年网络知识的建

构与生成，提升青少年的网络素养核心能力，促进青少年在网络实践活动中“知”与“行”的内在统一，丰富青少年的网络情感体验，以及促进青少年价值观念的形成，都起着至关重要的作用。青少年网络探究的目标是：

(1) 网络探究促进青少年网络知识的建构与生成

杜威认为，青少年知识的获得不是接受过程，而是在探究中建构与生成的过程，探究是知识获得的重要方法与途径。网络探究是青少年网络素养知识生成的重要渠道，青少年在网络探究中获得对网络本质的认识，不仅包括网络是什么等事实性知识的认识，也包括网络与自我、与社会、与他人等关系性认识，网络探究是青少年网络素养知识获得的重要途径。青少年在网络探究实践活动中会获得许多方面的认识，如：对网络世界本质的认识，对自我的认识，对他我关系的认识等。“实践是认识的来源”，网络探究为青少年提供了实践认识的渠道，成为青少年认识自我、认知世界、认识社会、认识人与人之间关系的独特方式。青少年在探究中形成对网络本质及其内在价值的理解，产生个人观念，创造知识。网络探究使青少年体验了知识的生成过程与生成的路径，成为青少年网络知识产生的重要途径，也为青少年网络素养的形成奠定了基础。杜威曾指出：“所谓知识就是认识一个事物各方面的联系，这些联系决定知识能否适应于特定的情境。知识的作用是要使一个经验能自由地用于其他经验。知识不是静态的，作为一个行动，就是考虑我们自己和我们所生活的世界之间的联系，调动我们一部分心理倾向，以解决遇到的问题，”他坚持认识和有目的地改变环境的活动之间的连续性。[1] 根据杜威的观点，青少年的网络素养知识不仅包括对网络世界本质的认识，而且包括对网络与个人、与社会、与他人，以及网络世界与生活世界、网络世界与现实世界的关系等方面的认识，既包括事实性知识，也包括关系性认识。青少年的知识本身是一种成长的经验，它并不根源于先验的存在之中，只有靠青少年的行动才能够实现，并且这种行动不是肆意、率性的行为，而是一种理智的行为，而探究行为正是这样一种理智行为，是促进青少年经验生长的行动。按照杜威所说，富于理智的行为是一种名副其实的道德行为(或正当的行为)。理智的行为“不只是想要形成目的和选择手段，而且想要根据某种标准判断这些目的和手段的价值，它的结果是道德知识”。[2] 青少年的探究行为是一种基于目的理智地进行选择、判断、思考，并积极主动地追求意义与

① 吕达.杜威教育文集[M].北京：人民教育出版社，2008：51.

② 同上注，第59页.

价值的行为，正是在有意义的探究中，青少年建构知识形成的路径与方法，进而形成自身的知识。网络素养知识一方面可以帮助青少年建立所置身的网络世界与现实世界的联系；另一方面，在青少年与网络的互动中，不仅认识网络世界，而且通过自身的探究行为，改造网络世界，经过网络探究实践——认识——网络知识，进一步提升实践，成为网络知识与网络探究实践循序渐进、逐步提高的循环路径，网络探究成为青少年网络知识形成的重要途径。

(2) 网络探究促进青少年网络素养核心能力的发展

网络探究是对网络世界的探索活动，在探索过程中产生问题，在寻求理解的基础上获得新的发现。网络探究是一种学习方法，是一种解决问题的方式，是一种知识建构方法与意义生成方式。网络探究促使青少年超越被动的信息接受，以开放的心态在多元文化实践活动中进行思考、判断、选择，促进了青少年的问题意识与问题解决能力，使青少年的网络实践活动成为围绕一定的问题与任务开展的有计划地探索实践的过程，直接促进了青少年探究能力的提升。网络探究是一种明晰探究行为与其结果之间联系的能力，是知道当前的行为对自己、对他人的影响，以及最终会出现何种结果，不仅关注当下，而且将目标、过程、结果融为一体的能力。在网络探究过程中，从提出问题、实施探究、讨论、创造到反思，整个探究过程是青少年对个人观念质疑、求证、解释、确认到重构、形成的过程，是青少年诞生新的观念和思想的过程，在此过程中青少年的网络素养核心能力也得到提升与发展。网络探究可以提升青少年在多元网络文化实践中的解读能力与鉴别能力、批判性思维能力与决策能力、交流表达能力、反思能力与创造能力等。网络探究有助于促进青少年在网络活动中的意义生成与理解的深度，进而通过参与、反思、完善自身行为而增强对网络世界的建构能力。

(3) 网络探究促进“知”与“行”的内在统一，直接影响青少年网络行为的发展

探究是思维活动，思维不仅使青少年的网络探究成为有准备的活动，而且反思性思维有助于青少年将探究行为和探究结果结合起来，进而促进青少年在探究行为与探究结果的连接中建构意义，从而使青少年的网络实践行动更具有目的性，更加具有方向性。网络探究促进“知”与“行”的内在统一，使青少年的网络探究活动成为有目的的行动、智慧的行动，青少年根据探究目的，主动调节自身的探究行为，将网络素养知识与行为融为一体，通过对意义的建构与探求，促进其网络行为的发展。

“知”属于青少年的心理世界，通过“行”，青少年的心理世界与客观世界发生连接与互动。使青少年的网络行为成为意识支配下的自觉行为。网络探究将青少年的

"知"与"行"密切联系在一起,使青少年的行为成为在理智思考与网络素养知识指导下的活动。探究使青少年的网络行为成为有意识的行为,促进了青少年网络行为的自主性与目的性,也促进了青少年"知"与"行"的内在统一,使二者在融合中促进青少年的发展。网络探究促进青少年在网络实践活动中自觉运用探究方法,使青少年的网络行为活动成为意义建构过程,进而促进青少年网络行为的深度。

(4) 网络探究丰富青少年的情感体验,促进青少年价值观念的形成

体验本身源于实践与认知的互动,"体验"是根植于人的精神世界,着眼于自我、自然、社会之整体的有机统一。[①] 体验不只是静态的经验,而是动态的过程,体验是一种"亲历亲为"的活动,"体验"是建立在认知基础之上,通过实践亲身经历或移情,获得对意义与价值新的理解的过程。体验不仅是五官的参与活动,而且需要心灵上的感悟,需要情感的投入,网络体验是从整体的角度理解所置身活动中对象的意义与价值,及其与自身的关系。它是一种从整体上把握客观事物与自身意义关联的方式。体验是自主的个体在特定的情境中,为了获取客观事物与自身意义关联与价值关涉而历经体悟、批判、反思和建构这一过程的主观内省活动。体验本身涵盖着"感受、理解、表达"以及"建构并生成新意义"的一个内隐的综合过程,体验的活动过程是不断生成的过程。体验的发生以情绪变化和情感触动为表征。它是在原有的知识经验基础上,在活动过程中对情境做出情绪反应,触动情感变化,从而打破原有的知识经验情感图式,并积极地对原有的图式和当前的情境进行比较、反思,进一步再认、重新产生一种情绪表征和情感表现,形成新的情感基础,为下一次情境的展开做准备的活动过程。

在网络探究实践活动中,青少年感受探究情境,理解探究活动对象与自身的关系以及探究活动本身的意义,获得探究灵感和丰富的内心世界体验,感受探究过程中情感的变化以及自我理智的力量与问题解决的成就感,内心精神世界也得到充实与满足。网络探究促进青少年在网络实践活动中获得积极的情感体验,体验和理解自身与探究活动的关系以及探究本身的意义与价值,在建立连接与关联中,使青少年感受到在探究网络世界的意义生成的过程中自我存在的价值与力量,进而促进青少年自我价值观念的形成与发展。由于情感体验的融入,青少年的网络探究活动与心灵世界产生共鸣与互动,对促进青少年态度、信念和价值观念的形成具有重要的作用。网络探究体验对青少年个体发展具有独特的意义与价值,如网络交往体验为人与人之间的情感

---

① 张华.体验课程论—种整体主义的课程观(下)[J].教育理论与实践,1999(9):38—44.

交流、意义沟通、心灵对话和融通理解，奠定了内容基础。体验本身不仅是一种心理感受活动、一种整合活动，而且是一种批判反思活动、一种理解与感悟活动。网络探究体验促进了青少年的批判、反思、理解和建构等多种活动的整合过程，促进了青少年的情感投入、理智行动与内省思考过程的多向互动与融合，使青少年的网络实践活动成为一种注重内心世界与当前体验情境的关联，从反思中获得意义的活动方式，以情感上的触动、心灵上的共鸣为基点，网络体验伴随青少年的探究实践而指向对网络生存意义与价值的追求。

2. 青少年网络探究的实践领域

正如美国儿童教育家贾德所言："儿童有他自己的思想，有他自己的世界。他的思想和世界不是成人灌输给他的，而是他自己建构的。儿童只要醒着，便积极主动地建构着他自己的世界观念。"①在网络空间，青少年同样是具有主体意识的个体，青少年作为行为主体，是网络世界"意义"的解读者和创造者。网络世界的"意义"由青少年所建构，青少年与网络的互动，是探究网络世界与个人关系、虚拟世界与真实生活关系、真实自我与虚拟自我关系的过程，在这个过程中青少年形成了自身的网络行为模式，也产生了内在价值。具体而言，青少年网络探究的维度及内容主要体现在以下方面：

(1) 对自我的探究

"我是谁?"自我意识与自我身份认同是青少年对自我的认识，也是青少年在不同发展阶段自我探究的重要内容。网络为青少年提供了呈现自我、重塑自我身份的空间，对自我探究是青少年网络探究的重要维度。青少年通过展示甚至重塑部分自我来完成自我认同与自我身份的塑造，在网络空间，青少年的自我选择和自我塑造几乎不受任何限制，在不同的网络空间情境，青少年用不同的身份呈现自己，青少年在网络空间的呈现方式，是对自我身份的认同与认识过程，也是自我意识的形成与发展过程。在网络空间，青少年掌握了更多呈现自我、塑造自我的主动性，他们用个性化的方式来呈现自己，如：在个人博客空间，青少年用照片、文字等多种方式以真实身份展示自我，让其他人了解我是谁、我的兴趣爱好、个人作品等，这是自我的展示，青少年希望更多的人了解我，引起与我有共同兴趣爱好的人的关注与交流；然而，青少年在网络社区交流的匿名空间与他人交流时，常以"镜中我"的方式展示自己，为了取得对方的身份认同和引起共鸣，他们常将自己的角色进行重塑，扮演成与交流对象有共同话语的人，

---

① 【挪】乔斯坦·贾德. 苏菲的世界[M]. 萧宝森，译. 北京：作家出版社，1996：75.

或具有对等身份的人，这是青少年对自我身份的重新认知与重塑的过程。正如埃瑟·戴森所说，“虚拟世界所提供的语境，可以让青少年多向度地塑造自己的身份，并取得一定的身份认同”。[①] 这是在线身份的建构过程，也是青少年对自己身份重塑的过程，在线身份的流动性、在线资源的占有，为身份的建构提供了新的空间与资源。青少年可以以个性化、虚拟化方式呈现自我，网络哲学学者迈克·桑得鲍斯（Mike Sandbothe）指出：“当我不在时，我的个人空间中介性地与他人交往，网络在自我建构方面的独特性体现在这个新向度上，独立于我真实在场的交往，我们自己与他人所看到的这些形象，独立于我们的在场，获得了新的体验与意义。”[②]因此，青少年在网络中对自我探究的内在价值在于：一方面，青少年通过其个人空间，呈现了一个想象中的自我，自我是在互动中得到发展、维持和呈现，因而从个人空间，青少年的自我又获得了发展；另一方面，青少年身份重建的过程，实质是主体自我表现的过程，也是主体获得对社群成员的影响力的过程，青少年的自我意识在此过程中也不断增强，并获得相应发展。

（2）对他我（人与人）关系的探究

“我与他人如何建立关系？”是青少年网络探究的另一重要维度。青少年对他我关系的探究主要是通过人际互动与交往实现的，网络扩大了青少年的交往范围，拓展了交往渠道，为青少年探究人与人之间的关系提供了新平台。符号理论心理学家米德认为，人与人之间之所以能够通过网络进行互动，是因为人们能够辨认和理解他人所使用交往符号的意义并通过角色预知对方的反应，这是一种能够洞悉他人态度和行为意向的能力。米德进一步指出，个体在与他人的互动中产生的是一种暂时的自我形象，这种自我形象不断发展，最后进入将自己确定为某一类具体的“自我观念”阶段，意味着“自我”的真正形成。正是这种自我，影响着个人的角色认知和行为表现。同时，借助于语言媒介，在与他人的互动中，自我与他我构成一种辩证关系，从中诞生出新的自我意识。在此过程中会生出无限广阔的可能性。[③] 根据米德的理论观点，青少年对自我的探究是通过网络互动在对他人角色判断、感知和理解的基础上，从而做出对自我行为调节与反应的过程。青少年在网络空间的交往有时在真实身份下进行，有时在匿名身份下进行，有时与熟悉的人交流，有时和陌生人交往。与陌生人的交往是在双方

---

① 【美】埃瑟·戴森著. 2.0版数字化时代的生活设计[M]. 胡泳，范海燕，译. 海口：海南出版社，1998：149.

② 【美】威廉·J·米切尔著. 比特之城：空间·场所·信息高速公路[M]. 范海燕，胡泳，译. 上海：生活·读书·新知三联书店，1999：11.

③ 【美】乔治·H·米德. 心灵、自我与社会[M]. 上海：上海译文出版社，1997：61.

不知身份的情况下进行的，一般要经过双方角色的认知过程，关系才能建立。通过双方的对话，逐步有了相互的角色认知，在一步步了解对方的同时，角色认知也在进行。如果对话双方能够较好地完成角色认知，那么双方就达成了一致的理解。如果在角色认知过程中未能达成一致理解或已经丧失了对角色展示和认知的兴趣，甚至根本忽略了这个认知的过程，良好的人际关系就不会建立。如果人际关系得以建立，就有可能发展成为现实空间的交往。青少年在网络交往中探究着人际关系的建立、维系与发展，在网络空间与他人建立、发展着多种关系，如信任、尊重、理解、合作、怀疑、冲突等。这个过程也是青少年在探究自我与他我关系中社会化的过程。

(3) 对生活的探究

尼葛洛庞帝说："在广大浩瀚的宇宙中，数字化生存使每个人变得更容易接近，让弱小孤寂者也能发出声音，表达他们的思想和心声。"①在网络空间中，青少年的主体精神得以发挥，可以真实地发出自己的声音，自由地交流思想，真实地表达内心的情感，创造着属于自己的文化。青少年通过对网络生活的探究与体验，形成多元化的生活价值理念。网络生活是自由的生活，青少年自由地展开想象的翅膀，徜徉在美丽的世界中，尽情享受生活，获得其中的乐趣、愉悦和满足；网络生活是平等的生活，没有权威与等级观念，青少年在网络生活中，体验着平等交往、共同分享的生活价值理念；网络生活也是创造的生活，青少年用自己丰富的创造性，勾画创造着属于自己的世界。网络本身蕴涵的自由、平等、开放、多元、参与等文化精神，符合青少年的特点和本性，也呈现出与青少年文化的内在一致性，让青少年如鱼得水，愿意融入网络生活，参与网络文化实践活动。平等、自由、分享、合作、责任、创造是青少年在网络生活中所体验到的生活价值理念，使青少年对生活的意义和价值有了多元解读与理解。

(4) 对世界的探究

网络世界是基于现实而产生的人类用于交流信息、知识、思想和情感的新型行动空间，又是对现实世界的突破和超越，它在本质上是打着思想性、文化性烙印的活动空间，网络世界也是一个意义世界，青少年对网络世界的探究就是对其中所隐含的文化思想价值及意义的探究，是一种文化实践活动。通过对网络世界所蕴含的多元文化价值的探究，形成对世界复杂性的认识与多元理解。在对网络世界的探究中，青少年文

① 【美】尼葛洛庞帝. 数字化生存[M]. 胡泳等，译. 海口：海南出版社，1996：71.

化的独特性和青少年的个性自由在探究世界的过程中得以充分体现，探究精神和创造性也获得充分发展。网络世界是和现实世界保持着统一的世界，虚拟的网络世界是对现实生活世界的展现、模拟、创造与想象，是有着丰富意义的世界。网络世界对青少年的意义在于使青少年突破现实世界的束缚，用崭新的视野观察、体验、理解所际遇的情境，用自己独特的心灵感知所置身的世界，并由此建构自己的思想和情感，形成认识世界的一种独特而重要的方式。网络世界是由青少年参与其中且保持着目的、意义和价值的世界。网络世界不仅拓展和丰富了青少年对世界内涵的认识，让青少年理解文化实践和创造的力量，而且引导青少年的注意力转向与世界对话，与人类社会对话，与自己的心灵对话，对各种关系性意义进行探求。网络探究成为青少年用来理解世界、认识世界的重要方式。

(5) 对知识的探究

对知识的探究是青少年网络探究的重要内容。探究是青少年的知识生成方式与重要学习方式，青少年的知识是在自身的实践活动中形成与发展的，多样化的网络实践活动成为青少年探究知识的不竭之源。青少年带着丰富的经验和个人观点置身于网络世界之中，他们很多时候是带着现实问题与困惑走进网络世界，通过具体的网络实践活动在与心灵世界的对话中生成自身的理解与意义，诞生新的观念，通过进一步审视、反思并修正自己的经验和认识，重建新思想、新观念，这个过程就是青少年在网络探究中的知识建构与生成，也是对知识的探究，通过网络实践探究活动解决问题。网络不仅为青少年提供了知识探究的空间与平台，如网络资源扩展了青少年的知识视野与获取知识的渠道，成为青少年知识建构、知识创造、知识表达的载体与平台，而且拓展了青少年探究知识的内涵。青少年在网络实践活动中，进行着多种形式的知识建构方式，将“自我建构”与“合作建构”融为一体。网络环境的情境性、多元化、开放性直接影响青少年知识的建构与形成过程，合作建构成为青少年知识建构的重要方式，在知识的自我建构与合作建构的高度融合中，通过与青少年自身的经验建立联接、生成意义，进而建构形成青少年自身的知识。

三、青少年网络探究的类型

青少年总是用特定的方式感知世界的意义，在网络空间探究成为青少年感知世界、认识世界、建构意义的重要方式。网络探究是青少年在网络空间对未知的探索过程，是青少年在对网络世界的感知与探索中发现问题、寻求新的理解与发现，与现实世界建立联系，并主动建构意义的过程。

网络探究最早可以追溯到1996年美国加州圣地亚哥州立大学的伯尼·道格(Bernie Dodge)教授发明的网络主题探究学习(WebQuest)，该学习方式是以解决问题为驱动，通过利用网络资源解决问题，旨在培养青少年思考的方法，以及利用网络资源学习的方法。目前，网络探究无论是作为一种学习方式，还是作为一种解决问题的方法都受到普遍认可与关注。网络探究提供了青少年发现问题、解决问题的机会，也是青少年获得理解、建构意义的重要渠道。网络探究不仅可以促进青少年参与网络实践活动的目的指向性，增强青少年的主体意识与自觉能动性，而且可以促进青少年的高级思维活动，提升青少年在网络空间的鉴别意识、批判性思维能力、问题解决能力以及意义建构能力，进而促进青少年网络素养的发展。

网络探究的主题多元、内容丰富、形式多样，青少年的网络探究过程是意义建构过程，是创造过程，是形成理解和建构关系的过程。青少年的网络探究活动有多种类型与方法，呈现出多样化的形态，根据赫伦(M. D. Herron)教授提出的探究水平划分理论，基于探究问题、探究过程、探究结果的控制程度，将青少年的网络探究分为四类：验证性探究、结构性探究、引导性探究、开放性探究。[①] 验证性探究是青少年事先知道初步的结果，通过既定的网络探究过程进一步证实与验证结果，对青少年来说，探究的问题、过程、结果是既定已知且具体明确的，其网络探究是验证过程。结构性探究是指探究的问题、探究的过程与步骤是事先规定好的，由青少年通过自主探究寻求问题的解决方法，具体而言，即青少年遵循指定的探究路径与步骤探究教师提出的问题，如WebQuest就是一种结构性探究，结构性探究过程是青少年在探究过程中建构理解和意义的过程。引导性探究是指探究的问题是既定的，探究的路径、方法以及结果是不确定的，由青少年自主确定，即青少年探究教师提出的问题，但自己选择具体的探究路径、方法、过程与步骤，通过探究寻求问题的解决方法。引导性探究是青少年利用探究解决问题的过程，并在解决问题的过程中建构意义。开放性探究是青少年围绕自己感兴趣的主题发现问题，自主设计和选择探究的路径、方法与步骤。开放探究是青少年自主发现问题、解决问题的过程，也是青少年以问题为核心，围绕问题的解决深度建构意义的过程。在开放性探究中，发现问题、提出问题是整个探究过程不可或缺的一部分，二者是融为一体的。青少年的四种网络探究可以用表5来说明。

---

① Herron. M. D. The Nature of Scientific Enquiry [J]. School Review, 1971, 79(2): 171 - 173.

表5　青少年网络探究类型

探究类型(Type)	探究层次(Level)	问题(Problem)	过程(Procedure)	方法(Solution)
验证性探究	0	√	√	√
结构性探究	1	√	√	—
引导性探究	2	√	—	—
开放性探究	3	—	—	—

探究的开放性程度不同，探究的性质、深度、路径以及青少年在探究过程中的意义建构深度也是不一样的。如：道格教授提出的 WebQuest 课程，被称为是探究取向的学习活动，青少年被告知要探究的具体问题或任务，然后沿着既定的探究过程与步骤进行探究，最后，根据查找的资源来解决问题，完成任务。在 WebQuests 中产生的数据，许多不具有探究性(Inquiry-Oriented)。该活动没有真正的问题产生，也没有利用具体的研究方法，青少年只需遵循相同的步骤到确定的网站上寻求问题的答案，因此，其探究水平相对比较低，仅处于第一层。WebQuests 作为网络探究活动，回答了这样的问题，即如何将网络资源有效地运用于课堂教学与学习？但并没有真正解决基于网络的探究问题，因为青少年在此过程中的探究性是不够的。相比而言，引导性探究、开放性探究是青少年自主确定探究的路径与过程，运用多种探究方法，及使用多种高级思维技能，如分析、综合、评价等，通过探究过程来解决问题，进而获得意义的过程。

网络探究的目的不是利用网络直接查询信息或查找问题答案，而是让青少年利用批判性思维技能及其他高级思维技能，对探究主题或问题进行分析、判断、思考，通过对探究问题的论证建构理解，进而生成意义的过程。超越信息查询与答案获取，走向意义建构，是青少年网络探究的根本所在。而开放性探究正是青少年自己发现问题、提出探究的问题，自行确定具体探究的路径与步骤，在探究过程中发现问题解决策略，进而解决问题、建构意义的活动，是具有较高探究性的活动。在开放性探究活动中，无须给青少年过多的限制与规定，而应给青少年更多自主决策的机会，激发青少年深入探究的兴趣，并鼓励青少年运用高级思维策略，灵活地利用网络平台与资源进行探究，在探究过程中获得发现与新的理解，深度建构意义，并生成联系。

四、青少年网络探究的方法路径

网络探究是青少年基于网络环境对未知的探求，不仅是对网络世界的认识与感知过程，也是青少年在网络世界中的意义建构与观念生成过程。青少年在学习、生活（现实生活、网络生活）中会遇到各种各样的疑惑或问题，为了解决这些疑惑或问题，青少年会进行审慎地思考，借助各种资源寻求解决问题的方法，谋划解决问题的方案，并提出假设，利用网络尝试解决问题的方法与路径，建立虚拟与现实的关联与联系，在解决问题的过程中建构理解、生成意义，这一过程就是青少年的网络探究过程。

美国伊利诺伊大学的奇普·布鲁斯（Chip Bruce）教授，基于杜威的探究哲学提出了网络探究的循环路径，即提出问题（Asking Questions）、寻求解决方案（Investigating Solutions）、创造新知识（Creating New Knowledge）、讨论发现与经验（Discussing Our Discoveries and Experiences）、反思新发现的知识（Reflecting on Our New-Found Knowledge）。布鲁斯教授认为，网络探究不是单一的直线过程，在该探究过程中每一步都会产生新的问题，从而开始新一轮的探究，探究是螺旋上升的循环过程。[1] 网络探究的五个维度包括提出问题、实施探究、创造知识、讨论与分析、反思与建构，[2]这五方面的内容维度重叠交织在一起。尽管并非在任何探究中都包括这五个方面，但实际上真正的探究是这些维度相互连接、相互交织、相互作用的循环过程。青少年实施网络探究的过程实质上是围绕探究问题，在寻求解决方案的过程中诞生个人观念、建构意义、创生知识的过程。

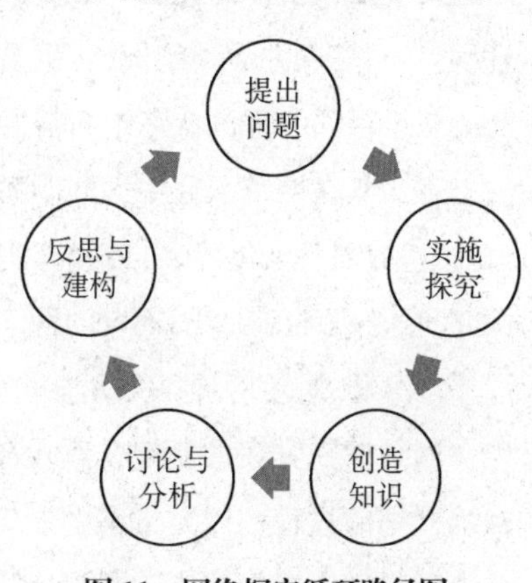

图 11　网络探究循环路径图

布鲁斯教授在对基于青年人的在线社区的合作探究项目进行研究后，又针对在线探究的循环路径进行了研究，如右图 11 所示，研究结果进一步证实了网络探究的过程，即网络探究源于问题，通过对问题的探究生成意义并创造知识，产生个人的想法与观点，在与他人的讨论与交流中，丰富多元视角、深化认知，促进个体进一步自我反思，进而产生新的疑问，开始新一轮的探究活动。网络探究是螺旋式循环上升的过程，是在问题探究中丰富完善认知、建构观念与意义、创生知识的过程。

---

① Bruce, B. C. Literacy in the Information Age: Inquiries into Meaning Making with New Technologies [M]. New York: International Reading Association Press. 2003: 27.

② 同上注，第 203 页.

1. 探究始于疑惑与问题，问题由何而来

网络探究一般源于青少年自身的兴趣与选择，源于青少年对生活和世界的感知、体悟与观察，始于疑惑与问题，产生于对世界、对自我、对生活意义的思考，产生于反思与实践行动以及与他人的对话之中。如果青少年对探究的主题与问题不是很明确，只能盲目地去体验和探索，获得一些零散的网络生活体验。真正的网络探究必须具有明确的问题意识，有明确的任务倾向性，运用一定的方法，主动去思考如何解决问题，建立当前的网络行为与结果之间的联系，思考当前的网络行为活动对于解决问题和自我发展的意义与价值。因为以寻求解决问题为目的引导青少年的网络行为，使青少年的网络行为处于一种有目的、有方向的自主状态，问题对青少年的网络探究活动起着聚焦与定向作用。有计划、有目的的网络探究能够引导青少年把探究和思考融为一体，使青少年在对探究品位和探究结果的追求中保持兴趣的持久性和经验的深度。网络探究的问题产生一般会经历问题呈现与选择、问题聚焦与调整的过程，也是青少年对探究问题逐步深入认识的过程。青少年在网络实践活动中感知疑惑、发现问题、提出问题的过程，是网络探究活动的伊始，也是网络探究的重要组成部分，是使青少年的网络实践活动从无目的的开放状态走向自主定向与聚焦的过程。

青少年在网络探究中的问题源于对生活（网络生活与现实生活）、学习、交往、世界（虚拟世界与现实世界）、自我（真实自我与虚拟自我）的疑问与困惑，生活是青少年产生探究问题的源泉和动力，而对问题本身的思考与反思是推动探究活动进一步深入的关键。

2. 如何制定网络探究方案

网络探究方案的制定是青少年在对探究问题深入思考的基础上做出整体思考与系统规划的过程。探究方案的制定是继青少年有了困惑或疑问并产生问题后，对如何解决问题做出规划与进一步深入思考的过程，思考解决问题的路径与方法，提出解决问题的假设、方案或设想，以及思考如何借助网络资源或工具来促进或帮助解决问题，网络在哪些方面可以帮助解决问题及如何帮助解决问题等，最终形成问题的解决方案与框架。一般说来，制定研究方案具体包括以下方面的内容：明确探究主题、形成探究问题、对探究问题进行分解以形成探究子问题、探究方法的选择、探究策略的运用、获取信息的渠道与来源、数据的采集方法、探究记录的形成、具体探究路径与过程、是否需要指导、如何获取指导和帮助等。问题来源、问题性质、问题的类型不同，网络探究的方法与路径也不相同。探究方案的制定过程是对探究问题、探究方法、探究过程、探究结果一体化思考的过程。探究问题不同，探究的深度以及青少年在探究过程中所承担的角色也不尽相同。

探究方案有多种呈现形式，可以用表格的形式呈现，也可以用提纲、概念地图、简略图等形式表示。

表6　青少年网络探究方案表格呈现方式示例

网络探究主题领域：________

探究问题	
可分解的具体子问题	
拟采用的探究方法	
信息获取渠道与数据来源、交往记录、交往空间的原始数据：	
探究记录形式：	
探究步骤：	
探究结果呈现方式	
是否与他人合作探究？	
是否需要指导？ 如何获取指导帮助？	
交流探究发现、心得、反思	

3. 实施探究过程

探究是将好奇转化为行动的过程，青少年在探究过程中会运用多种方法实施研究，会提出新的问题、完善或发现新的探究路径，实施探究成为青少年积极投入而自我激励的过程。探究过程使青少年获得多种体验，并成为不确定情境的重要组成部分。网络探究中包含自我感知以及与他人的互动，包括意识、情感、道德、行动、体验、反思等多个层面。

实施探究的过程是获取信息、收集数据、获得证据的过程，也是尝试利用研究方法寻求问题解决方法的过程。青少年实施探究的过程既是基于探究方案实施行动、落实方案的过程，也是在探究过程中调整方案、完善方案的过程。网络探究方案的实施大部分是基于在线网络的，借助网络开展探究是网络探究的重要特征。青少年借助网络探究不是进行简单的信息搜索，去直接寻求问题答案，而是围绕探究的问题，利用一定的探究方法，寻求证据的过程。鉴别、思考、批判性思维与高级思维的运用是探究的重要衡量标准，对获取的大量信息进行判断、选择、分类、比较、关联、聚类，对信息进行处理与深度加工，并与个人经验建立联结与关联，进而深度建构意义、生成个人理解、形成新的观念、创生自身的知识。青少年的网络探究绝不拘泥于网络信息查找与加工，而是利用多种探究方法与策略，有时甚至会与现实生活情境中的探究结合起来，在自主探究与合作交流中实施探究行动，并建构意义的过程。

探究方法的运用是直接关系网络探究质量与探究深度的关键，青少年在网络探究中会运用多种探究方法，尽管与真实情境下的探究方法有所不同，即青少年不能用类似现实场景中的观察、采访、实验等探究方法，但青少年仍可以用多种在线探究方法，如角色模拟与扮演、在线问卷、语音访谈、模拟（虚拟）实验、个人探究与合作探究等相结合的多种方法，青少年也可以将现实生活情境中的探究与网络探究方法结合起来。探究过程中，为了便于记录探究活动结果，可以采用探究日志、探究过程摘录、探究心得等多种方式记录探究结果与探究数据（表 7）。

表 7　探究活动记录表

探究问题：
探究方法：
探究过程记录：
探究心得：
进一步要探究的问题：

4. 形成个人观念，建构意义

通过对探究过程中获得的数据材料和记录进行分析、综合、论证，对探究的问题在形成个人理解与认识的基础上建构意义，形成个人观念，创造性地提出解决问题的方法。在此过程中，青少年可以借助工具对获得的原始数据材料进行分析处理，获得可作为证据的支持性数据材料。

5. 交流讨论

交流讨论是网络探究的重要环节与内容，青少年与他人进行对话交流的过程，不仅是呈现个人思想观念，表达个人观点的过程，也是在与他人观念的碰撞中激发思维、完善认知、丰富观点与视角的过程。青少年在与他人的交流中，不仅会对探究过程进行深入思考，也会交流在问题解决过程中遇到的疑难、困惑，寻求新的思路与方法。交流讨论的过程，是青少年的思考、表达融为一体的过程，也是丰富青少年的理解与多元视角的过程。

6. 反思

反思是青少年对整个探究活动过程进行系统化思考的过程，是青少年将探究行为与探究结果建立联系的过程，是青少年对探究活动过程中获得的体验与感受产生新的认识，对探究过程中产生的疑问重新思考的过程，也是青少年进一步自主调节探究活动，在联系与关联中寻求问题本质的认识过程。

在网络探究中，“质疑提问”、“探究”、“创造”、“讨论”、“反思”五个方面不是分离的，而是相互关联、融为一体的。网络在探究中发挥着不同的作用，如可作为认知工具、意义建构工具、信息检索工具、对话交流工具等，网络对促进青少年的深度认知与意义建构起着积极的作用。青少年探究的主题不同、问题不同，网络探究的形式与过程也会有所不同，但网络探究对促进青少年的理解与意义建构过程的本质是不变的。

总之，网络探究是青少年网络素养形成与发展的重要路径。从某种意义上看，网络探究与网络素养本身有着密切的联系，对促进青少年在网络空间的发展来说，二者是一体两面，网络探究是过程，网络素养是结果，二者互相影响、互相作用，共同促进青少年在网络实践活动中的意义建构过程。一方面，青少年的网络素养发展水平在很大程度上依赖于网络探究的质量与深度，网络探究是促进青少年网络素养发展的路径；另一方面，网络素养可以促进青少年在网络实践活动中增强目的指向性与自觉能动性，通过发挥网络素养能力，自觉运用批判性思维及其他高级思维技能，促进青少年在网络探究活动中知识生成与意义建构的质量，青少年网络探究水平的高低，关键取决于其网络素养的高低。对促进青少年在网络空间的发展来说，网络素养与网络探究是相互联系、融为一体的过程。

第六章 “互联网+”时代的网络素养教育：方法与案例

“互联网+”时代的网络素养教育应尊重青少年网络探究的本质特征与规律，为青少年有意义的网络探究创设条件并提供支持。网络素养教育的使命是把网络探究与青少年的生活实践结合起来，将青少年置身于关系世界之中，把网络文化与青少年文化结合起来，把探究与教育结合起来，不断提升青少年对虚拟世界和现实世界、文化世界和生活世界的理解，以及对网络多元文化世界中自我价值的理解，进而提升青少年在网络空间的探究能力、文化实践能力、意义建构能力，以及自我完善与自我发展能力。本章主要围绕“互联网+”时代，“什么是基于网络探究的网络素养教育”、从实然性与应然性两个方面分析“为什么要开展基于网络探究的素养教育”以及“如何实践基于网络探究的网络素养教育”三个问题进行探讨。

第一节 网络素养教育的探究化：应然要求与实然分析

历史地看，教育本身蕴含着探究的本义，网络素养教育本身对探究有着强烈的诉求，而网络探究使网络素养教育孕育着丰富的内涵，网络探究不仅是青少年认识网络世界、建设网络世界的方式，也是青少年张扬个性，获得个人自由成长与健康发展的方式。从网络素养本身看，唯有通过融青少年的认识、体验、感悟于一体的不断的网络探究实践活动，青少年的网络素养才能被整体感知。任何脱离网络探究实践的“教”，对青少年网络素养的发展成效都是甚微的。网络素养教育必须回归青少年的网络生活中，回归青少年对网络世界的探究实践之中，只有这样形成的网络素养对青少年才具有实践价值与意义。

一、教育蕴含着“探究”的本义，探寻教育与探究融合思想的依据

素养与教育有着天然的联系，而教育自古就包含着探究的意蕴，从词源学意义看，教育是为教与育而设计的研究（Investigation）。因此，教育本身蕴含着“探究”的本义。从学校教育起源看，它原本与探究融为一体，学校自古就是探究的场所。[1] 著名历史学家吕思勉在考据的基础上，得出这样的结论：“学校的起源，本是纯洁的，专为研究学问的”“研究学问的人，自然会结成一种团体。这个团体，就是学校。”[2]教育不仅本身蕴含着探究的本义，探究也是教育的过程。从思想上追溯教育的本源，古代西方的苏格拉底和中国的孔子的教育思想都蕴含着探究。探究思想的渊源最早应追溯到古希腊哲学家苏格拉底，他提出的问答式“精神助产术”，体现了将探究视为教育过程的方法，成为将探究视为教育过程的典范；孔子作为中国最伟大的教育家，他的“有教无类”、“学思并重”、“德性探究”等教育思想和观念，无不体现着尊重人的个性、倡导教学平等与德性探究，并将德性探究视为教育的核心思想；启蒙思想家卢梭的“自然教育理论”倡导教育要尊重青少年的自由，让青少年享有充分自由活动的可能和条件，并在教学过程中采取自然的、自由探究的教学方法以适应青少年的身心发育水平和个别差异，不仅体现了对青少年个性差异的观照，还体现着将自由探究作为教育过程的理想追求；美国教育家杜威主张“青少年中心”、“做中学”的教育理念，将探究视为教育过程的思想体现得淋漓尽致，他提出的思维五步法，本质上就是一种探究方法，通过思维五步法实现创造知识、解决问题的探究性教育过程，为后来的探究性教学理论奠定了基础；巴西教育家弗莱雷认为：“人是自己思想的主人，应该在对话中反思、澄清、呈现自身的世界观，通过对话与人们一起共同探究世界。”他还强调对话教学中的“主题探究”，将对话与探究融为一体，将对话视为探究世界的方法，将基于对话的反思与行动视为解放教育过程。

作为“互联网＋”时代人的素养教育，青少年的网络素养教育必然应继承教育中所蕴涵的探究本义，而网络世界的不确定性、参与主体的多样性、网络文化与价值观念的多元化，不仅使网络素养教育对探究属性有着更加强烈的诉求，也为青少年的探究提供了广阔的空间，网络探究使网络素养教育孕育着更丰富的内涵。网络探究不仅是青少年认识网络世界、建设网络世界的方式，也是青少年张扬个性，获得个人自由成长与

---

① 张华. 研究性教学论[M]. 上海：华东师范大学出版社，2010：150.

② 同上注，第154页.

健康发展的方式。

青少年的网络素养教育应建立在探究的基础上，将探究作为教育的过程。基于网络的探究，是青少年网络素养教育的出发点、立足点，也是归宿，同时也是为了更好的实践探究。网络素养教育本身不是目的，而是为了促进青少年更好地进行网络实践，而网络素养教育应基于青少年的网络探究，将探究作为网络素养教育的过程，使网络探究与网络素养教育成为一体化的过程。

二、网络素养可教吗？——网络探究是网络素养教育的实然

网络素养可教吗？该问题不仅关涉对网络素养的认识问题，也涉及网络素养本身的价值性问题。青少年网络素养作为"知"、"情"、"意"、"行"多维面的统一体，具有整体性、实践性，作为整体性的素养不该以被分解地方式进行教授，如通过讲授方式教网络知识、通过操作训练方式教网络技能，尤其是网络素养的情意维面，包括网络素养的情感态度与价值观的形成，它需要青少年在具体的网络探究实践中去感悟和体验，而不能靠空洞的说教，因为价值观是否可教本身就是一个存在争议的问题。必须在整体性地探究实践中让青少年去探究、创造、体验和生成，只有这样形成的网络素养才能在网络生活中被青少年整体性的感知和应用。青少年网络素养的形成不是专门的"理论专修"所能实现的，也不是脱离实践的"苦心修炼"能力所能达成的。网络素养不是在空谈或旁观中可以学习得到的，在置身事外地讨论和旁观中，青少年无法获得真实的情感与体验，无法形成自身的价值判断与价值观，网络素养的发展就是在与网络世界的互动探究中，在融合自身的认识、体验、感悟于一体的连续不断的网络实践活动之中。

从网络素养的价值层面分析，它追求内在的关系伦理，通过个体的发展，与所置身的社会和世界形成和谐的互动关系。青少年网络素养的获得也必须在关系伦理之中，并体现关系伦理。教育只有尊重青少年的本能，以青少年的探究本能为起点，才能顺应青少年的成长，而不会变成外在的压力。杜威认为："一切教育都是通过个人参与人类的社会意识而进行的。在这个教育过程中，青少年自己的本能和能力为一切教育提供了素材，并指出了起点。"①苏霍姆林斯基明确指出："青少年就其天性来讲，是富有

① 【美】约翰·杜威. 我的教育信条[M]. 赵麟祥等，译. 北京：教育科学出版社，2006：23.

探索精神的探索者，是世界的发现者。”[①]杜威在《儿童与课程》中也明确指出：“青少年天生具有探究的本能、创造的本能、交往的本能、艺术的本能。”[②]探究与创造是青少年的天性，探究是青少年与生俱来的本能，是青少年认识世界、与世界交往的方式。强烈的好奇心和求知欲是青少年探究的原动力，青少年在与世界互动交往的过程中，通过探究来建构自己的观念，在不断地探究和创造中建构、发展、创造和表达着自己的观念，在探究世界、参与社会生活的过程中，又不断创造知识、发展着自身的能力。因此，网络素养教育必须尊重青少年探究的天性与本能，并且以此作为起点，同时，将青少年的探究活动与社会生活融为一体，这样的教育才不会变成外来的压力。因此，融探究精神、探究方式与方法、探究过程于一体的网络素养教育是顺应青少年发展，符合关系伦理与德性的教育。

传统的教育把人的发展视为由外及内的外烁过程，把知识视为外在于人的存在，人通过接受知识获得成长与发展，而无视精神生命的力量与状态，这种教育与网络素养自身的价值理念相悖。网络素养教育基于探究过程发展青少年的观念，解放青少年的精神生命，把教育内容视为探究对象，把教育本身视为探究过程，将青少年的发展根植于青少年个人的经验或体验，把教育的过程视为促进青少年精神成长的过程。

三、现实呈现：网络探究是网络素养教育的应然要求

纵观国内外网络素养教育现状，目前主要沿着两条路径在进行，一是将网络视为一种新媒介，沿着媒介素养教育的路径进行；另一条是随着信息技术的发展，人类步入信息化社会与“互联网＋”时代，因而从信息技术应用与发展的路径展开。前者源自于19世纪40年代电影、电视出现以来的媒介素养教育，有着悠久的历史却疏离着青少年探究的天性；后者主要始于20世纪90年代，随着信息技术革命与信息素养教育、新素养教育、数字素养教育等的交叉融合，网络素养教育经历着相对弱势且缓慢发展的进程。在我国由于受应试教育的影响，网络素养教育处于边缘化地位，发展更加迟缓滞后，没有引起充分的重视。在基础教育领域，基本是通过第二条路径进行网络素养教育，主要包括信息技术课程、综合实践活动课程或其他学科课程等多少渗透着网络素养教育内容的课程，但无论是采用的理念还是使用的方法，网络素养教育仍深受传

---

① 【苏】B. A. 苏霍姆林斯基著. 把整个心灵献给孩子[M]. 唐其慈等，译. 天津：天津人民出版社，1981：32.

② 【美】约翰·杜威. 儿童与课程[M]. 北京：中国传媒大学出版社，2017.

统学科教学的影响，呈现着“灌输”、“技术化”、“工具化”、“放纵”、简单的“保护主义”、“虚假探究”等倾向，具体为：

技术化倾向。具有该倾向的网络素养教育将网络视为“技术”或“工具”，其目标是让青少年学会使用网络技术或工具。这种“技术化”或“工具化”倾向的网络素养教育，在本质上将技术及其应用作为教育的内在价值，目的是让青少年学会使用和应用技术，而没有从青少年的需要与兴趣出发，学习技术的过程是外在于青少年本身的，其出发点是将青少年作为技术使用者，技术是青少年的使用对象，青少年与网络技术是一种掌握和控制的关系，而掌握和控制的过程是通过外烁的方法与过程来完成的。这种“技术化”或“工具化”倾向的主要特点是以让青少年掌握网络技术为第一要义，重视离散的、孤立的技能训练，告知青少年如何使用网络，让青少年掌握网络使用的技能，而不顾青少年与网络技术应用情境及应用后果等的联系，对技术的应用没有批判，只有接受。

技术化倾向忽视了青少年的探究本能，其本质在于将精神世界与物质世界视为两个本原，视为各自独立、互不联系的部分，这是一种主客二分、二元对立的思想。而在教育方法上则注重操作、训练，使原本属于人的手段的技能成为人努力学习和追求的对象，随着这种对象化过程的不断强化，技能逐渐成为教育的目的，实际上，这个目的是不真实的、虚无的，不过是手段凌驾于真正目的之后的一种具有欺骗性的幻象。可以想象，没有真正目的的教育会呈现一种什么样的状态，这就是信息技术课程中“为技能而技能”产生的本质原因，我们需要的不是一般的获取和加工信息的操作技能，而是通过获取和加工信息解决问题，离开了具体问题的解决，所谓的能力或素养的培养将成为一句空话，一种缺乏实质意义的形式。技术倾向试图把现成的网络技术教给青少年，而在技术对青少年的意义与价值层面不做过多关注，从而造成青少年会使用技术，却缺失对技术如何促进自我发展与成长，以及促进自我发展与社会发展和谐关系的建立等价值与意义体验。

放纵倾向。该倾向对青少年持有放任自流、听之任之的态度，认为其网络素养的形成与发展是自发的过程，对青少年在网络实践中的种种不良倾向、做法与行动不加以指导与干预，这是对青少年不负责任的做法，因为放纵倾向很容易使青少年丧失思考能力、迷失自我、失去价值判断能力，陷入网络世界中而迷失自我，最终成为网络世界的俘虏品与牺牲品。杜威认为，教师如果采取对青少年予以放任的态度，实际上就是放弃他们的指导责任。在杜威看来，与从外部强加于青少年一样，让青少年完全放任自流的做法是根本错误的。他认为否认“价值引导”就是否认教育，就是消解教师的作用，就是放弃教师的责任，就是自然主义教育观、“内发论”的教育观，必然缺乏超越性向度和足够的发展性空间。这种放任，一方面体现在网络素养教育中缺乏明确、深入的探究主题，另一方面又对青少年的探究过程疏于指导，由此使探究流于形式空泛，甚至是对青少年放任自流。这种倾向采取的是“放任主义教育学”的方法，是一种以“教育的非指导性”为借口放弃对学生的指导责任的做法，也是弗莱雷曾批判过的，他认为没有一种真正的教育是没有方向的，教育实践的本性是指导性或方向性。这个方向或目标就是培养具有批判意识和行动能力的公民。他认为“放任主义”和“权威主义”性质相同，都是为了满足成人的需要，都是“家长式意识形态”的体现，是成人对青少年施加压迫的极端形式。[①] 真正的探究不仅有明确的探究主题，而且为青少年的兴趣、好奇所驱动，并指向青少年的发展。青少年与网络世界本是建构关系，通过与网络实践的交互与交往建立起对话实践关系，进而形成自身的体验与价值观。放纵倾向的网络素养教育，无法使青少年与网络世界建构真正意义上的关系，不能促进青少年发展。

灌输倾向：灌输倾向是将网络知识尽可能地以“传递”和“灌输”方式教给青少年，试图让青少年掌握尽可能多的网络知识，这种灌输取向的背后是让青少年服从于现成知识的传授与传递，忽视了青少年存在的价值及其体验，对青少年学习的过程不予关注，试图将知识视为确定性的结论，通过说教、灌输的方式让青少年接受。该倾向本质上把知识及知识产生的过程与情境割裂开来，知识的不确定性和复杂性被忽略、探究价值被降低，将知识与青少年的经验割裂开来。这种情况下，不仅很难引起青少年探究知识的内在兴趣，反而异化了青少年的心灵，使其成为知识的存储器。由于缺乏内心世界与网络世界、现实世界的对话，青少年形成了来之即吸收接受的单向思维，缺少了怀疑、批判、超越精神，最后成了单向度的人，阻碍了创造性的个性发展。面对网络世界价值、观念的多元化，网络知识的丰富性，灌输倾向致使青少年失去了思考与批判的机会，使青少年在面对复杂的网络世界时，试图接受更多的知识，这是启蒙时期的“传授”——“接受”取向的观念，这种倾向不在于向青少年灌输什么？传授什么？而主要在于他异化了青少年学习的本质。青少年学习的本质是心灵的主动建构，教育应在

---

① Freire, P. & Macedo, D. A Dialogue: Culture, Language and Race [J]. Harvard Educational Review, 1995: 65 - 66.

理解青少年心灵的基础上，为其提供情境与帮助。外部的说教、告知、灌输等方式使青少年缺乏真正的体验，并不能触及青少年的心灵深处，因而收效甚微。

“虚假探究”倾向。网络素养教育实践中，也会存在“虚假探究”，所谓“虚假探究”，是把探究视为向青少年传授现成知识或技术的手段，或对青少年变相施加压迫的工具，探究只是形式上的，其实质是“反探究”。[①] 为了让青少年接受网络知识，通过探究的形式对青少年进行网络素养教育，其目的是让探究服从现成知识的传授。探究本是对知识进行质疑和创造，而这种倾向的做法是把探究作为熟练现成知识的工具，必然导致虚假的探究，这种探究在信息技术教育课程教学中比比皆是。把探究的方法作为传递知识的一套方法，或固化的探究程式，实际上不过是向学生传递现成知识、技能的一种形式，由于缺乏对知识本身质疑、探究和创造，因而不是真正意义上的探究，强加探究或让青少年不加批判地探究都是虚假探究的直接表现。网络探究崇尚选择自由，但以批判为特征，如果向青少年强加探究，让其简单地模仿、输入、输出某种探究方法，那么探究就变成一种控制、压迫的手段，必然导致虚假探究。不尊重青少年兴趣的探究也是虚假的探究，真正的探究建立在青少年的需要和兴趣之上，否则探究也就失去了内在的动力和基点。当探究是出于成人的需要，而非青少年的需要时，实际上是强化自己的优势地位，尽管他们宣称需要对青少年赋权。而实际上在探究伊始就在压抑青少年的需求，其本质和实质都是一种控制。我国教育实践因长期处于集权控制之下，习惯于树立典型模仿，如果把网络探究方法变成统一的模式照抄照搬，就走向了与探究相反的一面。弗莱雷指出，如果对方法进行照搬模仿，进行“输入”和“输出”，而不考虑方法应用的新情境，如果不进行重新创造和发明，很可能会变成一种控制和压迫。如果简单地利用目前现有的探究方法，如 WebQuest 课程，而不根据教育情境进行创造，就很可能成为僵化的方法。马西多也指出：“对于任何方法论轻易地、不加批判地接受，不管它是否作出进步性的承诺，都极易转化成僵化方法论，在我看来，这是一种方法论恐怖主义。”

“保护主义”倾向。近年来由于青少年使用网络引起的负面问题的增多，人们开始将网络视为“禽虎猛兽”，让青少年远离网络，通过简单地束缚、管制、限制青少年上网的方式，让青少年远离网络或少用网络，以避免或减少网络对青少年带来的负面影响和伤害，这是简单的保护主义倾向的网络素养教育观，也普遍发生在现实中，如：上海

---

① 张华.研究性教学论[M].上海：华东师范大学出版社，2010：105.

有名的一所中学，初一某班的学生有大半以上的人上“开心网”，班主任老师得知后，写了“致家长的一封信”，教师联合家长共同监督，共同限制青少年，不允许上“开心网”。教师并没有反思青少年为什么喜欢开心网，更没有让青少年通过探究来认识开心网，批判性地思考上开心网的利与弊，以及如何更好地利用它等问题，而是采取了制止与限制的方式。但由于青少年自身对网络世界充满好奇，从内心深处隐隐萌发着想去尝试、探究的欲望和冲动，越是制止，却使他越发感到好奇，越想去尝试。这种保护主义没有从本源上解决根本的问题，这是一种背离时代精神，试图通过让青少年拒绝使用网络而免受网络技术异化影响，从而使青少年健康成长的做法。也是一种消极拒绝主义的技术观，曾生活于17世纪的卢梭就是在看到技术的不良作用后，视技术为恶魔，认为技术泯灭了人的本性，使人受到了压制，解决问题的出路就是返归自然，拒绝技术，这种消极主义的技术观，自18世纪启蒙后就受到了批判。当今“互联网＋”时代，这种保护主义倾向的网络素养教育观是背离时代精神的，因为任何人都无法阻止网络技术对青少年生活的渗透与融入，采取简单的保护无法解决技术对青少年带来危险与伤害的根本问题。

综上所述，无论是从教育与探究的历史渊源，还是青少年网络素养本身的性质以及网络素养教育实践的现状，网络素养教育的探究化是网络时代的必然诉求与应然要求。因此，网络素养教育不能偏离青少年探究的天性，必须以青少年的探究为起点，兼顾“互联网＋”时代青少年发展的社会性，并建立于青少年的网络探究与网络生活的实践基础之上。这样才能使青少年的网络素养教育成为内在于其网络生活实践与顺应其发展本身的教育。青少年有他自己的思想，有他自己的世界。他的思想和世界不是成人灌输给他的，而是他自己建构的。只要他醒着，便积极主动地建构着他自己的世界观念。[①] 教育的过程是为青少年诞生自身的思想观念创造条件的过程，也是催生青少年诞生更精彩观念的过程，基于探究的教育可以使二者合为一，使青少年建构思想，诞生出更精彩的观念。通过基于探究的教育，让青少年成为世界的参与者，而不是旁观者，让青少年在参与改变世界、创造世界的过程中认识网络世界，这样，“心灵不再是从外边静观世界和在自足观照的快乐中得到至上满足的旁观者。心灵是自然以内，成为自然本身前进过程的一部分了”。由此，真正走向了青少年的网络素养教育与网络探究学习一体化的过程，网络素养教育必然包含着网络探究的过程，而网络探究是网

---

① 刘晓东. 儿童文化与儿童教育[M]. 北京：教育科学出版社，2006：9.

络素养教育的必然路径与方法。

第二节　走向探究取向的网络素养教育的方法

基于网络探究的青少年网络素养教育问题是关涉理论与实践的基本问题，探讨什么是基于网络探究的网络素养教育意味着要回答：探究是如何融入网络素养教育过程的？网络素养与网络探究的关系是怎样的？以及网络素养教育的知识观、本质观、价值观、方法论等一系列问题。

探究不是一种具体模式、方法或技术，而是一种融入网络素养教育的价值观、知识观与方法论一体的教育哲学。杜威曾给教育中的探究下过这样一个定义，即"探究"是主体在与某种不确定的情境相联系时所产生的解决问题的行动。知识的获得不是个体"旁观"的过程，而是"探究"的过程，知识是个体主动探究的结果。① 该定义阐明，探究是面对疑难情境或不确定情境时解决问题的行动过程，而这一过程也是知识生成的过程，知识生成、问题解决、探究是融为一体的，教育不是把外部确定无疑的知识传授给青少年，而是青少年在与不确定情境的互动中解决问题、建构意义、创造知识的过程。网络世界的不确定性，不仅为青少年的探究提供了机会，而且丰富了探究的内涵，基于网络探究的网络素养教育不是让青少年接受客观的网络知识或应用网络技术，也不是让青少年接受别人的探究结果，更不是让青少年去探究网络技术的发明、发现的过程，而是让青少年在与网络的互动中，面对网络世界或现实世界的问题或不确定情境，探究意义、解决问题，诞生新观念、创造新知识的过程，也是让青少年探究关系世界、促进自我完善、与网络世界建构和谐关系的过程。

基于网络探究的网络素养教育是培养青少年对所置身的网络世界的批判性思考、独立探究、勇于创造的能力，提高青少年利用网络进行探究世界、探究自我、探究生活的意义与价值，在与网络的交互作用与连接中诞生思想、建构意义、创造知识，以及实现自身意义与自我价值的过程。青少年的网络素养教育应根植于关系世界、交互主体、多元对话、多元意义追求等理念之中，让网络素养教育充分建立在主体意识提升、多元价值追求、主体创造之上，其目标与价值追求是丰满人性、追求精神自由、自我完善、自我解放。从本质看，基于网络探究的网络素养教育，是将探究作为网络素养教育

---

① 【美】约翰·杜威. 确定性的寻求：关于知行关系的研究[M]. 上海：上海人民出版社，2004：29.

的过程，将探究作为网络素养教育的方法，将探究作为网络素养教育的价值与内在驱动力，将探究作为网络素养教育的人文精神。具体而言：

一、将网络探究作为网络素养教育的过程

从知识的形成看，青少年知识的获得不是接受过程，而是在探究中建构生成过程，探究是知识获得的重要方法与途径。知识是情境性的，网络知识更具有情境性与不确定性，无论是事实性知识、关系性知识，还是价值性知识，必须通过与网络世界互动的探究过程才能成为青少年自身的网络知识，网络探究是青少年网络素养知识生成的重要方法与途径。建构主义知识观认为：知识不是传授对象，而是特定情境中解决问题的结果和新情境中解决新问题的工具。而青少年的学习总是建立在高级思维基础之上，基于问题解决来建构知识。探究创造的过程即教育的过程，探究是教育的方式与方法，通过探究促使青少年在自我探究与合作探究中建构意义、诞生思想观念、创造知识。[①] 因此，网络知识不能靠传授与灌输，让青少年被动地接受，而必须建立在青少年的思考与解决问题的探究实践行动中，通过网络探究过程来获得，探究是青少年学习的基本方式，也是网络素养教育的过程。

将网络探究作为网络素养教育的过程意味着不是通过“讲授”或“灌输”的方式，让青少年记忆和掌握既定的网络知识与技能，不是把知识或技能作为确定性的东西，让青少年通过由外至内的方式去接受外在的知识与技能，而是密切联系网络世界与青少年的生活世界和心灵世界。通过创设有意义的探究情境，让青少年经历质疑、批判、反思、创造、交流的意义建构过程；让青少年体验在网络探究中创造知识的过程；让青少年体验从不确定情境到建立情境与自我的关系，到建构理解与意义，进而生成新的意义与关系的过程；让青少年体验自我观念的形成过程，体验意义建构与关系生成的过程；同时让青少年体验在对不确定情境的质疑中发现问题、在自我探究与合作探究中解决问题、在交流合作中共享智慧与观念、在自我反思中实践行动的过程，让网络素养教育过程与青少年的知识创造过程、认知与意义建构过程成为融为一体。将网络探究的循环路径作为网络素养教育的内在线索，使网络探究与网络素养教育成为一体化的过程。由此，网络素养知识成为青少年与网络环境互动的基础，在互动中发现问题、解

① Vanlehn, K. Problem Solving and Cognitive Skill Acquisition[M]. Massachusetts: The MIT Press, 1989: 56.

决问题，把行动和反思有机结合起来，这是青少年的探究过程，也是网络素养教育的过程，在此过程中建构起青少年与他人及环境的内在互动性、生成性、关系性。

二、将网络探究作为网络素养教育的方法

19世纪末叶以来，世界上教学方法发展的基本主题是让教学方法植根于理性自由、探究创造、个性解放与社会民主化，而批判启蒙理性的心物二元论、主客二元论及由此导致的新的控制与被控制、权威与服从的权力关系，让教学方法建立在“后启蒙运动时期”的价值观与知识论之上。[①] 探究是弥合主客二元论及使青少年的学习建立于探究创造与个性解放的方法基础。网络探究本质上是一种方法，它渗透于青少年网络素养教育的认识论与价值观中，并使二者走向融合与统一。

网络探究本质上是“批判”、“对话”、“反思”、“互动”、“合作”。由于网络世界的信息虚实相伴、真假难分，其本身又具有开放性与文化多元化，以及与现实世界的关系复杂，因而网络素养教育需将“批判”意识置于核心地位，让青少年学会质疑与批判，多角度看待问题、多维度思考问题，成为积极的反思者与实践行动者，保持自身精神的独立性。弗莱雷也曾指出：“素养是赋权过程，发展自身的条件，以与世界关系的得以重建，使自身更加自由。”[②]素养不仅是阅读文字的能力，也是阅读世界的能力，素养发展要与人的觉悟、与人的解放相联系，而批判意识与批判精神是素养的核心。探究过程也是对话过程，是青少年与自我、他人及网络世界与生活世界的互动中开展对话的过程。通过对话，使青少年的探究由自我探究走向了与合作探究的融合，通过对话丰富了意义生成的多元视角，使教师与青少年共同面对探究的情境与问题进行解释、讨论、思考，在相互理解的基础上，达成“共识”或形成“分歧”。“共识”提供对话的可能与基础，“分歧”则提供探究的张力和必要。在对话与合作中诞生着精彩的观念，创造着知识与思想，共同体验着有意义的网络生活。在此基础上青少年的心灵世界与文化世界、生活世界进行对话，探究文化与合作文化融为一体，在“关系世界”中获得自由发展与健康成长。[③] 青少年的网络探究不仅是自我探究的过程，也是合作探究与社会化的过程，以此促进其社会性发展。青少年不仅是一个独特性的存在，还是一种关系性存在，独特性是在关系之中发展或实现的，而关系性或社会性的发展又是以尊重独特性、欣

---

① 张华.研究性教学论[M].上海：华东师范大学出版社，2010：47.

② 张琨.教育即解放——弗莱雷教育思想研究[M].福州：福建教育出版社，2008：174.

③ 同注①，第58页.

赏差异性为前提的，网络素养教育的过程就是青少年与教师、青少年与青少年之间，在相互尊重、相互欣赏的基础上于探究中合作创造知识的过程。

三、将网络探究作为网络素养教育价值的展开与实现的内驱力

孔子认为："教育的价值在于'成人'与'成己'。"[①]网络素养教育的价值不仅是促进"互联网+"时代青少年的发展，而且使网络社会更加民主和谐，让网络世界变得更美好，而网络探究成为网络素养教育价值展开与实现的内驱力。网络素养教育促进青少年在与网络世界的互动中完善自我及探究世界本质，通过"反思性行动"追求价值与意义——人如何与世界和谐相处。网络素养蕴含着这样的方法论：青少年不仅要认识网络世界、建设网络世界，更重要的是要了解如何让世界更美好，以及如何让自我与所置身的世界关系更和谐，只有改善了世界才能真正认识世界，只有认识了世界才能更好地改善世界，使青少年对世界的认识和改善建立在自我认识与自我完善的基础上，在某种程度上达成了合二为一，达到高度的融合与统一。在此理念下，使青少年的网络实践建基于实践理性和行动伦理之上，使青少年的成长与世界的改善和谐共存。正是网络探究过程，成为青少年自身精神成长与生命意义体验展开的过程，因为只有在探究中，青少年才不断诞生新的思想观念，精神生命才不会枯竭与枯萎，精神生命才会常新，使青少年感悟生命的意义，体会创造的价值和力量；也正是在探究中，青少年在完善自我的同时也在与世界建立起和谐的关系。青少年的探究，包括对自我的探究、对世界的探究、对生活的探究，探究不仅成为青少年认识自我、认识世界的方式，也成为其完善自我、改造世界的方式，是完善自我与完善世界，使自我与世界和谐共处、和谐发展的统一，是成人与成己的统一。

四、将网络探究作为网络素养教育的人文精神

将探究精神作为网络素养教育的一种人文精神，网络素养教育珍视青少年的创造精神，尊重青少年自由探究的天性与本能，让青少年过有尊严、富有德性、有意义的探究生活。一方面，网络素养教育以观照"互联网+"时代青少年的成长为内在追求，将培养青少年自由的探究创造精神、提升青少年的探究创造能力作为网络素养教育的目标与价值追求；另一方面，教育过程中对青少年充满人文关怀、关爱与责任，在对青少

---

① 南怀瑾. 论语别裁(上)[M]. 上海：复旦大学出版社，2003：68.

年的关爱中呵护其稚嫩的心灵、新奇的想法、探究的灵性，发现、发展青少年对生活和世界的好奇与探究兴趣，让网络素养教育建基于青少年的好奇与探究兴趣之上。通过与青少年开展平等的对话、倾听青少年的声音、分析青少年的探究记录、观察青少年在网络世界中的表现、研究青少年的网络作品，了解青少年内心世界的秘密，欣赏青少年独特的个性与创造性。不仅欣赏差异性，以开放的心态包容青少年独特的想法与观点，而且对青少年在网络实践活动中出现的偏离方向、迷失自我等的情况给予引导，宽容青少年的错误，以耐心与宽容心帮助他们，让青少年在错误中反思，在错误中总结经验，丰富探究体验以便更好地成长。因此，网络探究作为网络素养教育中的人文精神，是珍视青少年的独特价值，丰满青少年个性、丰富青少年探究成长的生命历程及体验的过程。

从哲学视野看，网络素养教育的认识论、方法论、价值论可以概述如下：

第一，网络素养教育崇尚关系认知。

网络素养教育是一种关系存在，关系性不仅体现在教师与青少年的相互依存关系上，也体现在网络世界与现实世界、文化世界与生活世界的互动关系上。因此，网络素养教育需要用一种关系思维理解青少年如何参与关系的构建；如何通过关系的构建而不断认识世界、改造世界，进而发展与完善自我，完善自我与世界的关系，又进一步不断构建新的关系；如何通过参与网络交往与社会生活交往，建构人与人、人与世界的交往关系。作为一种关系认知，网络素养教育包含了倾听与理解、合作解决问题、多元意义建构、反思实践、批判与对话等要素。网络素养教育中，教师与青少年不是控制与被控制的关系，也不是压制与服从的关系，而是建立在“平等”、“责任”与“关爱”、“欣赏”基础上的倾听和理解关系，理解青少年参与网络世界与网络文化世界的本质、方式，理解青少年如何在网络世界与现实世界的互动交往中建构意义，倾听青少年的声音，倾听青少年在参与网络世界构建中的体验、收获、困惑、不解与疑问。在理解倾听的基础上，与青少年合作探究和解决问题。网络世界的开放性、网络文化价值观念的多元性，需要教师、青少年在合作探究与解决问题的过程中开展多元对话，在交往实践中进行批判、反思，理解多元价值，进行多元意义建构。

第二，网络素养教育是一种探究实践。

网络素养教育是一种探究实践，网络素养教育与网络探究是融为一体的，网络探究是网络素养教育的过程，网络素养教育需要直面网络世界的复杂性、开放性、不确定性，需要通过探究将不确定情境转化为有意义的情境，在此过程中实现新关系的建构。

探究是面对疑难问题、解决问题的方式，杜威指出："探究是一套用来处理或解决问题情境的操作。"[①]网络素养教育的过程是面对青少年遇到的疑难情境或为青少年创设问题情境，让青少年密切联系网络世界与生活世界，在与青少年合作解决问题的过程中合作创造知识，通过反思实践行动，对网络世界产生新的理解"视角"，产生新的知识与意义，并重建与世界的关系。探究不仅有助于青少年理解当前的实践与存在关系，也有助于重新理解所置身的网络世界与现实世界，在已有关系的基础上，指向新关系的构建，包括自我关系、与教师的关系、与网络世界的关系、与现实生活世界的关系等。网络素养教育的过程是在网络探究实践中创造知识的过程，也是重建与世界关系的过程。

第三，网络素养教育追求内在的意义与多元价值。

网络素养教育不追求外在的意义与价值，其意义与价值在于教育过程本身，开放民主、自由创造、平等关爱、交往合作都是网络素养教育的意义与价值追求。网络素养教育秉承网络文化精神内在的特性，不追求整齐划一、普遍有效、标准唯一，而是以思想自由、个性解放为内在追求，崇尚民主文化，给予青少年自由探究世界、自由创造的机会，为青少年留有足够的探究空间，容许青少年有不同的见解，欣赏青少年个体不同的思想观念或鼓励青少年质疑、持有异议。但出于责任与关爱，对青少年却不放任自流，对其在网络探究中出现的问题或错误，给予及时的点拨、指导与帮助，在欣赏、信任、鼓励与平等关爱中，建立起平等信任的交往关系，与青少年一起进行合作探究、关注生活、关注体验，共同探究其中的意义与价值。教育的意义，即教育对每一个青少年的生活价值、存在价值，其核心是青少年对教育的亲身体验。[②] 网络素养教育不仅承认青少年的存在，也要关注青少年的精神感受与内心世界，观照青少年的网络探究体验，由此能够真正实现教育的意义。

从世界的本质与本源看，网络世界的本质是"关系"，青少年不是世界的旁观者，而是积极参与者，网络实践活动是参与"关系"的建构过程，青少年如何参与？答案是"探究"。探究不仅根植于"关系"之中，而且指向于"新关系"的构建。[③] 网络素养教育就是通过为青少年创设有意义的教育情境，让其在网络世界的探究中不断建构新关系的过程。基于网络探究的网络素养教育从认识论上超越认识者与认识对象、知与行相分

---

① 杜威.确定性的寻求：关于知行关系的研究[M].上海：上海人民出版社，2004：238.

② 张华.研究性教学论[M].上海：华东师范大学出版社，2010：20.

③ 同注②，第88页.

离的“二元论”，不是将青少年作为网络世界的“旁观者”去认识世界，而以关系性思维与关系性认知，使青少年成为网络世界的“参与者”、“建构者”；在方法论上，超越灌输、接受式的被动方式，走向理智行动、问题解决和关系重建的探究论，使知识创造、关系重建、个人发展融为一体；在价值观上，超越青少年的内心世界、网络世界、现实世界之间的分离，超越个人与个人、个人与社会、个人与自然之间的分离，将网络素养教育建基于促进青少年与社会、生活及世界和谐发展的关系上，通过关系性伦理、关系性认知，将青少年网络素养形成的探究性、社会性、个体性融为一体，走向彼此之间的互动、对话、共享与融合。

基于网络探究的网络素养教育就其本质而言，是青少年与网络世界的互动过程、对话过程、合作过程。杜威的探究观点更强调互动性，尤其是个人与其周围环境的互动，并将认知过程与探究过程融为一体，密切联系起来，以使个体适应环境。青少年的网络探究是在多元文化世界中不断创造新的可能性的过程。对于青少年个体而言，基于网络探究的网络素养教育是解放个性、发展探究和创造能力，让青少年能够在现实世界与网络世界之间建立联系，自觉成为积极的行动者与问题解决者。对于群体而言，基于网络探究的网络素养教育关注在人与人之间差异的基础上的合作，强调合作探究、多元对话，在合作中体验集体的智慧与力量，体悟他人、社会的意义。

第三节　探究取向的网络素养教育的理念与实践案例

一、基于网络探究的网络素养教育的立场

网络素养教育关切“互联网＋”时代青少年的生命成长，让其成长在阳光健康的康庄大道上，通过自身素养的提高，过有意义的网络生活，提升生命的意义和质量。网络素养教育不仅关心青少年，而且将研究、认识和发现“互联网＋”时代的青少年作为教育的出发点，探寻其成长发展的特点，及其在网络世界中建构世界、建构自我的方式。青少年作为有主动发展能力的人，通过为其提供适宜的网络探究教育情境，让其潜能得到充分发展。再回归青少年的网络生活世界中，寻找网络素养教育的起点与归宿，建立对话实践关系，让青少年在与自我、世界和他人的对话中建构意义，拓展网络素养的发展路径，将对话与探究融为一体化的过程。基于青少年立场，研究“互联网＋”时代的青少年；回归青少年的生活世界，促进网络生活与网络素养教育的互动融合；建立对话实践关系，开展基于探究实践的反思性实践行动，是实现青少年网络素养教育的

关键。如何实现基于网络探究的网络素养教育，需要我们把握当今“互联网+”时代的精神，并在对当前网络素养教育实践反思的基础上，确立一定的教育立场与信念，沿着网络素养教育的探究化方向不断前行。

（一）树立网络素养教育的立场与信念

教育的立场关涉教育的核心价值与定位问题，网络素养教育同样面临着立场的选择与确定问题，思考“网络素养教育是为谁的?”、“是依靠谁来展开和进行的?”、“又是从哪里出发的?”，这是网络素养教育的基本问题。促进“互联网+”时代青少年的身心健康发展是网络素养教育的核心价值追求，青少年立场是网络素养教育的立场。① 网络素养教育是为了青少年的健康发展，是依靠青少年来展开和进行的，因而应以青少年为出发点，因此，青少年立场就是网络素养教育的立场，青少年立场鲜明地揭示了网络素养教育的根本命义，直抵网络素养教育的主旨。然而，伴随着网络时代而成长的青少年是网络新生世代，在他们身上打着时代烙印的独特个性，必须要认识他们、了解他们、研究他们，不仅知道“‘互联网+’的青少年是谁”、“‘互联网+’的青少年是什么”、也要知道“要把他们带到哪里去”、“希望他们成为谁”，这不仅是网络素养教育的出发点，也是立足点与归宿。青少年立场有着丰富的内涵，但其本质是如何看待和对待“互联网+”时代的青少年，其核心是认识、发现、引领和解放“互联网+”时代的青少年，“互联网+”时代的青少年除了具有青少年内在的天性与特质外，还具有了“互联网+”时代的社会属性，打上了“互联网+”时代的烙印。网络素养教育只有通过认识、研究“互联网+”时代的青少年，将其发展奠基在青少年发展与社会发展的双重视野与时代背景下，才是真正意义上的网络素养教育。

“‘互联网+’时代的青少年是谁?”、“希望‘互联网+’时代的青少年成为谁?”、“‘互联网+’时代的青少年应该是谁?”针对这三个问题的思考，本质上是对网络素养教育的起点与目标进行的思考。对“青少年是谁”的认识是网络素养教育的起点，“青少年应该是谁?”是在认识青少年天性的基础上，对其本质的进一步追问，青少年在本质上是一种可能性，是一种未完成性的存在。康德认为:“人是一个有限的理性存在，但有无限的可能性。”青少年是处在发展中的人，本身是未完成的人，拥有无限的可能性，有着巨大的潜能的生命个体，青少年的无限可能性成为其发展的内在条件。② 青

① 成尚荣.儿童立场：教育从这里出发[J].人民教育，2009(23)：9.
② 成尚荣.教育：走向儿童可能性的开发[J].江苏教育，2007(3)：24—26.

少年不仅是个体，也是生活在关系中的人，是一种关系存在，具有一定的社会属性，所置身的环境是使青少年的可能性转化为现实的条件与基础，“互联网＋”时代的青少年成长在现实世界与网络世界的互动中，网络世界的不确定性给青少年的探究提供了更加广阔的空间，网络世界的复杂性给青少年的发展带来了挑战，也为网络素养教育提供了发展的空间。“希望‘互联网＋’时代的青少年成为谁?”这是对青少年发展的认识，是希望青少年未来长大成人后应该是什么样子，反映了成人眼中的青少年观，体现了成人对青少年发展价值观的认识，也是成人以所希望青少年成为的人的方式对其施加教育影响与发生作用的决定性因素。“互联网＋”时代的青少年应该成为谁？是成为“互联网＋”时代的主人与自己生命的主宰者呢？还是成为网络技术的俘虏品，被技术时代所束缚，被成人所控制？这是必须明确的问题。

1. 认识“互联网＋”时代的青少年

“互联网＋”时代的青少年生活在现实世界与网络世界的互动中，认识“互联网＋”时代的青少年，是网络素养教育的立足点，也是出发点。网络不仅改变了青少年的生存状态，而且为青少年带来新的生存方式与生活方式，虚拟生存成为青少年的一种重要生存方式。在网络环境下，青少年进行着一系列的文化实践活动，由此构筑了青少年的网络生活，并为青少年带来新的生活体验。“互联网＋”时代的青少年生活在两个世界中，一个是现实世界，一个是人创造的虚拟世界。在现实世界中延续有限的生命存在，在创造性的虚拟世界中生成自己的文化生命，体现着虚拟存在的价值，网络生活反映了青少年对内在精神生活的需求。青少年正是在现实与虚拟世界融为一体的生存中，在自然与超自然、历史性与超越性、有限性与无限性等的矛盾中求得和解，呈现着生活的多样化形态，也构成了青少年生命与生活的有机组成部分。

青少年在本义上是自由者和探索者，自由和探索是青少年的天性，“互联网＋”时代的青少年不仅具有“自由”、“探索”的天性，也因此具有了一定的社会属性，顺应了“互联网＋”时代精神与网络社会发展的要求，但同时也对青少年的“自由”、“探索”提出了更高的要求。“互联网＋”时代的青少年生活在现实世界与网络世界中，网络世界为青少年提供了广阔的探究空间，使青少年的探究精神、自由个性得到张扬，如果说在现实世界中青少年受到成人的影响和现实条件的限制，那么在网络世界中，青少年则以自己独特的方式进行探究。网络素养教育应顺应青少年的这种天性，了解青少年探究网络世界的特点，帮助青少年建立网络世界与现实世界的联系，引导并促使他们学会在不同的世界探索和发现，在探究的过程中发现内在的意义与自我成长的价值。

2. 发现“互联网+”时代的青少年——研究青少年、与青少年开展对话

走进青少年的网络生活，发现其需要、兴趣和经验，网络素养教育应该以此为基础。青少年在生活中有各种需要，如选择需要、创造性需要、表达需要、自我实现需要、自我展示需要等，为了满足某些需要，而进行着不同的网络实践行动。青少年具有不同的兴趣，因而进行着不同的选择与创造，网络素养教育应该从青少年的兴趣与需要出发，把青少年的需要、兴趣放在首位，尊重青少年网络生活与精神成长的多种需要，了解青少年网络探究多样化的兴趣需求，而不是从自己的立场出发，把自己的需要当作青少年的需要，以自己的兴趣代替青少年的兴趣，最终以牺牲青少年为代价实现自己预定的网络素养教育意愿和目标。同时，应发现青少年既有的经验，青少年在与网络世界的互动中产生了许多有意义的经验，这是网络素养教育的起点，网络素养教育可以引导青少年在现有经验的基础上把当前的网络实践行动与结果联系起来，以产生新的更有意义的经验或改造已有的经验，从而促进青少年在体验与反思中成长。

通过给予青少年个体更多、持续地投入与关注，发现青少年思维的独特性、创造性，理解青少年理解世界、与世界交往、创造世界的独特方式，发现青少年在网络世界与现实世界中建构世界的异同。青少年与成人不同，无论是对世界，还是对自我和生活，都以独特的方式建构着自己的理解，在与世界和他人的互动中完成对世界的认识、对自我的认同、与他人关系的建立。青少年身上有许多潜在的能力与独特性，这需要教师在与青少年的互动中，通过展开观察、对话、互动、研究，了解青少年的内心世界，发现青少年的“秘密”，理解青少年认识世界、建构世界的独特性。蒙台梭利曾指出：“教育家、教师和父母应该仔细观察和研究青少年，了解青少年的内心世界，发现青少年的秘密。”[①]唐·泰普斯科特(Don Tapscott)把伴随网络成长的青少年称为“N世代”或“网络一代”，认为他们是真正的“新生代”，以与父母截然不同的方式学习、玩乐、沟通及创造社群，他们用独特的方式探索世界。“自由、个性、娱乐、速度、创新成为网络新生代的显著特征。”[②]观察、研究是发现青少年的需要、兴趣和经验的基础，青少年虽然就在身边，但如果不与其发生互动并对其进行研究，就无法揭开其心中的秘密。发现青少年就是发现青少年建构网络世界的独特方式，是发现“互联网+”时代青少年的时代特征，以及发现青少年内心世界的秘密。

---

① 【意】蒙台梭利. 发现孩子[M]. 刘亚莉，译. 天津：天津社会科学院出版社，2010：137.

② 【美】唐·泰普斯科特. 数字化成长 3.0[M]. 云帆，译. 北京：中国人民大学出版社，2009：5.

3. 引领“互联网+”时代的青少年发展

青少年有一种与生俱来的“内在生命力”，这种生命力是一种积极的、活动的、发展着的存在，它具有无穷无尽的力量。无论是在现实生活世界还是在网络世界的探究实践活动中，都彰显着青少年的这种力量。教育的任务就是为青少年创设适合的环境、提供适当的支持，激发和促进青少年“内在潜力”的发挥，使其按自身规律获得自然和自有的发展，青少年不是教师进行灌注的容器，也不是可以任意塑造的泥娃，而是一个具有生命力的、能动的、发展着的活生生的人。教师应研究青少年，研究青少年生命发展的独特性、阶段性，研究青少年与网络世界和现实世界交往的异同，研究青少年的思维方式与创造性，在不同的阶段以恰当的方式，引领青少年不断发展，以促进其身心健康的发展。引领青少年需要以一种发展的视野、正确地态度，理解青少年成长途中的困惑和问题。马克思·范梅南说：“看待青少年其实是看待可能性，看待一个正在成长过程中的人。”[①]引领“互联网+”时代的青少年，需要将其视为成长的人，能尊重其发展需要和独特个性，为其提供支持与帮助，使其摆脱成长途中的困惑与问题的困扰，能够沿着正确的方向发展。

青少年的成长是生命的精神创造和心灵世界独特性的统一，只有心灵与世界结成一个统一体，才能体验到生活的完整性、统一性和意义性。由于网络世界与现实世界的融合、互动与重建等多重关系，青少年的心灵世界有时并不能融入当前的实践活动并与网络世界和现实世界结为一个统一体，因而不能体验到生活的完整性与统一性，有时因两个世界内在精神的不一致，青少年甚至还会感到矛盾与冲突，因此，青少年生命的创造精神不能真正发挥，青少年在二重世界实践活动中不能体验到生活的完整性与内在一致性。教育的意义正基于此，教育将青少年的网络实践活动置于特定的情境中，让青少年的心灵世界与实践中的情境世界融为一体，从而体验和建立生活的完整性、统一性和意义性。引领青少年即帮助青少年在迷惑与困惑中找到前行的方向，让其内在的潜力转化成推动发展的现实力量。

4. 解放“互联网+”时代的青少年

解放“互联网+”时代的青少年是网络素养教育的使命，也是网络素养教育的目标。爱因斯坦指出：“教育是什么？教育就是忘记所有后在青少年身上剩下的东

① 【加】马克思·范梅南. 教学机智——教育智慧的意蕴[M]. 李树英，译. 北京：教育科学出版社，2001：1—2.

西。”[①]教育的最高境界是“通过教育，让青少年用不着教育”。网络素养教育就是这样，通过网络素养教育，让青少年学会选择、学会批判、学会决策、学会解决问题、学会独立自主，不仅成为自己生命的主人、网络生活的主人，也成为网络社会的主人。这就需要青少年生活在当下，体验自己成长的过程，让网络素养教育过程本身，给青少年自主的空间与独立解决问题的机会，让青少年有权参与和决定自己的选择、自己的决策、自己的发展。而不是强制约束和刻意限制青少年的自我发展。让网络素养教育成为培养和丰富青少年内心世界、丰富个人成长的一种途径。网络素养教育本身也是一种关爱教育，关心“互联网＋”时代的青少年成长，以适应青少年成长与发展的方式，建构网络素养教育的方式，让青少年获得自我发展能力。

基于青少年立场的网络素养教育应追求一种教育人文精神，关心“互联网＋”时代的青少年成长，对“互联网＋”时代的青少年发展负责，让“互联网＋”时代的青少年成为独立自主、体现“互联网＋”时代精神的人，“超越保护主义走向探究实践”、“‘赋权’青少年”、“授人以鱼不如授人以渔”是网络素养教育的基本理念。

1. 超越“保护主义”走向“探究实践”

麦克卢汉指出，媒介素养教育中不应将青少年视为文化的牺牲品而致力于去营救或保护，而应关注青少年的情感参与与投入，以及青少年从中获得的乐趣，这是激发青少年真正提出问题，提高青少年分析问题、解决问题能力的根本。[②] 网络素养教育应超越“保护主义”，不是通过保护的方式，让青少年减少使用网络的机会，以远离网络的方式减少网络带来的负面影响，而是建立一个能够指引青少年成长，能够提供青少年锻炼能力、发展潜力的环境，给青少年解决问题、探究和创造的机会。让青少年走向探究实践，在探究过程中形成对网络世界与现实世界关系的认识与理解，建构自我与网络世界的关系，生成网络探究对自我成长的意义与价值，以及提升选择能力、决策能力、批判性思维能力，在自我探究与合作探究过程中，全面发展网络素养能力，以使青少年适应“互联网＋”时代的发展。

2. “赋权”青少年

基于网络探究的网络素养教育应“赋权”给青少年，尊重青少年的自由精神与探究本能，欣赏青少年的独特个性与差异性，在网络素养教育过程中，给予青少年充分的自

---

① 许良英，赵中立，张宣三编译. 爱因斯坦文集（第三卷）[M]. 商务印书馆，1979：57.
② 【加】马歇尔·麦克卢汉. 理解媒介：论人的延伸[M]. 何道宽，译. 南京：译林出版社，2011：52.

由空间，让青少年去自主选择、自由探究、自由创造、自由生成自身的思想观念，而不是把现有的知识、观念、统一的标准强加给青少年，也不是让青少年背离发展需要而机械地训练网络技能。网络素养教育赋权于青少年的过程，就是基于青少年的兴趣与成长发展的需要，赋予青少年充分的自由和权利，让青少年有更多体验的机会，让青少年体验成为自己思想的主人、学习的主人、生活的主人的过程，让青少年在成为主人的环境中成长。教育一方面为青少年创设适当的环境，提供选择决策、诞生思想的机会；另一方面对青少年的发展方向进行引领，让青少年的发展不偏离方向。赋权是让知识“活”在青少年自主的探究和体验之中，让教育融入青少年的心灵世界中。

3. “授人以鱼不如授人以渔”

“授人以鱼不如授人以渔”，网络素养教育不是传授给青少年既有的知识，而是通过“授之以渔”的方法，让青少年学会在探究网络世界与现实世界的互动中学习成长的方法。网络素养教育的过程是丰富成长体验，通过参与过程完善思想、丰富心灵，健全个性与发展人格，培养责任感、发展青少年的创造力，使“互联网＋”时代的青少年具有丰满的人性、健全的人格，从而使青少年在“互联网＋”时代飞得更高、走得更远。因此，网络素养教育的方法不应该是这样的方法：一味的强制灌输、简单的“告诉”和机械重复的训练，因为这伤害了青少年自由和探索的天性，破坏了“青少年”的本义。“授人以渔”就是向青少年敞开各种可能性，开发青少年的潜能，开拓青少年的视野，让青少年前行于自我超越中，帮助青少年找到发展的最大可能和最好可能。“授人以渔”就是以发展的理念看待青少年，并让“互联网＋”时代的青少年学会发展，将青少年的个人发展融入时代发展的洪流中，青少年是一种可能性，可能性就是生成性、可塑性、创造性。

网络素养教育就是发展青少年的潜能，为青少年提供多种发展路径，使可能性变成现实性，青少年总是以他的眼睛看世界，用他独特的观察方式、思维方式、解释方式和表达方式参与世界的建构。然而，世界是一个价值有涉的“大森林”，既有真善美，也有假恶丑。青少年正处于成长时期，需要教育的力量，通过教育提升明辨是非的能力，指引前进的方向。网络世界是虚拟世界，让青少年获得一种新的生存方式，但虚拟世界对青少年充满了诱惑，良莠不齐的内容会慢慢侵蚀青少年的心灵，消蚀高尚和圣洁的情感，青少年可通过教育增强自己的识别和抵制能力，教育可以引领青少年走向崇高，在青少年的心里筑起一块高地，让青少年寻找到成长的价值与力量。陶行知曾说：“教育是要在青少年自身的基础上，过滤并运用环境的影响，以培养加强发挥他的创造力，使他长得更有力量。”[①]网络素养教育意味着指引青少年直接参与社会和自我生活的创造，网络素养教育本质上就是培养“互联网＋”时代青少年的发展能力，以使他更有力量地、健康地成长在“互联网＋”时代。

（二）回归青少年的生活世界，把网络素养教育过程与青少年的网络生活过程融为一体

当今“互联网＋”时代，网络生活已成为青少年的一种重要生活方式，青少年在网络生活中，舒展自己的生命，体验自己的生存状态，享受生活的乐趣，生成体验并形成自身对网络生活的理解，构建意义并产生内在价值。马克思在人类社会发展的广阔背景上曾给生活方式以很高的理论定位，他指出：生活方式实际上是人的生成方式和人自身的需要满足与实现方式。在网络生活中青少年的心灵世界与所置身的网络世界进行对话，形成对世界的认识与理解、构建与他人的关系，形成自我意识以及对自我主体角色的理解与认同。网络素养教育必须观照青少年的网络生活，回归青少年的生活世界，密切联系网络生活与现实生活，以实现教育的价值。网络素养教育的对象是生活着的青少年，网络素养教育只有回归青少年的生活世界，才能实现完整而丰富的教育价值，只有在网络生活中网络素养教育才能找到真正的使命和灵魂。

人类教育的历史发展表明，教育乃生活之必需，生活乃教育之源泉。生活是教育的目的，教育是生活的动力。在中外教育史上，杜威提出的“教育即生活”、陶行知倡导的“生活即教育”，分别揭示了教育与生活的本源关系。尽管两个命题所昭示的意义分别为“教育的生活意义”与“生活的教育意义”，站在生活的角度看教育和站在教育的角度看生活，是两种不同的视野，但其共同点是通过密切教育与生活的关系，在生活中实现教育的真谛。基于网络探究的网络素养教育应把握教育与生活的互动关系，不仅基于青少年的网络生活，并且为了青少年更好地生活。通过回归青少年的网络生活，寻找网络素养教育之源，在与网络生活的互动中寻求教育持续发展的动力，而且通过网络素养教育提升青少年网络生活的质量与内在价值，全面实现基于网络探究的网络素养教育的价值。

实践表明，教育只有关注青少年的当下生活，回归青少年的生活世界，教育活动与青少年生活不相分离，青少年才能获得对教育意义的整体感知，才能体悟生活的真谛，

---

① 陶行知著. 陶行知教育文选[M]. 中央教育科学研究所，编. 北京：教育科学出版社，1981：18.

获得教育实践的真正意义。因此，基于网络探究的网络素养教育应指向青少年的网络生活，并将教育目的、教育内容、教育过程向青少年的网络生活世界回归，在青少年的网络生活中探究教育之本，在网络素养教育中寻求生活之蕴。

1. 网络素养教育的目的向青少年的网络生活回归

当今“互联网＋”时代，网络生活本身构筑了青少年的一种成长方式与精神生活方式，青少年在网络生活中，探究自我、探究生活、探究世界，并建构着自我与网络世界的关系。网络素养教育的目的是完满人性，让青少年与世界建构和谐的关系，以更好地进行网络生活。亚里士多德早就提出：“实践的目的就是实践活动自身。”[①]网络素养教育应尊重青少年在网络空间的生命成长与精神生活，珍视网络生活对青少年成长的价值，并为了让青少年能够更好地生活而行动。生活世界中的一切都从生命出发来结成一种关系网。而生活在“互联网＋”时代的青少年，在网络世界与现实世界的互动联结中，展开、建构着这一关系之网，由此生成着对世界意义的建构和理解。网络素养教育的目的是把青少年引向有意义的网络生活，引向青少年的内心世界与网络世界、现实世界的意义关联，使青少年与世界的关系不断拓展，使外在于青少年的世界通过关联而内化为具有意义的生活世界。青少年在网络素养教育中获得的并不仅仅是对世界的认识，而是与世界的有意义的关系的构建，通过探究实践使得关系更加和谐与深入，正是关系的建构使得世界成为青少年的生活世界，使青少年成为世界的人。网络世界本身是关系世界，网络素养教育促进青少年在网络生活中，与世界关系的构建走向具有交互主体间性的理解关系，使青少年与网络世界的关系超越“利用、操纵、控制”取向，而走向“理解、欣赏、悦纳”的和谐关系，从“我—他”关系，走向“我—你”关系。网络素养教育充盈、完满青少年的精神世界，使青少年的内心世界与网络世界和现实世界建立和谐的关系，使青少年不仅生活在网络世界中，而且使网络世界变得更美好，使青少年真正过上有质量、有意义的网络生活。

“互联网＋”时代的网络素养教育理念应追求运用“互联网＋”思维以及开放共享、融合创新的理念。基于网络探究的网络素养教育的目的也是把青少年引向好生活的追求之中，教育是内含于生活历程之中的过程。网络素养教育在青少年的网络生活中引导其认识生活、认识社会、认识自我，体验网络生活本真的意义和价值，从而不断调整自身的认识和行为活动，更好地参与网络生活，网络素养教育始终保持对网络生活

---

① 【古希腊】亚里士多德. 尼各马科伦理学[M]. 廖申白，译. 北京：商务印书馆，2003：72.

的开放性，让青少年的素养品质在网络活动展开的过程之中获得完美发展，同时让完满的素养品质又还原于网络生活，增进网络生活的完美。网络素养教育的指向始终是青少年的好生活，让青少年在追求好生活的过程中追求好的素养品质，在追求好素养品质的过程中追求好生活。这就是网络素养教育目的真正向青少年网络生活回归的本义。

2. 网络素养教育过程向青少年网络生活回归

基于网络探究的网络素养教育把教育过程还原于青少年的生活之中，教育活动的展开以青少年对网络生活与网络世界的探究为背景，并时刻反映青少年当下的生活。青少年在教育中，意味着在青少年的生活中，让教育过程成为有意义的网络活动过程，教育活动成为青少年有意义的网络生活方式。由于网络素养教育与青少年的生活世界的重合，由教师、青少年、教育内容所构成的路径（环路）不再是一个封闭结构，而是时刻保持对生活世界的开放性，一方面不断接受生活世界对教育可能发生的影响和对教育的需求，另一方面又不断丰富生活世界的内涵，把青少年引向与世界的对话交流直至新关系的建构，拓展青少年的生活世界空间，引导青少年积极构建、理解与世界的新关系，在新关系的构建中展现自身对生活的真知灼见，获得生活的智慧。青少年通过此过程走进了世界，世界也走进了青少年，但网络素养教育的效果绝非限于此，青少年与世界建立了真正的意义关系。由此，教师和家长指向对青少年生活境况的关心与理解，引导青少年如何直面当前的网络生活境遇，并思考如何使生活更美好，通过积极的态度与行动不断完善、改善着对生活的理解，领悟着生活的真谛和智慧，从而逐渐享有完整的生活智慧与生活精神。基于网络探究的网络素养教育使青少年践行完满的人与世界的关系。不仅通过教育与生活融于一体的过程，使青少年领悟生活的意义，践行有意义的生活，而且使青少年完善自我、改善精神世界、丰满人性，使青少年获得与世界之间完整意义的构建与发展。

网络素养教育促进了青少年个人生活与社会生活的融合，使青少年的网络生活由个人层面走向社会生活层面，使教育过程成为青少年的社会化生活过程，促进了青少年的社会化成长。青少年在网络素养教育过程中，由个人网络生活走向与他人交流互动与合作的社会生活，由个人探究走向合作探究，在此过程中青少年体验了在交流、合作中建构意义的过程，促进了青少年的社会性发展与成长，使青少年的生活具有了社会属性，并在与他人的交流与视域融合中，又进一步拓展了对生活的认识，丰富了生活视域，拓展了对网络生活的理解。网络素养教育中的网络生活方式成为青少年社会化的重要内容，在网络生活中伴随着思想意识与心理结构的形成，进而影响着青少年的行为方式和对社会的态度。青少年在网络素养教育中，形成了内在的社会生活方式，这种生活方式是青少年个人思想与价值观进一步形成与发展的重要条件，也是主体价值能动性实现程度的具体体现。

青少年是完整、丰富的个体，而这种整体性与丰富性只有在生活中才能展现，教育应回归于青少年的生活，在青少年的生活中实现教育的目的。网络素养教育将教育建基于青少年的网络探究生活中，实现青少年的完整性与生活的完整性相统一。青少年作为整体的人投入网络生活，在生活中整体地展现自我，创造性地探究实践着各种活动，体验着生活乐趣。人与生活原本是统一的，不可分离的。基于探究的网络生活真正实现了教育与生活的融合，网络素养教育培养的青少年是生活中的人、生活着的人、要生活得更好的人。如果离开网络生活而谈网络素养教育，教育就成了无源之水，就会把青少年抽象化、简单化，换言之，把青少年不当青少年。基于网络探究的网络素养教育关注青少年，即关注青少年的网络生活，把青少年引向属于青少年的真实的、具体的、完整的生活。

回归网络生活的网络素养教育，真正把教育过程与青少年的生活过程融为一体，让教育中的青少年与生活中的青少年始终保持内在统一，在教育与生活的互动中不断丰富着网络素养教育的蕴涵，提升着青少年网络生活的价值，让青少年在教育情境中不仅面对的是真实的网络生活，解决着网络生活中的问题，丰富着对网络生活意义的理解，而且通过体验有意义的网络生活过程，丰富着内心世界。

3. 建立对话实践关系

网络素养教育应建立一种基于探究实践的对话关系。这种对话关系，以青少年的网络探究实践活动为线索，以教师与青少年的持续话语投入为特征，并由反思和互动的整合所构成，以尊重青少年、关爱青少年为前提，旨在发展青少年的网络素养。[①] 为实现这种对话实践关系，教师应该以开放的心态，敞开心灵与青少年平等地进行交流，走进青少年的心灵深处，倾听青少年的声音，以民主的精神让青少年自由表达思想，以关心为内核，尊重、欣赏青少年的差异。

基于网络探究的网络素养教育深信“没有对话，就没有交流，也就没有真正的教育”，不仅将对话交流作为青少年网络探究的内在组成部分，而且将对话作为与探究

① 张华.研究性教学论[M].上海：华东师范大学出版社，2010：61.

融为一体的过程，通过对话与共享来提升探究的深度与质量，进而促进网络素养的形成过程。将探究的问题作为对话的起点与核心，通过与他人对话，交流观点、共享智识，在与他人的视域融合中丰富问题的多元视角，通过自我对话，反思自我探究的实践行动，在反思与行动中产生新的思考与问题，对话过程就形成了行动——反思——再行动——再反思的一个循序渐进的过程，同时也是一个产生问题——解决问题——形成新问题——再解决问题——再形成新问题的交替过程。由此实践、体验着对话过程与探究过程融为一体。通过对话，使网络素养教育成为一种充满活力的对话实践活动，这种对话实践引导着青少年与网络世界对话、与他人对话、与自我对话，并通过这种对话，形成一种活动性的、合作性的、反思性的学习，即形成认知实践、社会性实践、伦理性实践三位一体的过程。青少年正是在对话、反思、行动的联接中，不仅认识着世界，也进行着改造世界的行动，不仅认识着自我，也进行着发展自我的行为。

网络素养教育从对话的角度将教育视为一种促进师生共同成长的关系形态，作为教师走进青少年心灵的前提条件。正如弗莱雷所指出的，对话是有条件的，尊重青少年的话语权是对话教育发生的前提，青少年没有话语权，对话只能是一种应答，还青少年的话语权，教育中才有青少年的形象，对话教育才能展开。爱是对话教育的保证，融入爱的教育，使教师与青少年的精神真正相遇，在相遇中二者展开平等对话与真正交流，在对话中教师与青少年互相促进、共同发展，教师的谦逊是对话教育的基础。教师主动放下架子，在思想和行动上与青少年平视，从心底真正重视青少年，珍视青少年的创造能力，教师傲慢自大的行为只会破坏对话的氛围。对话需要双方的理解，理解是持续对话的动力，在对话与理解的互动中，青少年不仅获得有意义的知识和智慧，而且获得自由思想、自由精神的美好体验，获得学习和与他人交往的方法。[①] 对话即分享，正是在分享别人不同观点的基础上，自己的观点被质疑，重新审视并获得新的发展契机。

面对网络世界的不确定性，青少年与教师共同探究着自我与网络世界的关系，在建构个人理解的同时，通过平等的对话，解读、共享、交流着对网络世界本质的认识，在弗莱雷看来，“实现这样的对话需要包含了平等、爱、谦逊、信任、希望和批判在内的一切条件，他们缺一不可”，“对话的双方应该具有平等的地位，这里的平等不是指年龄以

---

① 【巴西】保罗·弗莱雷. 被压迫者教育学[M]. 顾建新等，译. 上海：华东师范大学出版社，2001：131.

及知识含量上的平等，而是一种指向于权利的平等，对话双方不具有主宰或被压迫的地位。因为一旦对话双方无论在任何一个权利层面上具有了不平等性，对话就无法发生”。① 因此，基于网络探究的网络素养教育承认知识的探究性、世界的不确定性，将教育过程视为对话过程。视为探究过程，不仅尊重青少年的话语权，给青少年发表个人观点的机会，而且将信任、关爱和理解置于首位，珍视青少年在探究中创生的思想观念，给青少年创设探究情境、提供平等对话的机会，让师生在对话交流与共享中共同成长。

青少年成长过程中有多种需要，如交往需要、建构与创造需要、探究需要、自我实现需要等，网络生活从某种程度上满足了青少年成长与发展的需要。网络素养教育应尊重青少年的发展需要，走进青少年的网络生活，与青少年展开对话，倾听青少年的声音，分析研究青少年的网络行为活动特点，研究青少年在网络生活中的作品与实践活动记录，理解青少年与网络互动中的意义建构过程，帮助青少年从网络生活实践中建构意义。加拿大著名的媒介教育专家约翰·彭金特(John Pungente)指出：“网络向我们提供了认知世界的方式，每个人根据自己的需要、期望、文化背景等诸多个人因素来认识世界的意义和蕴涵。网络素养教育应着眼于增强对网络信息的独立选择、意义解读与建构能力。”②意义建构是青少年与网络互动的最高境界，网络素养教育应帮助提高青少年在网络生活中建构意义的深度与质量。网络素养教育应通过一定的教育方法帮助青少年找到意义，应关注青少年的经验、兴趣、需要，在尊重青少年需要的基础上，帮助青少年建构、拓展、修正、完善网络生活探究实践中的思想与意义。网络素养教育帮助青少年过有意义的网络探究生活，让青少年在网络生活中追求意义与价值。所谓“意义”，就是人生活的目的，其核心是青少年与其生存的世界的关系。追求意义即谋求青少年与其生活的网络世界、现实世界更好地相处，就是谋求完善自我，以及完善自我与他人、与社会、与自然三者的统一。③ 因而，网络素养教育可以促进青少年有意义的探究，从而使青少年与其生活的网络世界和谐共生。

---

① 【巴西】保罗·弗莱雷.被压迫者教育学[M].顾建新等，译.上海：华东师范大学出版社，2001：163.

② Verhoeven, L., and Snow. C. Literacy and Motivating Readers: Engagement in Individuals and Groups [M]. New York: The Guildford Press, 2003: 56.

③ 张华.研究性教学论[M].上海：华东师范大学出版社，2010：153.

二、基于网络探究的网络素养教育的路径

基于网络探究的青少年网络素养教育应建立在世界其本然的多元性、差异性、关系性基础上，超越“接受”、“控制”取向，走向青少年与世界和谐共生、共同发展的价值理念之上。以关系哲学为诉求，处理好青少年自我世界与网络世界、生活世界的关系。“互联网＋”时代青少年的生活世界不仅是多元的，而且是处于变化之中的，其本质是“关系之网”。青少年的自我世界在与生活世界和网络世界的互动中得以续存和发展，青少年使用网络的目的，是青少年认识与价值的来源。青少年的自我世界具有独立性，青少年是价值主体和认识主体。[①] 将青少年的网络素养教育建立在对生活世界探究的基础上，密切联系网络世界与现实世界。具体、丰富、复杂、可感知的生活世界对青少年的发展价值是巨大的。通过超越时空的网络探究，可以随时与他人分享对生活的体悟、对世界意义的理解，青少年的视野极大扩展，心灵与网络世界交汇融合。网络生活、现实生活在当下又现实地统一着，青少年根据自己的理解又在创造着属于自己的世界。把青少年的网络世界与生活世界割裂开来，网络素养教育不建基于网络探究实践上，是二元论思维方式的体现。在学校生活中，将网络探究与学科探究相结合、将网络探究与生活探究融为一体，是基于网络探究的网络素养教育的可能方法与路径。

（一）将青少年的网络探究与生活探究融为一体

青少年的全面发展是建立在生活的全面性与丰富性基础之上的。青少年网络生活的内容是丰富的、价值是多元的。网络作为信息库，青少年在网络空间不仅仅是进行简单的信息搜索，也不仅仅是游戏、交友、娱乐。网络生活本身蕴含着丰富的意义与价值，如：青少年在网络空间发展个性、探究自我；通过个体建构或集体思维创造知识、分享智识；通过互动交流生成集体智慧，利用网络解决生活中的实际问题等。然而，网络生活价值的生成与体现，以青少年有意义的探究过程为路径，以青少年的主体精神、批判意识、探究能力、创造精神的发展为基础。这也正为网络素养教育提供了空间，网络素养教育应珍视生活探究与网络探究对青少年成长的价值，为青少年创设教育情境，通过一定的探究任务活动引领青少年在网络探究中，自觉建立网络生活与现实生活的联系，促进内心世界、网络世界、现实世界三者的连接与对话，让青少年在完成任务的过程中体验网络探究与生活探究的联系与意义。

青少年的日常生活具有教育价值，正是在探究与体验生活中，青少年才能学会有

---

① 张华. 研究性教学论[M]. 上海：华东师范大学出版社，2010：15.

创意地生活、幸福地生活。尽管“互联网+”时代的青少年实际上生活在两个世界中，一个是现实世界，一个是人创造的虚拟世界。青少年在现实世界中延续有限的生命存在，并进行着各种社会实践活动，青少年在创造性的虚拟世界中生成自己的文化生命，体现着人作为价值的虚拟存在。从青少年一体化发展的视角看，网络生活与现实生活在互动融合中走向统一。青少年正是在现实与虚拟的生存中，在自然与超自然、历史性与超越性、有限性与无限性等的矛盾中求得和解，这不仅构成了青少年丰富的生活图景，也是青少年生命的有机组成部分。青少年的网络素养教育必须从生活的整体性出发，密切联系生活探究与网络探究的关系，在二者的融合互动中促进青少年的成长。生活对于青少年成长的意义与价值在于使青少年的心灵世界与生活世界建立联结，生成体验、构建意义，而网络生活与现实生活分别从不同的层面与视角为青少年的心灵世界打开建立关联的窗口与视域。

青少年在网络生活中建构意义依赖于在现实生活中所获得的经验，是以现实生活为基础的，二者在内在价值方面是一致的，都可以促进青少年的成长与发展。青少年的生活本质上是一个整体，网络世界、现实世界对于青少年来说是融为一体的世界，而网络生活与现实生活在共振与融合中引起青少年心灵世界的共鸣，将网络探究与生活探究相结合对青少年的成长才有意义。因此，网络素养教育应密切联系青少年的网络探究与生活探究，创设一定的情境，促进二者建立关联，让青少年的内心世界与周围世界（包括网络世界与现实世界）进行对话，在互动融合中建构对网络生活意义与价值观念的理解。网络素养教育的目的是让青少年过有意义的探究生活，不仅引导青少年追求网络生活的意义，而且提升青少年生活的质量与内在价值，谋求青少年与其生活的世界更好地相处，就是谋求完善自我，以及完善自我与他人、与社会、与自然三者的统一。网络素养教育应密切联系青少年的现实生活与网络生活，使青少年在网络探究与生活探究中，能够与世界保持持续的对话，可以随时通过探索来丰富内心世界。

青少年是生活在当前的，他们利用自己的身体和知觉去理解当前的一切。无论是对现实世界还是对网络世界，他们只有通过探索，努力探寻世界的意义，这种对话才有可能发生。青少年有一种潜在理解周围世界的愿望，并愿意赋予他们遇到的各种事实和现象以不同的意义，青少年只有通过内心世界的感悟与共鸣，才能产生意义。因此，促进青少年内心世界与周围世界的对话，建立现实生活与网络生活、现实世界与网络世界的关联，在网络探究与生活探究的联接中，引发青少年内心世界产生对话与共鸣，才能在更大空间促进青少年成长，任何世界如果不能引发青少年内心世界的共鸣与触动，就不会对其发展产生意义。网络素养教育通过促进青少年的内心世界与网络世界、现实世界建立联系与互动，引发青少年内心世界的触动与共鸣，进而对网络生活意义与价值产生新的理解，并通过自身的完善，不断提升生活的质量与价值。

（二）将网络探究与学科探究相结合

网络素养教育的根本目的是促进青少年的发展，网络探究与学科探究在促进青少年个性完善与发展方面有着一致的追求，完善的、整体化的学科课程是促进青少年个性发展的基本保证。学科探究与网络探究内在价值的融合，对促进青少年的发展，建构"互联网＋"时代新的学习文化具有重要意义。探究是青少年网络探究与学科课程探究共有的学习方式。"互联网＋"时代知识的建构性、过程性、不确定性被空前放大，探究成为青少年学习的基本方式，也是青少年在特定情境中解决问题的方式。学科的本质是探究，无论是自然科学，还是人文、社会科学，只有通过探究的方式，让青少年体验、建构、创生，其获得的学科知识才能保持内在的生命力，才能成为与时俱进、不断发展的知识。[①] 网络为青少年提供了一个探究知识、建构自我学习意义的平台，青少年可以围绕学科知识问题通过网络建构起对自我与自然、社会之间内在联系的整体认识，由此更好地理解学科探究的内在价值。帮助青少年不仅可以利用网络拓展学科探究的范围，而且可以利用网络与他人合作探究、交流分享探究成果、合作建构思想与意义、合作创造知识等。网络可以为青少年的学科探究提供有力支撑。同时，探究是青少年在网络空间基本的学习方式，探究的目的是使青少年建构自身与网络世界的关系，不仅助其更好地认识网络世界，而且增强网络世界与其现实生活世界的关系，使其能够担当起建设世界、改造世界的重任。

学科探究与网络探究相结合，可以使青少年网络探究聚焦的问题更加明晰具体，探究更有针对性，促进青少年在具体问题解决的过程中加深对网络世界与现实世界关系的理解。网络素养教育促进了青少年的问题意识，不再盲目地去体验和探究，仅获得一些零敲碎打的生活体验，而是在具体的问题情境中，运用科学性的方法，遵循一些基本的科学性研究步骤，主动去思索和探究生活能够赋予人的新意义和新感受。有规划、有目的的学科探究引导青少年一步步深入研究和思考，从而使其在对研究品位和研究结果的追求中保持兴趣的持久性和经验的深度。尽管学科探究与网络探究面向

---

① 张华.研究性教学论[M].上海：华东师范大学出版社，2010：153.

各自不同的领域，学科探究面向学科问题，以此获得系统的学科知识；网络探究面向的是青少年的生活，包括青少年所面临的社会生活、网络生活以及诸多问题。在这两种不同的探究之间存在着密切的内在联系：学科原本来源于对生活的探究，而对学科的探究离不开青少年生活中获得的经验。同时，青少年学习学科知识的意义在其探究生活的过程中得以建构，这不仅是指学科知识在这个过程中得到了应用，更重要的是建立了学科知识对于青少年创造、发展自我生活的意义。并且，青少年在探究生活的过程中所产生的对学科知识的渴求，不仅建立了青少年的生活经验与学科知识之间的联系，也使学科知识的学习成为一个主动而富有意义的过程。两种探究相互促进，生活赋予学科以意义，学科提升完善自我生活的品质，二者内在统一于青少年个性的成长。因此，网络素养教育可以将网络探究与学科相结合，在促进二者的融合中相互促进、相得益彰，让青少年在解决问题的过程，建立起自我的价值、学习的意义和对学习生活的态度。

三、基于网络探究的网络素养教育的实践案例

当今的“互联网＋”时代，网络像氧气和阳光一样，已经成了青少年生命中不可或缺的养料。美国的唐·泰普斯科特认为：“N世代已经长大，并且开始冲撞世界，他们是有史以来掌握信息最多，也是最活跃的一代，这些人必将主导二十一世纪，如何让他们更好地改造世界？如何让他们在人际互动网络中茁壮成长并展现出积极的社会责任感，要务之一就是让他们获取良好的教育，通过教育让青少年学会发挥自我的潜力、发展自我的能力。”[①]网络素养不是自发形成与发展的，需要教育的引导、干预与支持，网络素养教育可以使青少年完善、修正自己的思想与认识，调节完善自身的网络行为，深化对网络世界与自我关系的本质认识，使自身获得真正的解放与自由。

通过教育如何才能实现基于网络探究的网络素养教育的目标呢？本人在美国访学期间全面考察了美国密苏里州哥伦比亚市一个有着百年历史的小学Lee学校的网络素养教育情况，并通过观察、访谈、跟踪记录、参与行动研究等方式，发现该学校的教育实践中已经在渗透与实践着基于网络探究的网络素养教育，通过对在该学校获得的资料的整理，将该学校在网络素养教育的实践作为案例，进行呈现，以期说明基于网络

① 【美】唐·泰普斯科特. 数字化成长3.0[M]. 云帆，译. 北京：中国人民大学出版社，2009：12.

探究的网络素养教育的可能实践的路径。

(一) 认识层面：学校对青少年网络素养教育的认识与理念

本人对 Lee 学校的校长、三位教师(Ell、Literacy、Media 三位学科教师)进行了访谈，了解学校领导与教师对青少年网络素养的认识，以及通过什么样的方法与策略来实现相应的理念与目标。

Lee 学校的网络素养教育目标是：在全球化"互联网＋"时代背景下，网络素养教育应将培养青少年具备开放的视野(Open)、合作共享的理念(Cooperation)、强烈的责任意识(Respontbility)为重任，让青少年"会选择、会判断、会思考、会决策、会交流、会创造"，成为当今网络社会"会学习、会生活、会合作、会创造"的一代新人。他们认为，对青少年来说，网络生活与现实生活是融为一体的，青少年在网络世界中所形成的价值观念与价值标准会直接影响现实生活。

在理念方面，他们认为网络素养教育根植于这样的认识，即网络素养知识不是简单地来自教师的传授或学生的"发现"，它是起点而非终点与目的，通过增强青少年的网络实践能力，使青少年获得良好的网络情感体验，进而提升青少年的自我发展能力，这才是青少年网络素养发展的目的。它是一门调查研究、对话与实践的过程，是在青少年的网络实践活动中考察、推进与发展，新的网络知识和认识被青少年在网络实践活动的感知、体验中被创造出来，青少年在网络实践活动中获得情感体验，网络素养能力也在网络实践活动中反思、提高，不断获得发展。网络素养教育就其本质而言，是青少年在网络文化实践活动中，通过互动参与、对话、探究，在获得丰富的文化体验的基础上，不断提高认识与能力的过程。

网络素养教育本质上是能动的、与人分享的，它鼓励发展一种更加开放的、民主的教学方法，鼓励学生对自己的学习承担更多的责任，享有更多的支配权、自治权，鼓励学生以更长远的眼光对待和审视自己的学习。教育对青少年的发展负有责任，网络素养作为"互联网＋"时代青少年的基本素养，任何学科的教师都应给予关注、引导和支持。

(二) 实践层面：以多种方式实践着基于网络探究的网络素养教育行动

基于以上的认识与理念，该校在网络素养教育方面，采取了网络探究与学科探究融合、开展与网络生活融为一体的专题研究、搭建网络探究对话平台、设计基于网络探究的作业、开展项目研究等多种方式，实践着基于网络探究的网络素养教育行动。

1. 网络素养教育融入学科课程的主题探究中，将网络探究与学科探究融为一体

该校课程教学是基于主题探究的，如 Literacy、Social 等课程，每学期围绕 4—5 个主题展开，让青少年围绕主题展开探究学习活动，探究的主题一般来自于青少年的日常生活，如：三年级的青少年在一学期内围绕“天空——Sky”、“植物——Flower”、“动物——Chicken”三个主题展开探究学习活动。教师通过创设情境，将网络很自然地融入到青少年的学科探究学习活动中，让网络支持青少年的研究、学习过程，丰富青少年的体验，为青少年的创造、表达提供支持，使网络探究与学科探究融为一体，将网络素养教育融入学科课程探究中。如：由于四、五月份是当地常刮龙卷风的季节，于是教师带领青少年开展对“天空——Sky”主题的探究学习活动，青少年围绕探究的主题获取主题资源、丰富体验，教师与青少年一起进入芝加哥“科技博物馆”获得与龙卷风有关的天文、气象等方面的材料与实物，并通过获取相关研究资料了解天气中气象规律之间的关系，利用网络将青少年带入媒体实验室、天文研究实验室，观察该实验室发布的通过卫星反射到地球的天文现象，获得由太阳离地球最近而引起的天文现象的最新研究数据。同时，回归青少年的生活，让青少年观察、记录一段时间的天气变化情况，观察龙卷风到来前后的天气特征，形成青少年与自然世界的对话，让青少年构建心中的意义世界。并让青少年了解龙卷风的特征、危害，通过亲身实践和体验学会如何做好安全防护，通过交流、对话、表达，让青少年完成探究的作品，并通过开放协作写作平台 Storybird，让青少年基于自己与小组合作的研究成果进行创作与表达。在此过程中，教师与青少年合作探究和创造。教师通过为青少年提供适当的支持，引导青少年鉴别网络资源、分享交流探究成果等，让网络世界与现实世界建立密切真实的联系，青少年的网络探究由此围绕研究的主题在寻找问题——解决问题——建构意义——交流表达——创造生成的过程展开。网络世界与现实世界、客观世界与青少年的心灵世界在网络与现实的联结中，构成了一个有着密切联系的意义世界。

2. 围绕青少年的网络生活开展专题研究，将生活探究与网络探究结合起来

开展网络素养专题研究成为该校网络素养教育的又一重要形式，加拿大学者大卫·帕金翰(David Buckingham)指出：“在网络世界中，不必对青少年进行保护，而应让青少年参与实践对话与研究。”[①]而开展专题研究是促进青少年参与实践对话的重

① 【英】大卫·帕金翰. 童年之死：在电子媒体时代成长的儿童[M]. 张建中，译. 北京：华夏出版社，2005：204.

要途径。通过对 Lee 学校的实践考察发现，开展专题研究成为该校实施网络素养教育的重要形式。本人不仅亲眼目睹了该校青少年的探究成果，而且通过与教师、青少年的交流，了解到开展专题研究对于提升青少年网络素养的成效。针对“青少年在上网时经常受到伤害，如何远离网络危险而不受欺辱？”这一问题，五年级的孩子们围绕“网络欺凌”主题，开展了专题研究；四年级的孩子们针对“如何在网上与人交往”，开展了“网络礼仪”专题研究。通过对教师访谈，了解到教师在新学期伊始，首先调查了本班学生上网时常遇到的问题，与学生一起讨论、形成、确定本学期拟探究的主题，孩子们合作形成研究小组，通过采访、调查、实践与反思体验等多种形式，研究网络欺凌的目的、形式、途径、内容，以及给受欺凌者带来的危害与伤害等，形成研究成果，并通过一定的形式交流分享研究成果。不仅通过在班内分享交流、讨论的形式，丰富青少年对这一主题的认识与视角，而且在学校的走廊或专题网站上展示青少年的研究成果，让更多的青少年分享研究成果。教师认为，通过探究让青少年明辨是非、提升认识，知道哪些该做、哪些不该做，知道如何远离网络危险与威胁，知道如何与他人交往，知道遇到问题如何解决等，同时也增强了青少年的免疫力、网络实践能力，提高青少年的问题解决能力，有效地促进青少年网络素养的发展。这种形式的主题探究形成了聚焦网络素养，围绕着青少年的网络学习、网络生活、网络交往等方面，主题探究的形式有多种，非常灵活。该校的各个年级在每学期都会开展 2—3 个主题的网络素养研究，针对不同的年级设计具有连续性的研究主题，开展网络素养主题研究，通过专题研究的形式让青少年提升网络素养。实践证明，专题研究成为青少年网络素养发展的有效途径。

3. 搭建网络探究平台，开展对话交流

网络素养教育需要“网络”这一实践载体，提供在线网络素养学习资源，搭建对话交流实践平台、开展基于网络实践的探究成为该校网络素养教育实践的又一重要形式。该校专门建立了网络素养探究网站（http://netliteracyworks.org），网站上提供了多种形式的网络素养专题研究成果以及学习资源，同时提供了探究任务空间，以及在线对话讨论区，不仅为青少年提供了网络素养实践学习的资源与探究任务，也为青少年、教师、家长、研究者搭建了多元互动对话平台。网络素养学习资源的形式有多种，有些是互动参与式的，以“做中学”的方式，为青少年参与网络素养实践提供了很好的借鉴。借助这些开放的平台资源，有针对性地实施和开展体验式、互动式网络素养教育，让青少年进行网络素养实践学习、研究，借助交流平台，让青少年分享问题、分享观点、交流体验，通过网络将青少年、教师、家长、研究者等多方联系在一起，正如加拿大媒介素养教育专家加拿大约翰·彭金特所指出的："网络素养涉及多样化的技能与专业知识，需要教师、家长、研究人员、专业人员的合作与参与。"①而开放式资源与交流平台正是密切联系他们的重要纽带，成为实施网络素养教育的重要途径。

4. 设计基于网络探究的作业，开展项目研究

教师有意识地为青少年设计基于网络的项目或任务，如布置需要利用网络探究完成的作业或调查研究项目，让青少年有计划、有目的地使用网络做项目研究，使青少年学会利用网络资源做研究。在学校教师已经意识到青少年喜欢网络，并具有一定网络技能后，不同学科的老师会结合自己的学科，有针对性地为青少年设计项目，让青少年有目的地使用网络资源，接触一手的研究数据，进行调查研究，从而有指导地进一步提升青少年的网络素养。通过开发与实施跨学科课程，如社会研究、个人发展规划研究等，来实施网络素养教育。为了培养青少年的"自我认同能力"，即通过帮助他们区分虚拟和现实、个人和世界的关系，认识媒体价值和自我价值，并懂得自我价值不应为媒体所主导，教师设计了"E-Citizen Inquiry"项目；为了培养青少年在网络世界中的"公民意识"与"公民素养"，让其在现实空间与网络空间学会如何行使好自己的公民权，以负责任地参与网络社会建设，教师与青少年合作开展了"E-Citizen Inquiry"项目，让青少年通过体验和调查基于网络的分享、自由民主的表达、个性化地创造，以及对比网络空间与现实空间的异同与联系，让青少年理解网络世界中的公民权利，学会作为电子公民应该承担的责任。

网络素养教育是帮助青少年认识网络本质，建立自身与网络关系，提升在网络空间自我发展能力的重要途径。研究表明，在青少年使用网络时，如果得到及时、正确的指导，他们不仅知道自身在网络空间应该做什么？如何做？而且能从复杂的网络环境中学会思考与判断，提升自身的自主意识与鉴别能力。该校项目研究小组对青少年网络素养的对比研究发现，经过指导的青少年比未经指导的青少年更有自主性，更能熟练地获得和理解有价值的网络内容，更有自主判断力，学会创造性地利用网络解决现实问题。

此外，该校尤其注重网络素养教育研究，通过研究"互联网＋"时代的青少年在网络生活中的特征，教师与家长之间开展合作研究，共同携手为青少年发展提供支持与

---

① John Pungente. The Canadian Experience: Leading the Way [J]. Yearbook of the National Society for the Study of Education, 2005(4): 38.

帮助。他们一致认为，网络素养教育是伴随“互联网＋”时代的发展而产生的，是一种新型教育，需要在实践中加强研究，需要家庭与学校携手形成合力，了解青少年网络素养发展的需要，研究青少年网络实践活动的本质与特征，研究青少年网络素养教育的内容、策略、方法与途径。该校的研究将对推动青少年网络素养教育的发展起着重要作用，其校长与教师形成的共识是：“研究”与“实践”是青少年网络素养教育发展的“两翼”，二者的互动是网络素养教育可持续发展的内在推动力。

结语 “互联网+”时代我国青少年网络素养教育的未来展望

在我国，未来的青少年网络素养教育应以青少年的发展为本，以促进“互联网+”时代青少年的发展为主旨，既要研究网络对青少年发展的意蕴空间，也要研究“互联网+”时代青少年发展的时代特征，根据“互联网+”时代与青少年的双重发展需要，与时俱进地确定网络素养教育的目标、内容与方式。网络素养教育是面向青少年终身学习与发展的教育，贯穿于青少年发展成长过程的各个阶段。网络素养教育既要以促进青少年的终身学习与发展为目标追求，也要贯穿于青少年的终身学习与发展过程之中。

网络素养教育所应采用的工作方法，正如它的教育内容一样，应有诸多新的尝试。网络素养教育是一种牵涉整体地教与学的过程，理想的网络素养教育意味着以最佳方案整合学生、家长、教师、社会多边关系。网络素养教育信守“变”无止境的原则，它必须不断发展以应对随时的变化。麦克卢汉指出，“媒介素养教育中不应将青少年视为文化的牺牲品而致力于去营救或保护，而应关注青少年的情感参与与投入，以及青少年从中获得的乐趣，这是激发青少年真正提出问题，提高青少年分析问题、解决问题能力的根本。”①正如“网络文化所具有的“开放性”与“多元性”，网络素养教育本身也是开放、多元的，我国的网络素养教育应秉持“开放的视野”、“开放的理念”、“多元的方法”，不仅吸纳国际上先进的网络素养教育理念与教育方法，更要积极探索、研究、创新有效的适合我国青少年的网络素养教育方法。随着网络技术与“互联网+”时代的发展，青少年网络素养的内涵与特征不断发展，网络素养教育的内容、方法与理念也应与时俱进，不断发展变化。网络素养教育是开放的，教育的形式与方法也是多元的，需要学校、家庭、社区、社会等多方力量的参与，融正式学习与非正式学习于一体，学校教育

① 【加】马歇尔·麦克卢汉著.理解媒介：论人的延伸[M].何道宽，译.南京：译林出版社，2011：367.

与泛在学习方式相结合，正如网络对青少年形成的无所不在的学习环境与影响，网络素养教育也是多元化、开放性的。我们需要以开放的视野，寻求网络素养教育多元化的途径与方法。

网络素养教育是面向青少年终身学习与发展的教育，网络素养教育的核心是让青少年以探究、建构的方式参与网络实践活动，认识网络的本质，理解网络世界与现实世界的关系，能够在网络实践活动中建构自身的理解，生成、建构意义，发展自我认知能力，形成和谐的关系，积极主动地参与网络文化建设。网络素养教育的目的指向青少年的网络实践活动，以提升其质量与意义为目的。网络素养教育以发展青少年的探究意识、提升青少年网络探究能力为根本，网络素养与网络探究实践活动是互动循环关系。青少年的网络素养教育正如网络文化本身是开放、多元的，它鼓励参与、对话、互动、实践。网络素养教育重在研究，在实践中加强研究是网络素养教育可持续发展的动力。

附录一　青少年网络素养现状调查问卷

亲爱的同学：

你好！随着互联网走进我们的生活，网络已成为我们学习、生活中不可缺少的一部分。为了了解网络在青少年日常学习、生活中的应用情况，调查青少年网络素养需求现状，“网络素养”课题研究小组设计了本问卷，请你结合自己的情况，如实填写作答，认真完成这份问卷。非常感谢你的参与和配合！

一、基本信息

1. 你的年龄是？

□不足 8 岁　□ 8—10 岁　□ 10—12 岁　□ 12—14 岁　□ 14—16 岁　□ 16—18 岁

2. 你的性别为？

□男　□女

3. 你目前所在年级为？

□小学　□初中　□高中　□其他

4. 你目前就读学校为：________________

二、调查内容

1. 你什么时候开始上网，至今上网有多长时间了？

□从未上过网　□ 1 年以内　□ 1—2 年　□ 2—3 年　□ 3—4 年　□ 4 年以上

2. 从开始上网至今，你认为自己在哪些方面发生了变化？（可多选）

☐对网络的认识 ☐上网范围与内容 ☐上网习惯与方式

☐网络技能 ☐对待网络的态度 ☐其他________

3. 你现在是否喜欢上网？

☐是，原因是：________ ☐否，原因是：________

4. 你认为网络主要可以用来做什么？（多选）

☐获取信息 ☐玩游戏 ☐人际交往 ☐自我展示

☐解决学习或生活问题 ☐发表个人观点 ☐交流与分享经验

☐与他人合作 ☐休闲娱乐 ☐创造 ☐发展兴趣爱好 ☐其他

5. 如果你现在有1—2个小时的空闲时间可用于上网，你会做什么？

____

6. 你喜欢的网站有哪些？请写下三个你喜爱的网站。在这些网站上，你一般做什么？

____

7. 你上网经常进行的网络活动是：（可多选）

☐上虚拟社区，如BBS，参与话题讨论（发帖、转帖） ☐聊天交友

☐看动画、视频等 ☐下载或听音乐 ☐浏览信息

☐上微博、微信或其他社会性网络发表观点或评论 ☐玩游戏

☐利用网络资源进行学习 ☐收发电子邮件 ☐查找信息资源

☐网上购物 ☐写博客、创作或发表作品 ☐闲逛 ☐其他________

8. 上网时你是否带着明确的目的或任务？

☐每次 ☐经常 ☐偶尔 ☐从不 ☐说不清楚

9. 你是否会在上网时制定上网计划（包括上网时间、上网内容等）？

☐每次上网时都制定具体的上网计划，完成后立即下线

☐通常制定上网计划，但不是很具体

☐偶尔制定上网计划，不是很具体，经常去做与计划无关的其他事情

□从不制定上网计划，想到什么就做什么

10. 你觉得网上获得的内容可靠吗？

□全部可靠 □大多数可靠 □少数可靠 □完全不可靠 □说不清楚

11. 当你怀疑网上某些内容的真实性时，你会怎么做？

□通过询问父母或老师进行确认 □通过询问朋友进行确认

□通过查询书籍或其他网站进行核实 □持无所谓的态度，置之不理

□其他________

12. 你常被以下哪方面的问题所困扰？（可多选）

□网上适合自己的内容太少，很难找到有价值的内容

□遇到问题，不知道怎么解决

□垃圾信息、网络病毒、黄色网站等带来很多负面影响

□不知道上网做什么才有意义，浪费了很多时间

□其他________

13. 你发表个人评论或观点时，是否会考虑对他人的影响？

□通常会考虑，会修改或删除不好的言论或观点，尽量不对他人产生不好影响

□很少考虑，只要表达自己的观点就行

□从不考虑，想说什么就说什么

□说不清楚

14. 你认为在网上与他人交往是否需要讲文明礼貌？

□需要 □不需要 □视情况而定 □说不清楚

15. 对于网上破坏性事件，如盗号、木马等，你的态度是？

□赞成 □中立 □反对 □不清楚

16. 你在网上说的话都是实话吗？

□都是实话 □大多数是实话 □实话不多 □没有实话

□不一定，要看情况

17. 你在做作业时是否经常利用网络？

□是 □否

如果是，你主要利用网络做什么？请说明：____________

你认为网络对你作业的影响或帮助是：

□提高了作业质量 □节约了作业时间

□帮助解决了做作业时遇到的许多难题 □没有影响 □其他______

18. 你的朋友或同学在作业中用到了许多网上查到的资料，在交流作业时，大家以为都是他自己做的，对于这样的事情，你怎么看？（可多选）

□应该将自己的和引用的区分开 □在引用时一定要说明出处

□可以直接用，不需要标引出处 □无所谓

19. 对于有些网站要求填写个人真实信息注册，你有什么看法？

□完全接受 □接受，但有些担忧 □不太接受，担心安全问题

□完全不能接受

20. 对下列说法，请根据你的认可情况进行选择（每一项，在你同意选择的方格内打勾即可）

内　容　项	非常同意	比较同意	不太同意	很不同意	说不清
网络给学习、生活带来很大便利，成为认识世界的窗口，是我成长中不可缺少的一部分。					
网络具有两面性，可以给学习生活带来便利，如果把握不住自己，也会浪费许多时间或产生其他负面影响。					
网络对我的个人发展带来了一定的负面影响，受网上不良信息的干扰和网络安全负面影响较大。					
应做网络世界的主人，使用网络时应保持清醒的头脑，用网络促进学习充实生活，过有意义的网络生活。					
网络生活很有趣，如：网络游戏种类繁多，利用网络可以放松心情、调节生活，网络言行不应受到限制。					
网上聊天中，相互欺骗、辱骂没有关系。					

续表

内　容　项	非常同意	比较同意	不太同意	很不同意	说不清
网络世界是虚拟世界，可以在网上说谎。					
网络帮助我解决了学习生活中的许多问题。					
在网络上我可以扮演成其他人，网上自我是虚拟自我，与真实自我没有关系。					
网络可以用来消遣、娱乐，是打发业余时间的最好方式。					
网络世界与现实世界是密切联系的，应负责任地使用网络，对自身的网络行为要负责。					

21. 父母对你上网所持的态度是？

□鼓励支持，并经常给予关心指导

□支持，但对上网内容、上网时间有规定和要求

□支持，对上网时间有规定，从不关心上网内容

□不管不问，从不过问我上网的事

□不支持上网，极力反对

□其他________

22. 你的网络知识主要来自于：

□家长　□老师　□熟悉的同学或朋友　□网友

□自身的网络实践　□其他

23. 你上网时，身边是否经常有人陪伴或为你提供指导或帮助？

□是　□否

如果是，常陪伴你上网的人或能为你提供指导或帮助的人是：________

24. 下列说法中，您同意哪些观点？（可多选）

□我对网上内容完全相信，下载后可直接使用

□网上内容良莠不齐，需鉴别后使用

□需要对网上内容来源的可靠性进行考证

□网上内容,可以直接“复制、拷贝”,不需要引用

□网上获得的内容需要建构个人的理解,生成新的意义

25. 当遇到网上不良信息诱惑或干扰时,你通常的做法是?

□出于好奇,看个究竟

□自觉抵制或排除,不受其影响或干扰

□告诉父母或老师

□视情况而定,不确定

26. 当你在网络活动中偏离了目标,你是否会及时调整自己的网络行为?

□通常会 □有时会 □从来不会 □说不清楚

27. 你在网上公开过哪些个人信息?

□个人年龄 □个人姓名 □家庭地址 □家庭电话

□父母手机 □邮件地址 □其他

28. 你在上网时遇到问题后的处理方法是?(可多选)

□向师长请求帮助 □自己想办法解决 □向网友寻求帮助

□向熟悉的朋友或同学寻求帮助 □置之不理,不解决 □其他

29. 你是否愿意和父母交流上网话题?

□是,原因是:________ □否,原因是:________

30. 当你在网络活动中偏离了目标,你是否会及时调整自己的网络行为?

□通常会 □有时会 □从来不会 □说不清楚

31. 利用网络学习时,你主要用网络做什么?(可多选)

□查阅与下载学习资料 □搜索获取有价值的信息 □与同学、老师讨论问题

□发表个人成果或作品 □共享学习收获或经验 □解决学习问题

□发表个人观点 □创造作品 □其他________

32. 你在网络学习中经常遇到的问题是?(可多选)

□网上有用资料不多，有时花费很多时间找不到有价值的内容

□网上信息良莠不齐，难以鉴别真假，网上适合学习的内容不多

□利用网络学习容易迷航，不知道自己到了哪里，要到哪里去

□不知道如何利用网络学习，对网络学习方法不清楚

□其他________

33. 你在学校所学课程是否对指导你的网络生活有帮助？

□是，请列举课程名称________ □否

34. 你在上网时，是否会主动运用学校所学的知识，并与已有的知识建立联系？

□经常 □有时 □偶尔 □从来没有

35. 网络空间是自由的，你认为建立一定网络规范对网络言行进行规范约束是否必要？

□很有必要 □有一定的必要 □没有必要 □其他

36. 你一般如何判断从网上获得内容的权威性？（可多选）

□通过判断信息发布机构或个人的权威性 □发布网站的知名度

□根据他人的评价 □通过网站规模、规范性

□师长推荐 □被引用的次数 □其他________

37. 在网络空间，你是否有过以下经历：（可多选）

□用不同的用户名或账号登录，以表示不同的身份 □扮演过不同性别的人

□扮演过不同年龄的人 □扮演过不同特征的人

□做过现实生活中从没有做过的事情 □以上情况从来没有过

38. 以下描述，请结合你的实际情况根据符合程度做出选择：

	非常符合	比较符合	基本符合	不符合
我常常带着一定的问题或任务上网	□	□	□	□
我在上网时经常思考当前网络行为会出现什么样的结果，并建立联系	□	□	□	□

我上网结束后经常反思是否达到了预期的目标，并分析原因	□	□	□	□
我经常利用网络探究学科知识	□	□	□	□
我经常对网上获得的内容进行质疑	□	□	□	□
我经常利用网络解决生活问题	□	□	□	□

39. 以下方面的问题你是否得到过指导？

如何在网上与他人安全交往？□是 □否

如何有效地查询信息？□是 □否

如何利用网络资源？□是 □否

如何判断网上信息是否安全或可靠？□是 □否

如何保护个人隐私或在网络空间进行自我保护？□是 □否

如何利用网络进行学习？□是 □否

如何利用网络解决学习与生活问题？□是 □否

有关网络礼仪？□是 □否

40. 你知道什么是网络素养吗？

□很了解 □知道一点 □完全不知道 □其他

41. 你认为目前自身的网络素养水平？

□高，无需提高 □低，需要提高

□很缺乏，急需提高 □其他

42. 你在网络实践活动中是否愿意主动思考，积极建构个人的理解并形成独特的认识？

____

____

43. 网络给你的学习与生活带来了什么影响？你是否觉得自己的网络生活很有意义？为什么？

____

44．如果学校开设网络素养方面的相关课程，你最想学哪方面的内容？你最需要哪方面的指导和帮助？

附录二　青少年网络素养需求调研访谈提纲

1. 请介绍一下你的网络生活史，并用3—5句话描述一下你最近的网络生活，谈谈你对自己网络生活的认识与感受？

2. 从开始上网至今，你的网络生活发生了哪些变化？为什么会有这些变化？

3. 目前，网络对你的生活产生了什么样的影响？你认为网络生活与现实生活之间有什么样的关系？

4. 你在生活中经常利用网络做什么？请举例说明。

5. 你在网络生活中经常遇到哪些方面的问题与困惑？当遇到问题时，你会怎么办？

6. 如果现在网络在你生活中消失，你是否能接受？为什么？

7. 你经常利用网络学习吗？你是如何利用网络进行学习的？常运用哪些方法？

8. 你利用网络学习时主要利用网络做什么？

9. 当你在网上找到有价值的内容后，你一般如何使用这些内容？

10. 在利用网络学习时，你是否愿意积极主动地进行思考，密切联系自身的经验或利用已有的知识积极建构个人理解与意义？

11. 网络对你的学习产生了什么影响？网络对你的学习方式、学习习惯、学习方法、知识获得、知识建构等方面有影响吗？请举例说明。

12. 你是否愿意用网络与他人交往？网络交往的主要目的是什么？

13. 你用网络交往时主要和谁交往？经常交流哪些方面的话题？

14. 网络交往是否影响了你的人际关系？在网络空间与他人交往中你有什么样的交往体验和收获？请举例说明。

15. 你认为在网络交往中是否要遵守一定的网络规范与约束？为什么？

16. 你在上网时常常伴随什么样的情感体验？在什么情境下会有这些情感体验？

17. 你在学校学习的信息技术课程是否对指导你的网络学习与生活有帮助？在网络生活中你是否会自觉利用学校所学的知识？

后　记

随着"互联网＋"时代的发展，信息技术日新月异，智能手机功能越来越强大，应该说成长在"互联网＋"时代的孩子们是幸福的，因为网络为他们的学习和生活带来很大的自由与便利，为他们的成长与发展带来许多新机遇。但同时网络也为他们的成长带来许多烦恼与挑战，并成为不容忽视的问题。2018年4月，教育部下发了《关于做好预防中小学生沉迷网络教育引导工作的紧急通知》，直面中小学生沉迷网络问题，其重要性和现实紧迫性引起了高度重视。但要真正解决根本问题，亟需加强青少年网络素养研究。网络对青少年的影响是巨大的，不仅影响其当前的网络行为，甚至影响他们的世界观与价值观。康德说过："如果没有道德观念的发展，技术的发展对于有修养准备的人是崇高的东西，对于无教养的人却是可怕的。"因此，发展网络素养成为网络时代青少年健康成长的需要。

特别感谢我的导师张华教授，开启了我对"网络素养"这一主题产生研究兴趣的大门，并将其作为我的博士论文选题。在张老师的指导下，自2008年"儿童"、"网络"就成为我研究视野中的关键词，而在实验学校与老师们一起开展生活探究课程的研究中，我发现了"探究"对儿童成长的意义与价值空间。于是，网络探究成为我研究中的核心概念。在2010年美国访学期间，我在文献研究与实践考察中发现，我所研究的主题是技术哲学、文化与社会、教育、媒介等许多领域的学者共同关注的话题，他们从不同的学术视野出发在多元会话中共同演绎、探讨着网络时代人的发展这一命题，不仅开阔了我的研究视野，而且坚定了我的研究立场与信念。在近十年对网络素养的研究中，最重要的是我发现了学术研究的魅力和学术研究的价值，尽管我的研究还在路上，还有很多不尽人意的地方，应该说对于该主题的研究路还很长，但我有信心持续、深入地研究下去。

感谢华东师范大学人文与社科研究院的领导和老师们的帮助和支持，将本成果列为华东师范大学精品力作培育项目。感谢华东师范大学出版社教心分社的彭呈军社长和王丹丹老师，没有他们的大力支持和一次次认真仔细的审稿，就没有本书的面世。由于学识有限，本书定有错误和不足之处，恳请读者不吝指正。

最后感谢所有关心、支持我的老师、同事、家人和朋友们！